지구촌 한바퀴

세계지리와 문화

이혁진 저

SEROMI

머리말

미지의 세계에 대한 관심과 지역에 대한 호기심은 오래전부터 인간의 탐구활동의 중요 관심사였다. 이런 관심 탐구영역은 지역의 차이를 규명하고자 하는 것에서 출발하였고, 오늘날 세계화Globalization 시대에서 이런 관심은 더욱더 강조되고 있다. 이런 배경에서, 현대인은 다양한 콘텐츠를 통해 최신의 글로벌 지역정보를 습득하고 있다.

이 책은 〈지구촌 한바퀴 세계지리와 문화〉라고 하는 제목에 걸맞게 세계의 지역이나 국가정보, 역사와 지리, 문화와 관광, 경제 및 이슈 등 콘텐츠를 포괄적으로 다루었기 때문에, 대학의 교양도서로서 성격을 갖고 있을 뿐 아니라, 다른 한편으로는 지리학, 관광학 그리고 국제지역학 등을 전공하고 있는 대학생을 위해 필요한 지역연구 교재나 참고서로 활용될 수 있다. 특히 25년 넘게 캠퍼스에서 세계지역 관련 강의를 진행하면서 오래 전 직접 집필하였던 관련 서적의 한계를 절실하게 느껴왔다. 각 대륙별로 지역의 자연과 인문환경, 그리고 사회와 문화현상에 대한 최근 정보를 종합하여 기술한 최근 교재는 찾기 어려웠기 때문에, 세계화 시대의 세계지리와 지역정보를 통한 지식향상이라는 목표를 실현하기 위한 저술목적에서 본서가 집필되었음을 밝힌다.

본서의 내용을 간추려 보면, 전체 구성은 총 6장으로 구성되었고, 대략 제1장과 제2장~제6장으로 그 성격이 나누어진다.

제1장은 세계와 지리의 이해이며, 세계의 지리환경, 세계의 인문환경, 세계와 대륙의 이해, 세계화시대의 지역흐름으로 구성되어 있다. 세계의 지리환경은 위치, 기후, 지형, 세계의 인문환경은 인류기원과 역사, 인종과 민족, 언어와 어족, 종교, 문화권, 세계문명발생지역 등을 포함하여 지역연구에 필요한 개론적 구성요소가 중심이 되어 있다.

제2장부터 제6장은 세계문화와 환경이며, 각 대륙별 주요 국가의 정보의 이해로 이루어졌다. 대륙구분은 아시아(제2장). 유럽(제3장), 아프리카(제4장), 아메리카(제5장) 그리고 오세아니아(제6장)로 구분하여 유형화하였다. 우리나라에 알려져 있는 인지도 그리고 지면상의 제약을 고려하여 대륙별 주요 국가정보나 지역구분(범위)를 제한하였고, 필수적인 국가라고 판단된 경우, 국가의 기본정보, 역사배경, 자연환경, 지역정보, 문화 및 기타 정보 순으로 기술했다.

아무쪼록 본서가 세계지역 탐구에 관심을 지닌 필요한 젊은 독자들에게 유용한 학술자료가 될 뿐 아니라, 전문교양도서로서 독자들에게 유용한 정보를 제공하였으면 하는 바람을 가진다. 다시 한 번 개인 역량의 한계와 시간에 쫓기어 내용 면에서 많이 부족한 점을 죄송스럽게 생각하면서 책 내용에 대한 오류는 수정 보완하고, 최신자료로 수정해나갈 것임을 약속드린다. 또한 본서가 출간되도록 도움을 주신 도서출판 새로미 모흥숙 사장님과 편집자 여러분께 지면을 빌려 감사드린다.

2021년 2월 저자 씀.

CONTENTS

Chapter 03 세계문화와 환경 – 유럽

Chapter 04 세계문화와 환경 – 아프리카

Chapter 05 세계문화와 환경 – 아메리카

Chapter 06 세계문화와 환경 – 오스트리아

Chapter

01

세계와 지리의 이해

WORLD GEOGRAPHY AND CULTURE

01 세계의 지리환경

1 위치

위치(Location)는 자연환경의 한 요소로서 특정 국가나 지역의 위치는 기후와 식생 뿐 아니라 역사와 문화 그리고 국제관계에 중요한 영향을 미친다.

1 수리적 위치

위도(緯度, latitude)와 경도(經度, longitude)에 의해 결정되는 위치이며, 기후, 식생, 계절 및 시각에 영향을 주는 절대적 · 불변적 위치이다.

① **위도**(Latitude) : 지구위치 좌표의 한가지로 적도에서 남북을 잰 거리(90°S~90°N)

② **경도**(Longitude) : 어떤 지점의 자오선과 그리니치를 통과하는 자오선 면이 이루는 각도(180°W~180°E)로서 동쪽으로 동경, 서쪽으로 서경으로 표현

2 지리적 위치

대륙, 산맥, 해양 및 반도 등 자연지리 환경에 의해 결정되는 위치이다.

3 상대적 위치

인접지역이나 국가들과 형성하는 국제정치 공간으로서 위치이며, 주변국과의 정치나 사회변동에 성격이 좌우되는 상대적 · 가변적 위치이다.

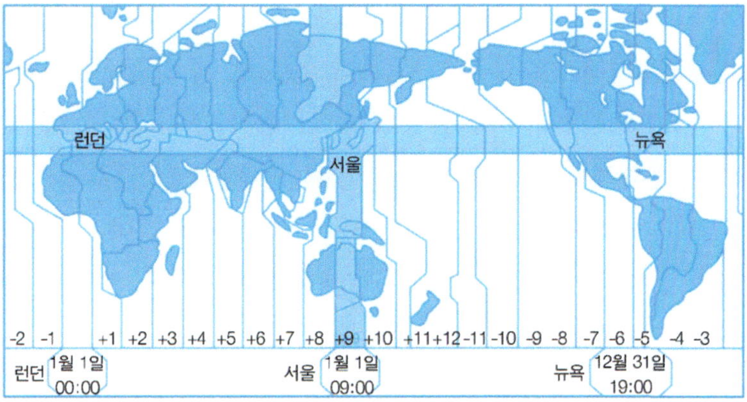

그림 1-1 수리적 위치에 의한 세계의 시차

출처: 이혁진(2013). 자연과 지리자원. 대왕사, p.33.

2 기후

기후(climate)는 '일정한 지역에서 장기간에 걸쳐 나타나는 대기현상의 평균상태'이다. 기상이 시시각각 변화하는 순간적인 대기현상을 의미한다면, 기후는 장기간의 대기현상을 종합한 것이다. 기후는 자연환경을 구성하는 여러 인자 중에서, 인간의 생활양식뿐 아니라 그 지역의 동식물 성장, 토양 및 지형변화 등에 밀접한 영향을 미친다.

1 기후요소와 기후인자

① **기후요소**(Climatic Element): 기후를 구성하는 대기 중에 발생하는 여러 가지 현상으로 기온, 강수량, 바람, 구름, 일조시간 등이 속한다.

② **기후인자**(Climatic Factor): 기후요소에 영향을 주는 변화 원인으로 위치(위도와 경도), 해발고도, 수륙분포, 지형, 해류, 기단과 전선, 대기대순환 등이 속한다.

2 기후구분

기후구분은 각 지역에 따라 각기 다른 기후를 동일한 기후특색을 나타내는 범위로 묶어 지역적으로 유형화하여 구분하는 것이다. 기후구분 방법은 동식물, 육지의 물, 토양 등을 선택하여 그것의 분포에 맞추어 구분하는 경우가 일반적이며, 독일의 쾨펜(W. P. Köppen)의 기후구분은 자연식생을 이용한 널리 알려진 방법이다. 쾨펜은 각지를 여행하면서 기후현상이 차이가 있음에 착안하고, 세계의 식생(植生)에 기초를 두고 구분하였다. 쾨펜의 기후구분은 식물의 생육에 필요한 기온과 강수량에 의해 세계의 기후를 먼저 수목기후와 무수목기후로 구분하였고, 수목기후로서 열대우림기후(Af), 열대사바나기후(Aw), 온대하계건조기후(지중해성기후 Cs), 온대동계건조기후(Cw), 온대습윤기후(서안해양성기후 Cf), 냉대습윤기후(아한대다우기후 Df), 냉대동계건조기후(아한대하우기후 Dw)와 무수목기후로서 스텝기후(Bs), 사막기후(Bw), 툰드라기후(Et), 빙설기후(영구동결기후 Ef) 등 11개의 기후로 구분되었다.

3 기후변화

기후변화(climate change)는 지구의 평균 기온이 변하는 현상이다. 지구의 기후변화를 일으키는 요인은 다양하다. 지구는 태양에서 오는 가시광선 등의 짧은 파장의 복사에너지를 받아 약 30%를 반사해 우주로 되돌려 보내고 나머지 70% 가량을 흡수한다. 흡수된 에너지는 적외선 등의 장파 복사로 재방출되고, 일부가 대기의 온실기체에 흡수되므로 지구의 기온은 온실기체가 없을 때의 복사평형 온도보다 높아진다. 이런 과정 중 변동이 생기면 지구의 기온이 변화하고 기후가 변화한다. 지구온도는 지난 100년간 약 1℃ 증가하였고, 지난 50년간 지구온난화 경향은 지난 100년간 경향의 약 2배에 달한다. 기후변화 원인은 화석연료의 연소와 토지개간으로 인한 온실가스배출 증가이다.

3 지형

지형은 지구 표면의 생김새이며, 지형 형성에는 암석의 구성과 성질, 지질구조, 지각변동, 화산활동, 기후 등 다양한 요소가 영향을 미친다. 지형은 산맥(산지가 길게 연속적으로 나타나는 높고 험준한 지형), 평야(넓고 큰 평평한 땅), 하천, 사막(모래로 이루어진 넓은 벌판), 고원(해발고도가 높은 곳에 위치한 평탄지형) 등 다양하며, 도시들은 지형이 평탄하고 물을 쉽게 구할 수 있는 평야나 해양자원이 풍부하고 교통이 편리한 해안지역에 발달하였다.

지형은 지구내부에너지 순환과정에서 발생하는 내인적 작용과 외부에너지 순환과정에서 발생하는 외인적 작용으로 변화하며, 영력(process)은 지형을 변화시키는 힘을 말한다.

히말라야 산맥

첫째, 내인적 작용은 내부 뜨거운 열이 얇은 지각을 뚫고 나오는 것으로 지표면 고도를 높이고 울퉁불퉁하게 변화시키면서 대지형 골격을 이룬다. 조륙운동(침강 · 융기), 조산운동(습곡과 단층), 화산활동 등이다.

둘째, 외인적 작용은 내인적 작용이 만든 대지형을 깎아내리고 수정해 2차적 소지형을 형성하며 지형을 평탄화 한다. 태양에너지의 순환과정에서 바람, 비, 눈 및 얼음이 형성되고 이들이 중력에 의해 움직이면서 풍화 · 침식 · 운반 · 퇴적을 통해 지형을 변화시킨다.

02 세계의 인문환경

1 인류 기원과 역사

인류는 생물분류학상으로 영장목(靈長目) 사람과의 포유류이며, 두발로 서서 걸어 다니는 호미니데(Hominidae : 고릴라, 침팬지, 오랑우탄 포함), 다시 말해 사람과의 호모 사피엔스(Homo sapiens) 종에 속하는 영장류이다. 인류의 기원에 대해 수많은 논쟁과 연구가 이어지고 있으며, 화석연구를 통해 신체기능과 형태가 진화되었다는 것이 인정되고 있다.

1 화석을 통한 인류 기원

최초의 인류화석은 1924년 아프리카 탄자니아에서 발견된 오스트랄로피테쿠스다. 이 화석은 약 600만 년 전에 생존했던 키 120㎝정도의 직립원인으로 원숭이 또는 유인원에 가까운 화석이지만 최초 인류로 추정된다. 1964년 탄자니아 북부 올두바이 협곡에서 발견된 호모하빌리스는 도구를 사용할 수 있는 인류로 오스트랄로피테쿠스보다 더 진화되었다.

호모에렉투스는 보다 진화된 인류이며, 인도네시아에서 발견된 자바원인과 북경 서남쪽 67㎞에 위치한 조우코우덴(周口店)에서 발견된 북경원인으로 최초의 불을 사용하였다. 호모사피엔스(지혜의 인간)는 기원전 11만년~3만5천 년 전에 존재했고, 구 인류라 불리는 네안데르탈인 화석이 여기 속한다. 현 인류는 기원전 약 3만 5천년부터 지구에 거주한 호모사피엔스 사피엔스로 불리는 크로마뇽인 화석이다.

화석인들은 과거 200만년 동안 홍적세(Pleistocene) 4회의 빙기와 3번의 간빙기를 거치며 지구환경변화에 신체 특징을 적응하였고, 도구와 불을 사용할 수 있던 화석인만 번성하고 적응하지 못한 화석인은 스스로 무대에서 사라졌을 것이다.

2 인류 기원과 이동

인류 기원지는 아프리카 열대사바나기후(Aw) 지역이란 것이 유력하다. 사바나기후라는 조건은 불을 사용할 줄 몰랐던 오스트랄로피테쿠스와 호모하빌리스 화석인이 생존하기에 최적조건이었고, 200만 년 전부터 시작된 초기인류는 50만년이 되어서 그 수가 증가하여 저위도와 적도에서 중위도지역으로 거주지를 확대하였다.

호모사피엔스 사피엔스인은 빙하시대 때 불을 이용해 추위에 적응하면서 약 3만 5천 년 전에는 구대륙(아시아, 아프리카, 유럽)으로 거주지를 하였다. 신대륙은 크로마뇽인 이전의 화석은 발견되지 않고 남미 인디오 화석은 북미의 인디언 화석과 동일하지 않다. 이를 유추하여 보면, 최후 빙기인 약 10만년~4만 년 전부터 빙기와 더불어 나타난 결빙 그리고 해수면하강으로 드러난 연륙된 육지를 이용하여 시베리아에서 베링 해협을 건너가 오늘날 아메리카 인디언의 조상이 되었다. 동남아시아에서 오스트레일리아로 확산되었다가 바다를 통해 다시 남미로 건너가 전 지구적으로 인류거주지 확대가 시작되었다는 학설이 제기되고 있다.

2 인종과 민족

인종은 지구촌에서 민족과는 다른 개념이다. 인종은 얼굴이나 체형 같은 신체특징을 기준으로 하며, 민족은 문화나 역사적인 동질성을 근거로 다른 집단과 구분하는 분류기준이다. 민족을 구분하는 문화, 역사적 기준은 언어와 종교가 있고, 인종을 구분하는 기준은 인종집단별로 뚜렷한 유전학적 특징이다.

1 인종(Races of Mankind)

인종은 '인류를 생물학적으로 구분할 때, 신체상의 유전학적인 제반 특징을 공유하는 집단' 이다. 인간을 신체특징인 피부색, 모발, 머리카락, 코나 얼굴형태 등을 기준으로 분류한 것이며, 황인(몽골로이드), 백인(코카소이드) 그리고 흑인(니그로)으로 나누고, 이들 간 혼혈인종이 있다. 인종은 생물학적인 구분이며, 풍습과 관계가 없다. 인종은 문화적 구분 민족, 정치적 구분 국민과도 다르다.

3대 인종은 원시인류가 거주지를 이동할 때 새로운 자연환경에 적응하는 과정에서 분화된 것으로 추측된다. 생물학적 변화를 일으킨 원인은 첫째, 기후에 따른 상이한 적응양식, 둘째, 신체적 변이의 다양성과 속도, 셋째, 혼혈과 격리로 인한 번식양식 차이, 넷째, 돌연변이 출현 등이다.

첫째, 흑인종(니그로)은 아프리카 열대기후에 적응하는 과정에서 검은 피부색을 비롯한 신체특징이 발달했다. 열대지역에 적응해 발한(發汗) 능력이 발달하였고, 사지가 길며 늘씬한 체격조건을 갖고 있다. 둥근 얼굴, 넓고 편평한 코, 곱슬머리, 두꺼운 입술 등 외형조건이 뚜렷하다. 사하라사막 이남의 아프리카, 북아메리카 남부, 중앙아메리카, 남아메리카 북부에 집중 분포한다.

둘째, 몽골인종(몽골로이드)은 원시인류가 아프리카를 떠나 아시아에 들어갔을 때 추운 기후에 대한 적응과 관련되어 있다. 아시아와 아메리카대륙을 분리시키는 베링해협이 육지로 연결되어 있던 시기에 옛 몽골인종은 아메리카대륙으로 건너가 아메리칸 인디언의 조상이 되었다. 몽골인종은 얼굴바깥으로 광대뼈가 돌출되어 있고, 안면이 둥글고 납작한 외모는 환경에 적응한 결과이다. 전체적으로 황색피부, 갈색 눈, 검은색 곧은 머리, 낮은 코의 신체적 특징이 뚜렷하다. 아시아북부, 동부 동남부와 유라시아북단의 극한지역에 분포하며, 아메리카 전역에 옛 몽골인종이 분산 분포하고 있다.

셋째, 백인종(코카소이드)은 원시인류가 캅카스 산맥을 넘어 추운 기후의 북쪽으로 이동하는 과정에서 출현한 것으로 추측된다. 저위도에서 고위도로 이동하면서 일조량이 적은 기후환경을 경험하였고, 흑색소(멜라닌)를 감소시키고 피부색을 옅게 만들었다. 유럽대륙에서 눈동자, 피부, 머리나 체모의 색깔이 엷어지는 정도는 위도가 낮은 남부에서 위도가 높은 북유럽으로 올라갈수록 뚜렷해진다. 유럽전역, 인도북부와 서남아시아, 아프리카 북부와 남부 그리고 아메리카, 오스트레일리아 전역에 걸쳐 분포한다.

2 민족(Nation)

민족은 '일정한 지역에서 장기간에 걸쳐 공동생활을 함으로써 언어, 풍습, 종교, 정치, 경제 등 각종 문화 내용을 공유하고, 집단귀속감정에 따라 결합된 인간집단의 최대 단위로서의 문화공동체'를 가리킨다. 민족은 언어, 거주하는 지리적 범위, 경제생활과 문화, 동류로서의 공동의식을 공통으로 가지며, 역사적으로 형성된 인간집단이며, 국민, 부족 및 종족 등과 혼동되는 경우가 많다.

국가의 규모에서 볼 때, 지구상에 단일민족국가는 많지 않으며, 현대 국가의 일반적인 형태는 다민족국가이다. 단일민족국가는 역사적 유산 혹은 문화를 공유하는 사람들이 함께 모여 단일한 공동체를 구성한 형태이며, 국민 전체가 단일한 언어나 역사적 경험을 공유해 민족주의가 상대적으로 강하다. 미국은 세계에서 민족분리주의를 극복하고 통합해 성공한 대표국가이며, 미국 내 소수민족은 독립적인 정치의식을 내세우지 않고 자기 고유의 문화의식 만을 보전한 채 융화되고 살고 있다. 미국 이외에 스위스, 캐나다, 남아프리카공화국, 벨기에 등이 좋은 사례이다.

3 언어와 어족

언어는 음성표현을 통해 전달되는 말이다. 좁은 의미로는 말(Speech) 만을 가리키지만, 넓은 의미로는 말뿐 아니라 신호(Sign), 몸짓(Gesture), 표시(Mark) 등을 총칭한다. 언어의 종류는 적게는 3,000여 개부터 많게는 8,000개에 이르며, 세계의 언어들은 20여개 어족을 이루고 있다. 어족은 언어학에서 하나의 공통된 조어(祖語)에서 갈라져 나왔다고 추정되는 여러 언어들을 통합해 지칭한다.

1 어족구분

언어는 문화권에서 집단과 영역을 구분하는 보편적인 기준이 되고 있다. 뿐만 아니라 언어는 민족을 구분하는 기준으로 활용되는 만큼 언어와 민족 간은 상호 불가분의 관계에 놓여 있다. 주요 어족은 인도-유럽어족(Indo-European Languages), 아프로-아시아어족(Afro-Asiatic languages), 중국티베트어족(Sino-Tibetan Languages), 오스트로네시아어족(Austronesia Languages), 오스트로-아시아어족(Austro-Asiatic Lanuages), 우랄어족(Uralic Languages)과 알타이어족(Altaic Languages), 드라비다어족(Dravidian Languages) 및 니제르-콩고어족(Niger-Kordofanian Languages) 등이다.

2 어족 확산과 역사

세계 인류의 언어는 매우 다양하며, 다양한 경로에 의해 확산을 반복하였다. 현재 지구촌의 언어분포는 다수언어가 소수언어를 희생시키고 자기의 세력범위를 차지하여 확대해 온 결과의 산물이다. 사용인구가 50만 명을 초과하는 언어 수는 세계 전체의 10%에 불과하며, 발생지와 전혀 다른 곳에서 사용되는 언어도 적지 않다. 어족 확산 특징은 아래와 같다.

첫째, 오늘날 유럽 언어의 지리적 분포는 인도-유럽어족의 전파에 따른 분화과정을 통해 생성되었다. 인도-유럽어족 중 라틴어는 로마제국의 영토확장과 흥망성쇠에 따라 유럽 전역에 확대된 것이며, 중세까지 크리스트교 교회의 공식 언어로 사용되었으나, 현재는 가톨릭교회의 본산 로마 바티칸에서 공용어의 지위를 얻고 있다. 스페인어와 포르투갈어, 영어와 프랑스어는 각각 15세기이후 제국주의의 발전과 팽창에 따라 구대륙에서 신대륙으로 전파, 확산된 지리분포를 갖는다. 영어는 스페인어와 포르투갈어에 비해 신대륙으로 확장된 시기가 늦었으나, 영국인의 적극적인 해외이주를 통해 북아메리카와 오스트레일리아에서 영어의 공용어 지위가 강화되었다.

둘째, 오스트로네시아어족은 과거 태평양제도 북쪽에 위치한 동남아시아에서 일상적으로 사용된 언어이다. 이 언어 사용자는 북쪽에서 내려온 중국-티베트어족 세력에 밀려 말레이반도로 이동하였고, 다시 태평양제도로 옮겨갔다. 또한 이들은 항해술을 터득해 태평양으로 방향을 돌려 인도네시아열도, 뉴질랜드, 이스터 섬, 하와이제도 등에 도달했다.

언어는 역사적으로 국가통합에 중요한 요소로 작용하였다. 국가의 탄생은 여러 개의 언어를 통합하는 과정 속에서 이루어졌고, 이런 움직임은 국가분열을 방지하고 강력한 중앙집권국가로 발전하기 위한 언어의 통일이 수단화하였다.

첫째, 언어의 통일과 분열은 국가의 흥망성쇠에 적지 않은 영향을 미쳤다. 영국은 '해가지지 않는 나라'라는 별칭과 같이, '대영제국'이라고 불린 나라이다. 영국은 민족과 언어의 지역차이를 극복하고 강력한 중앙집권국가를 만들었다. 그러나 언어의 통일에 어려움을 겪거나 언어통일에 성공하지 못한 국가는 복수의 언어를 국가의 공식 언어로 지정하고 있다. 이런 유형의 국가에는 러시아, 캐나다, 인도와 같은 국토면적이 매우 넓은 국가로부터 스위스와 벨기에 같은 서유럽 선진국도 있다. 국토면적이 광대한 다민족국가는 민족 언어도 매우 다양하기 때문에 단일한 공용어를 채택하기 쉽지 않으며, 인도는 언어분열이 뚜렷해 국민통합에 장애요소가 되고 있는 대표적인 다민족국가에 속한다. 미국은 다민족국가 중 드물게 단일 언어(영어)로 국가언어를 통일한 국가이다.

둘째, 언어는 자연과 인문지리환경으로부터 영향을 받았다. 자연환경은 상이한 언어의 경계가 되기도 하며, 고립된 언어의 피난처가 될 수 있다. 언어는 정치, 경제, 사회 및 문화 환경으로부터 변화를 겪으며, 과학이나 교통의 발달은 언어의 변화를 가속화시켰다.

4 종교

종교는 무한과 절대의 초인간적인 신을 숭배하고 신성하게 여겨 선악을 권계하고 행복을 얻고자 하는 믿음이다. 종교는 민족과 보편종교로 나눌 수 있고, 신흥종교를 추가할 수 있다. 하나의 민족에 국한되어 타 종교를 배타하는 교리를 가진 민족종교는 유대인의 유대교, 인도의 힌두교, 한국의 천도교와 대종교, 중국의 도교 및 일본의 신도를 들 수 있고, 민족종교로부터 보편종교로 확대된 사례는 불교, 크리스트교, 이슬람교 등이다.

1 불교

불교(Buddhism) 는 석가모니를 교조로 삼고 그가 설법한 것을 중심으로 형성된 종교이다. 기원전 6세기경 현재의 네팔 소왕국(부다가야)의 왕자 석가모니가 보리수 밑에서 인간의 생로병사의 무상함에서 대오각성 해탈하여 만민평등과 개방된 보편종교를 창시하였다. 불교의 삼보(三寶)는 일반적으로 개조(開祖)로서 부처(佛), 가르침으로서 법(法), 이를 따르는 공동체 승(僧)으로 이루어져 있다.

불교는 기원 전후 인도와 스리랑카로 전파되었다. 불교는 발생지보다 포교된 지방에 전파되어 번성하였다. 중생구도를 최선의 목표로 삼는 대승불교(大乘佛敎)는 동아시아(한국, 중국, 일본)에 포교되었고, 토착신앙과 융합된 라마교는 티벳, 신장, 위구르 자치주, 몽고 등에서 신봉되고 있다. 인간본연 모습으로 돌아가 개인해탈을 추구하는 소승불교(小乘佛敎)는 스리랑카와 인도차이나 반도에 집중되었다.

2 크리스트교

크리스트교(Christianity)는 예수 크리스트의 인격과 가르침을 바탕으로 하는 종교이다. 1세기 초 팔레스타인 땅 예루살렘에서 하나님의 독생자 예수 크리스트에 의해 창시되었고, 4세기 로마제국의 국교가 되었고, 전 세계로 전파되었다. 크리스트교는 중세의 면죄부 판매에 따른 마틴 루터의 종교개혁을 계기로 가톨릭과 개신교로 나누어진다. 가톨릭은 로마를 중심으로 한 중남부 유럽과 중남미, 필리핀에서 신봉되고 있고, 개신교는 북서유럽과 북미, 남아프리카공화국, 오스트레일리아, 뉴질랜드 등으로 확산되었다. 크리스트교의 분파 동방정교는 그리스를 비롯한 발칸반도와 구소련 주변에 전파되어 있다.

3 이슬람교

이슬람교(Islam)는 7세기 초 아라비아반도의 메카와 메디나지방에서 마호메트(Mahomet)에 의해 창시된 종교이다. 이슬람교도들은 마호메트를 예언자로 받들며, 코란(Koran)은 신자들에게 사후의 세계, 즉 내세를 약속하고 있고, 약 14세기 이전 아리비아반도의 마호메트가 설파한 도덕과 윤리강령이 기록된 것이다. 이슬람교도들은 5대 기둥(Five Pillars of Islam)이라고 하는 기본의무를 일생동안 실천한다. 5대 기둥은 신앙고백(샤하다), 기도(살라트), 단식(사움), 자선(자카트), 메카 순례(하지) 로 알려져 있다. 이슬람교는 아랍인의 원시신앙과 유대교 그리고 크리스트교적 요소를 융합하여 아랍지역의 독특한 문화와 혹독한 자연환경을 극복하면서 민족의 구심체 역할을 해 종교로 발전하였다. 정치, 군사적 정복과 함께 전파되어 아랍상인의 뛰어난 상술과 함께 전 세계에 보급되어 중동과 북아프리카 지역, 파키스탄, 아프가니스탄, 말레이시아, 인도네시아 등에서 신봉된다.

4 유대교

유대교(Judaism)는 크리스트교나 이슬람교와 같이 유일신교이지만, 민족종교로 구분된다. 유대교는 두 종교와 달리 유대민족을 포교대상으로 한다. 모세(Moses)는 유대교의 종교적 지도자로 율법을 전수한 사람이고 예언자이다. 유대교는 천지만물의 창조자 유일신(야훼)을 신봉하면서 스스로신의 선민(選民)임을 자처하며 구세주 메시아의 도래와 지상천국 건설을 믿는 유대인의 종교이다. 유대교의 기원은 고대 이스라엘인의 종교로 거슬러 올라가고 있으나, 보통 유대교는 바빌론 포로(기원전 586~기원전 536) 이후 '모세의 율법'을 근간으로 하여 발달한 유대인의 고유종교를 말한다. 유대교는 유대인들에 의하여 야훼가 이스라엘 자손과 함께 개발하여 온 계약적 관계의 표현으로 정의된다.

5 힌두교

힌두교(Hinduism)는 크리스트교, 이슬람교, 유대교와 달리 많은 신을 인정하는 다신교이다. 힌두교는 인도국교나 다름없는 민족종교이다. 과거 힌두교의 교권은 멀리 인도네시아 발리 섬까지 영향을 미쳐 보편성을 갖고 있었으나, 현재 힌두교를 믿는 사람은 인도내부 인도-유럽어족과 드라비다어족에 국한되었다. 힌두교의 기본경전은 베다와 우파니샤드이며, 그 외에도 브라마나와 수트라 등 문헌이 있고, 이런 것들은 인도의 종교적 그리고 사회적 이념의 원천이 되고 있다. 기본 교의는 우주의 법칙(우주는 생성, 발전, 소멸을 반복한다)과 인간의 윤회(수레바퀴가 한바퀴 돌아 제자리로 돌아가듯 인간 역시 현 생애에서 다음 생애로 돌아간다)를 근본으로 한다.

5 문화와 문화권

문화(Culture)는 타일러(E. B. Tylor)에 의한 '한 인간집단의 생활양식의 총체(Totality)' 라고 한 정의가 가장 오래되고 포괄적으로 인용되고 있다. 비슷한 자연환경지역 내에서 자연적 환경에서 적응하고 생활하는 동안 만들어진 문화적 동질성과 민족적 의식에 의해 동일지역상에 비슷한 문화적 성격으로 나타나는 공간이 존재하고 있고, 이런 공간을 문화권이라고 한다. 동일한 문화권은 문화의 구성요소(언어와 종교 그리고 생활양식 등이 동일하거나 유사하게 나타나는 공간적 범위를 말한다. 문화권은 동양, 건조, 아프리카, 유럽, 아메리카, 오세아니아 및 북극문화권 등 7개 권역으로 구분할 수 있다.

음식과 물품을 제공하는 수도승, 태국 아유타야 역사공원

첫째, 동양문화권은 유교적 생활양식과 대승불교, 한자, 쌀농사 및 가부장적 대가족제도를 중심으로 하는 중국문화권(한국, 중국, 일본)과 힌두교를 바탕으로 카스트 제도를 채택하고 있는 인도문화권으로 구분된다. 두 지역성격이 혼재하고 있는 동남아시아 점이지대가 있다.

둘째, 건조문화권은 연강수량 500㎜이하 지역으로 스텝기후(연강수량 250㎜~500㎜)인 반건조 초원지역과 사막기후지역(연강수량 250㎜ 이하)으로 구분된다. 중국지역의 고비사막에서 중앙아시아를 거쳐 북부아프리카에 이르며, 외몽고 · 터키문화권(라마교, 이슬람교, 유목생활)과 아랍 · 베르베르문화권(이슬람교, 아랍어, 오아시스농업, 유목생활)의 2개 지역으로 구분된다. 이 지역은 고대에 동방(오리엔트)이라 불린 곳으로 세계종교로 성장한 크리스트교, 이슬람교와 유대교가 이곳에서 발생한 것은 인류문화와 역사의 다양성을 표현한다.

고비사막

셋째, 아프리카문화권은 북아프리카, 남아프리카 일부, 마다가스카르 섬을 제외한 사하라사막 이남지역이다. 니그로인종으로 구성되어 있고, 수단 니그로(기니만 연안에서부터 수단 지방 분포), 반투니그로(콩고 강과 남부아프리카 지방 분포), 소 니그로(콩고분지의 피그미족, 칼라하리사막 주변 호텐토트족, 부시맨 등)로 구성되어 있고, 부족국가단계에 이르고 있기도 하고, 아랍과 인도영향을 받아 종족문제, 언어적 불일치 및 종교문제가 복잡하다.

넷째, 유럽문화권은 신교지역 북서유럽의 튜톤문화권과 구교 지역 남부유럽 그리고 그 사이의 프랑스는 점이지대로 구성되어 있다. 또한 정교이며 슬라브문화권 동부유럽과 폴란드와 구 유고슬라비아에 이르는 혼합지대가 존재한다.

다섯째, 아메리카문화권은 유럽문화권의 연속으로 보며, 미국과 캐나다는 개신교의 앵글로아메리카로 구분되는 튜톤문화권이고, 멕시코와 그 이남의 라틴아메리카는 구교이자 라틴문화권으로 구분한다.

여섯째, 오세아니아문화권은 태평양과 동남아시아 제도, 인도양에 걸친 도서문화권으로 말레이 인종이 중심이다.

일곱째, 북극문화권은 북극해연안에 있는 툰드라지역으로 북미 에스키모, 아시아 북부 사모예드, 유럽 스칸디나비아 북부 랩족이 대표적이자 순록사육과 개썰매로 대표된다.

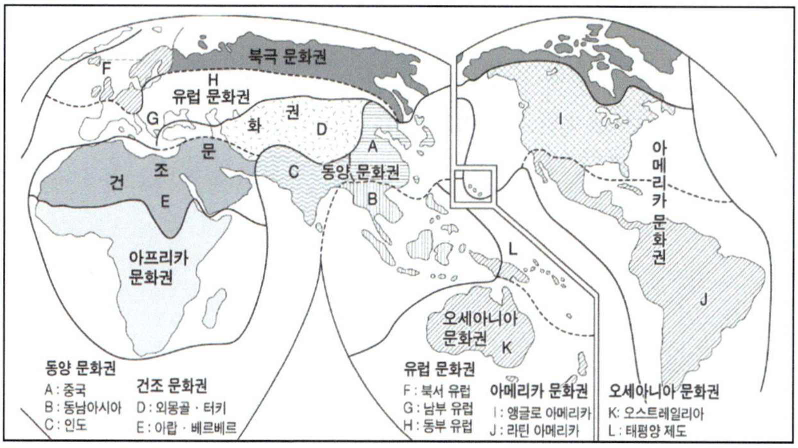

그림 1-2 세계의 문화권

출처: 네이버 지식백과, 학생백과 문화권

6 문화과 세계문명 발생지역

문명(Civilization)은 인간의 육체적 및 정신적 노동을 통해 창출된 결과물의 총체이다. 반면 문화는 문명을 구성하는 개별요소이다. 본원적 문화중심지(Cultural Heart)는 문화전통이 일찍부터 안정적으로 형성되고, 인간의 생활양식이 해당지역 내 인간에 필요한 생활수준을 규정하고 있었고, 생활의 각종 규범, 규칙, 기술공학, 전통, 제도를 외부로 전파한 바 있는 중심지다. 이런 중심지는 세계 4대 문명(메소포타미아문명, 이집트문명, 인더스문명, 황하문명)과 좀 더 규모가 작은 것으로 크레타섬 중심의 지중해 연안 제도, 중남미의 마야와 잉카지역 등이 있다. 4대문명발생지는 큰 강을 끼고 북반구에 위치하며, 기후가 온화하고 기름진 토지를 지녔다. 황하, 티그리스-유프라테스 강, 인더스 강, 나일 강 등 지역은 4대 강을 끼고 있어 기후, 교통, 토지 등 고대농업 발달에 유리하였다.

첫째, 메소포타미아문명은 기원전 6500년경 농경, 목축이 시작된 티그리스와 유프라테스의 두 강 유역에서 발달하였다. 메소포타미아는 '두 강 사이의 땅'이란 뜻으로 비옥한 반달 모양의 티그리스 강, 유프라테스 강 유역을 중심으로 번영하였다.

둘째, 이집트문명은 기원전 3000년경 나일강 하류의 비옥한 토지에서 이루어졌다. 이집트는 지리적 위치가 폐쇄적이어서 메소포타미아 문명이 비해 정치 · 문화적 색채가 단조롭다. 사막과 바다로 둘러 싸여 있어 외부침입 없이 2000년 동안 고유문화를 간직할 수 있었다.

셋때, 인더스문명은 기원전 3000년 중엽부터 약 1000년 동안 인더스강 유역에서 청동기를 바탕으로 번영한 고대 문명이다. 대표적 유적은 당시의 2대 도시였던 하라파와 모헨조다로이며, 고고학적으로 하라파 문화라고 부른다.

넷째, 황하문명은 동아시아에서 가장 오래 문명을 형성한 것으로 중국 황하강 중·하류 지역에서 발생한 문명이다. 기원전 5000년–4000년경부터 신석기문화가 이루어졌고, 좁쌀과 기장 등이 재배되고 개나 돼지가 사육되었다.

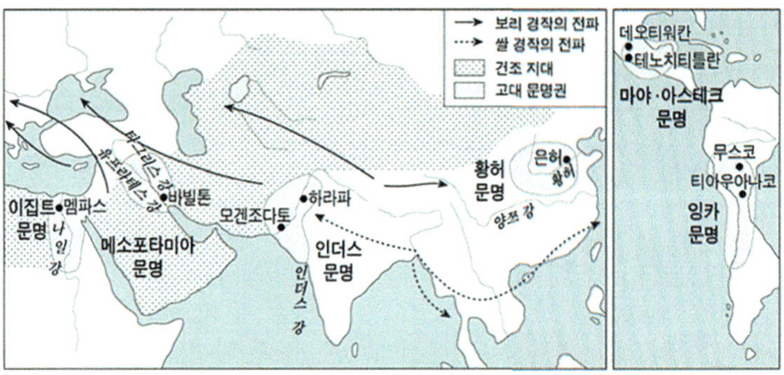

그림 1-3 세계의 주요 문명 발생지역

출처: 네이버 지식백과. Basic 고교생을 위한 세계사 용어사전 고대문명의 발생지

03 세계와 대륙의 이해

1 육지와 해양

지구는 육지와 해양으로 나누어져 있다. 육지는 산지, 고원, 사막, 초원 및 평야 등 다양한 모습의 자연환경으로 존재하며, 광대하고 연속된 땅으로 외양에 의해 분리된다. 육지는 해양과 반대되는 개념이며, 지구의 면적 약 510,072,000㎢ 중 육지면적은 약 150,500,000㎢로 29%에 불과하다. 해양은 대륙에 대응한, 넓고 깊은 수역을 말하며, 태평양, 인도양, 대서양을 기본 3대양으로 하고, 그 외에 남극해(Antarctic Ocean)와 북극해(Arctic Ocean)가 있다. 육지는 아시아, 유럽, 아프리카, 아메리카, 오세아니아, 남북극 등이며, 아시아, 유럽 및 아프리카(북부)는 문화적으로 일찍부터 개방되었기 때문에 구대륙, 다른 대륙은 상대적으로 뒤늦게 개발되었기 때문에 신대륙이라고 한다.

2 대륙과 지역구분

대륙을 구분하는 방법은 여러 가지가 있으나, 7개 대륙구분(북아메리카, 남아메리카, 남극, 아프리카, 유럽, 아시아, 오세아니아)이 널리 알려져 있다. 육지로 연결되어 있는 북아메리카와 남아메리카, 아프리카와 아시아 및 유럽은 한개 대륙으로 볼 수 있으나, 태평양이나 대서양과 같은 해양을 필요에 따라 남북으로 구분하는 바와 같이 대륙구분 시각도 다양하다. 그린란드(2,166,086㎢)는 섬, 오스트레일리아(7,741,220㎢)는 대륙으로 정하였다.

1 아시아

아시아(Asia)는 면적(44,579,000㎢)이 가장 넓고, 인구가 많은 대륙이다. 아프리카와는 수에즈운하를 경계로 만난다. 유럽과는 다르다넬스 해협, 마르마라 해, 보스포루스 해협, 흑해, 카스피 해 그리고 우랄산맥까지를 경계로 한다. 세계 인구의 60% 이상이 거주한다. 아시아는 대륙과 인도양 및 태평양의 인접 군도를 포함한다.

2 유럽

유럽(Europe)은 러시아 우랄산맥과 캅카스 산맥, 우랄 강, 카스피 해, 흑해와 에게 해의 물길을 분수령으로 하여 아시아와 구분한다. 북쪽 북극해, 서쪽 대서양, 남쪽 지중해, 동남쪽 흑해가 마주한다. 유럽은 면적 10,180,000㎢로 지구 표면의 2%, 육지의 약 6.8%에 불과하다. 유럽은 면적과 인구에서 러시아가 가장 우위에 있고, 바티칸이 가장 작다. 인구는 아시아와 아프리카 다음으로 많다.

3 아프리카

아프리카(Africa)는 동반구의 남서부, 남북반구에 걸친 대륙이다. 면적(30,221,532㎢)이 넓은 편이고 인구가 많다. 북쪽 지중해, 북동쪽 수에즈 운하와 홍해, 남동쪽 인도양, 서쪽은 대서양이 위치해 있다. 어원은 고대 그리스인이 리비아라고 부른 지중해의 남안(南岸)에서 원주민이 사용한 지명에서 비롯되었다. 아프리카라고 하는 이름으로 불린 것은 16~17세기 네덜란드 항해자들이 이곳이 독립대륙이라는 사실을 알고 난 이후이다.

4 북아메리카

북아메리카(North America)는 지구의 북반구, 서반구에 위치한 대륙이다. 북쪽 북극해, 동쪽 북대서양, 남동쪽 카리브 해, 서쪽은 북태평양과 접하며, 남쪽은 파나마지협을 통해 남아메리카와 연결된다. 면적은 약 30,211,000㎢로 육지면적의 16.5%를 차지한다.

5 남아메리카

남아메리카(South America)는 지구의 서반구, 대부분 남반구에 위치하지만 일부는 북반구에 있다. 북쪽은 파나마지협을 통해 북아메리카와 연결되고, 서쪽 태평양, 북동쪽 대서양, 남쪽 남극해와 접한다. 아메리카란 이름은 1580년 지도제작자 마르틴 발트제뮐러와 마티아스 링만이 아메리카대륙이 동인도가 아닌 신세계임을 주장한 최초 유럽인 아메리고 베스푸치 이름에서 명명하였다. 면적(17,840,000㎢)은 4번째(아시아, 아프리카, 북아메리카 순)의 큰 대륙이고 인구는 5번째(아시아, 아프리카, 유럽, 북아메리카 순)이다.

6 오세아니아

오세아니아(Oceania)는 태평양의 육지와 섬 지역을 포함해 대양주라고 한다. 오스트레일리아 대륙을 중심으로 하고, 파푸아 섬과 뉴질랜드 섬, 미국 하와이 주를 비롯한 태평양의 크고 작은 섬을 포함한다.

7 남극

남극(Antarctica)은 지구의 최남단에 있는 대륙으로, 한가운데 남극점이 있다. 남극 대륙은 거의 대부분 남극권 이남에 자리 잡고 있고, 주변에 남극해가 있다. 면적은 약 14,000,000㎢로서 아시아, 아프리카, 북아메리카, 남아메리카에 이어 다섯 번째이며, 남극보다 면적이 넓은 나라는 러시아가 유일하다. 약 98%가 얼음으로 덮여 있고, 얼음평균두께는 1.6km에 이른다. 얼음으로 덮이지 않은 면적은 약 280,000 ㎢에 불과하며, 지구상에서 가장 추운 지역이다.

04 세계화 시대의 지역 흐름

1 지역과 세계화

1 지역과 지역성

지역(Region)은 인간이 지표위에서 인문과 자연환경의 지속적이고 치열하게 상호작용을 전개하면서 적응하여 놓은 인간 삶의 방식이 표현된 공간을 의미한다. 지역은 지역 고유의 특성, 다른 지역과는 차별되는 특성을 갖고 있으며, 이런 특성을 지역성이라고 한다.

지역성(Regionality)은 '어떤 한 지역이 다른 지역과 공통된 현상이 나타나지만 그 지역만의 역사, 자연환경, 문화적 배경에 의해 그 지역만이 가지고 있는 독특한 특성' 이며, 지역이 갖고 있는 고유한 성격이다. 지역은 자연조건, 특히 수리적 위치의 결합에 따라 기본적인 지역의 환경이 결정되고, 거기에 맞춰 생존방식을 결정하거나 혹은 이주한 인류의 조상이 그 환경과 적응하면서 각 지역 내 인간의 삶의 방식을 결정하였다. 시간과 계절, 기후변화와 동식물분포, 지형과 지질환경 변화 및 수륙분포규모 등에 따라 다양한 자연환경의 영향과 인문적인 인간 활동 결과가 형성되었다. 세계 각국가 혹은 지역의 다양한 지역성이 차별적으로 인식되어 인간의 제 활동(정치, 경제, 사회, 문화, 교통 및 관광)을 활발하게 하는 동시에 인간의 지역에 대한 관심을 제고하였다. 지역은 멈추어 있는 것이 아니라 변동하므로, 지역의 범위, 경계 및 지역성도 끊임없이 변화한다.

2 세계화

세계화(Globalization)는 지구촌의 핵심적인 화두이다. 세계화는 경제적 의미에서 '국가간에 경제적인 교류를 저해하는 각종 장벽이 완화, 축소 혹은 제거되면서 상품과 서비스, 생산요소와 정보, 기술 등 경제교류가 내용적으로 심화되고, 지리적으로 확산되는 변화과정이 뚜렷하게 확인되는 현상' 이다. 세계화는 국제화와 다르다. 국제화가

한 국가를 단위로 국민경제가 여전히 중요성을 유지한 채 국가 간 경제적 교류가 이루어지는 현상을 말한다면, 세계화는 경제적 의미에서 국경이 의미를 상실하고 세계 전체가 하나의 경제단위가 된다는 점을 강조하는 점에서 다르다. 세계화가 '세계를 마치 하나의 지구촌처럼 국경을 초월하는 것' 을 뜻한다면, 국제화는 '다른 나라의 국경과 고유성을 인정하며 이루어지는 나라 간 교류' 를 뜻한다. 세계화와 국제화 간 기본 차이는 경제적 의미에서 국경, 국가의 경제주권, 시장(상품, 서비스, 금융)의 개방정도에서 나타난다. 국제화시대에서 경제적 의미의 국경이 존속하고 국가의 경제주권을 보장 받았지만, 세계화시대에는 경제적 의미 국경은 소멸되고, 국가의 경제주권을 보장받기 어렵다.

3 지역블록화와 지방화

오늘날 세계화 현상과 함께 지역블록화나 지방화가 함께 부각되었다. 지역블록화는 '일정한 지역에 위치한 국가들이 초국가적인 결속을 통해 상품, 자본, 노동, 서비스가 자유롭게 이동하는 단일 시장 경제를 추구하는 시도나 노력' 을 뜻한다. 현재 결성되어 있는 지역블록은 EU(유럽연합), 미국 · 멕시코 · 캐나다협정(USMCA), 동남아시아국가연합(ASEAN), 아시아태평양경제협력체(APEC) 등을 들 수 있다. 또한 지방의 고유성과 독자성이 강조되면서 지방과 지역이 강조되는 지방화도 부각되었다. 지방화(Localization)는 지방이 정치, 경제, 사회의 새로운 주체로 등장하는 현상이다. 지방자치의 발전에 따라 중앙정부 권한이 대폭적으로 지방자치단체로 이관되고 주민의사에 따라 업무가 처리되는 것을 의미한다.

2 지역통합과 협력 사례

지역경제통합은 제2차 대전 이후 유럽에서 시작하여 1990년대 들어 전 세계적으로 확산되었다. 1997년 아시아 국가들의 외환위기를 계기로 아시아국가들 간 자유무역협정(FTA)를 모색하였다. 경제통합은 초기에 선진국 간, 주변국가 간 체결되었으나, 그 후 개발도상국 간 혹은 선진국과 개도국 간 체결이 이루어졌고, 공동의 경제목적을 달성하기 위해 지리적인 접근성도 초월하고 있다.

1 지역의 경제통합

세계의 주요 국가는 EU, 미국 · 멕시코 · 캐나다협정, 동남아시아국가연합 등을 추진하였다. 유럽은 EU로 공동시장을 형성하였고, 미국 · 멕시코 · 캐나다협정은 미국, 캐나다, 멕시코 간 자유무역협정을 완성했다. 국가간 관세가 철폐되면 국가상호간 상품자유이동이 촉진됨으로 경제적 상호의존성이 증대해 국제화가 촉진되고, 범세계적인 세계화로 이어진다.

① EU

EU(유럽연합, European Union)는 독일, 프랑스, 영국, 아일랜드, 벨기에, 네덜란드, 룩셈부르크, 덴마크, 스웨덴, 핀란드, 오스트리아, 이탈리아, 스페인, 포르투갈, 그리스, 체코, 헝가리, 폴란드, 슬로바키아, 리투아니아, 라트비아, 에스토니아, 슬로베니아, 키프로스, 몰타, 불가리아, 루마니아, 크로아티아 등 28개국을 회원국으로 1993년 11월 1일 창립되었다. 2016년 영국은 국민투표를 거쳐 2021년 탈퇴하였다.

1946년 영국의 윈스턴 처칠(Winston Churchill)의 스위스 취리히 연설에서 시작되었고, 처칠은 유럽에 국제연합(UN)과 같은 기구가 필요함을 역설했다. 유럽석탄철강공동체(European Coal and Steel Community, ECSC), 유럽경제공동체(European Economic Community, EEC), 유럽원자력공동체(European Atomic Energy Community, EURATOM)를 거쳐 유럽공동체(European Communities, EC)로 이어지고, 1993년 EU가 탄생했다. 2000년대 들어, 유럽의 정치변화와 함께 동유럽 국가가 다수 가입했다.

창립 목적은 유럽 내 단일시장을 구축하고 단일통화를 실현하여 유럽의 경제 · 사회 발전을 촉진하는 것이다. 아울러 공동방위정책을 포함하는 공동외교안보정책을 수립하고 이행해 국제무대에서 유럽의 이해를 제고하는데 있다.

EU는 서유럽과 중동부유럽국가로 구분되며, 서유럽은 경제발전이 이루어진 선진경제로서 1인당 소득수준이 높아 구매력이 크고 기술수준이 높지만, 중동부유럽은 상대적으로 경제발달이 낮고 저렴한 노동력을 갖고 있다. 저렴한 동유럽 국가의 노동력이 서유럽국가로 유입되면서 서유럽국가의 미숙련노동자의 실업난이 커졌고, 동유럽 국가는 자국 우수인재가 서유럽국가로 빠져나가는 인적자원유출이 증가했다.

② 미국 · 멕시코 · 캐나다협정

미국 · 멕시코 · 캐나다협정은 북미자유무역협정(NAFTA)을 대신하는 다자간 무역협정이다. 옛 북미자유무역협정(North American Free Trade Agreement, NAFTA)은 1992년 12월 미국, 캐나다, 멕시코 정부가 조인해 1994년 1월부터 발효되었고, 미국, 캐나다, 멕시코 3국이 관세와 무역장벽을 폐지하고 자유무역권역을 형성한 협정이며, '나프타'라고 하였다. 협정은 미국의 기술과 자본력, 캐나다의 풍부한 자원, 멕시코의 자원과 저렴한 노동력을 서로 결합해 북미경제권의 세계경쟁력을 강화하고자 하며, 3국의 서로 간 이해가 일치한 것이다. EU와 달리, 역내 노동력의 자유로운 이동을 보장하지 않으며, 경제적 통합을 위해 회원국이 지닌 주권을 포기한 EU와 달리 3국은 각각 주권을 유지하며 회원국 각자가 독자적인 무역정책을 추진한다. 미국 기업의 멕시코 이동으로 인한 실업증대, 멕시코의 환경악화 등 부정적 시각이 있다.

③ 동남아시아국가연합

동남아시아국가연합(Association of South-East Asian Nations, ASEAN)은 1967년 8월 8일 방콕 선언(Bangkok Declaration)에 의해 창설된 동남아시아의 국제기구로 ASEAN으로 약칭된다. 1961년 창설된 동남아시아연합(ASA)의 발전적 해체에 따라 1967년 8월 8일 설립되었다. 창설 당시 회원국은 필리핀, 말레이시아, 싱가포르, 인도네시아, 태국 등 5개국이며, 1984년 브루나이, 1995년 베트남, 1997년 라오스와 미얀마, 1999년 캄보디아가 차례로 가입하여 10개국으로 늘어났고, ASEAN 10이라고 한다.

동남아시아국가연합은 우리나라를 비롯하여 미국, 일본, 중국, 러시아, 오스트레일리아 등 10개 역외국과 협의채널을 구축하고, 역외국가와 협력관계를 유지하며, 한국, 일본, 일본과는 ASEAN+3, ASEAN+1 등 형태로 동아시아국가 간 협력을 추진한다.

④ 남미공동시장

남미공동시장(Mercado Comun del Sur, MERCOSUR)은 남아메리카의 자유무역과 경제협력을 위해 설립한 경제공동체이다. 1980년대 브라질과 아르헨티나 두 국가의 경제협력으로 출발해 1991년 인접국 우루과이와 파라과이가 참여하고, 파라과이에서 아순시온협약(Treaty of Asuncion)을 맺어 성립하였고 1995년 1월 1일 정식 발효되었다. 대외 공동관세 제도를 채택해 관세동맹 형태를 보이나 일정기간 예외품목 규정을 두고 있어 자유무역지역과 관세동맹의 중간단계로 볼 수 있다. 대외 공동 관세는 최고 20%까지 11단계로 나누어 적용된다. 회원국은 아르헨티나, 브라질, 파라과이, 우루과이, 베네수엘라 5개국이며, 칠레와 볼리비아가 준회원국으로 참가한다. 페루, 에콰도르, 콜롬비아와도 남미자유무역지역 결성을 위한 협상을 진행 중이며, 1995년 EU와 협력에 합의하였다. 남미공동시장은 경제규모면에서 남미에서 가장 크고, 가장 이름 있는 지역통합체이지만, EU 혹은 미국 · 멕시코 · 캐나다협정에 비해 역내국 간 교역의존도가 낮고, 초국가적 기구가 없이 각각 정부가 통합 운영주체가 되는 구조적 문제를 갖고 있다.

⑤ 걸프협력회의

걸프협력회의(Gulf Cooperation Council, GCC)는 1981년 5월 페르시아 만안의 6개 산유국이 역내 협력을 강화하기 위해 결성한 지역협력기구로 '페르시아만안협력회의'라고도 한다. 1979년 2월 이란혁명으로 인한 왕정붕괴, 1979년 12월 구소련의 아프가니스탄 침공, 1980년 9월 이란과 이라크 간 전쟁발발 등 1970년대 말부터 1980년대 초 걸프 만 주변에서 발생한 정치적 불안에 대한 공동대응책을 모색하기 위해 사우디아라비아, 쿠웨이트, 아랍에미리트, 카타르, 오만, 바레인 등 6개국 정상이 아랍에미리트 수도 아부다비에 모여 결성하였다. 상호간 경제, 안전보장의 협력과 치안과 국방 결속을 목적으로 한다. 석유의 생산과 수출국일 뿐 아니라 아랍어를 사용하고 이슬람교를 국교로 하여 세습왕정체제를 유지하는 유사 민족국가라는 점에서 공통점이 있고, 지리적으로 인접해 있다. 매년 각국을 돌면서 정상회담을 개최하고, 결성 이후 10년 동안 활동의 중심을 경제협력에 중점을 두었으나, 1991년 걸프전을 계기로 공동방위력 증강 등 정치와 군사협력에도 무게를 두고 있다.

2 지역의 통화통합

통화통합은 여러 나라의 통화가 한개 통화로 되는 것이다. 통합의 배경은 통화통합을 통해 얻는 편익이 통화통합으로 발생되는 비용보다 클 것을 기대하여 부각됐다. 통화통합으로 얻는 편익이 경제적 측면에서 매우 크더라도, 해당국가가 자국통화를 포기하고, 자국 통화정책의 자율성이 상실되면서 국가주권의 일정부분을 초국가적 공동체에 이양하는 것이다.

① 국제통화제도와 기축통화

국제통화제도는 국제결제가 이루어지는 방식과 관련 제도로 세계경제의 구조적 변화, 각국 간 이해 대립, 각국 경제력과 정치력의 성쇠에 따라 변화되었다. 기축통화(Key Currency)는 국제결제나 금융거래에서 중심이 되는 통화이며, 국제회계 단위, 교환과 매개수단, 가치저장수단으로서 화폐기능을 수행한다. 제1, 2차 대전을 겪은 후 영국경제가 쇠퇴하고, 미국이 그 자리를 차지해 미국 달러가 최고의 기축통화의 지위를 수행하고 있다.

현재 대외거래에서 국제통화로 많이 사용되는 통화는 미국 달러를 중심으로 유로, 파운드, 일본 엔, 중국 위안, 스위스 프랑, 캐나다 달러 등이다. EU의 단일통화 유로화가 출범해 달러에 대한 강력한 경쟁자로 부상하였으나, 2010년 그리스, 포르투갈, 아일랜드, 이탈리아와 같은 일부 유럽국가의 재정위기나 브렉시트로 인해 유로화 위상이 흔들리기도 하였다. 중국은 경제규모가 커지고 위안화의 국제화를 위해 노력을 전개하여 위안화에 대한 국제적 지위가 제고되었으나, 기축통화로서 달러를 대체하기에는 역부족이라고 할 수 있다.

미국 달러는 미국에서 통용되는 화폐이자 세계에서 가장 중요한 국제통화이다. 보통 달러 기호인 $로 축약하며 다른 달러들과 비교할 때 US$ 또는 ISO 4217 코드 USD로 표기한다. 1달러는 100센트(100페니, 20니켈, 10다임, 4쿼터)로 표시된다. 1785년 7월 6일 미국의 화폐로 지정된 후 달러는 전 세계적으로 가장 널리 통용되는 화폐가 되었다.

그림 1-4 미국의 달러

② 통화통합과 유로화

현대사회에서 통화통합 사례는 유로화 출범이며, 단일통화 유로화의 영향은 다음과 같다.

첫째, 긍정적 편익 측면이다. 단일통화를 사용함으로써 외환거래비용이 절감되어 역내국 간 교역과 자본이동이 촉진되었다. 역내 시장의 경쟁이 제고되고 효율성이 증가하며 경제성장도 촉진되었다. 역내시장에서 동일통화로 상품과 서비스가격을 표기함에 따라 투명성이 제고되고 지역간 상품, 서비스 등 가격차이가 사라지고, 회원국의 소비자에게 이익을 주고, 역내교역이 증가하였다.

둘째, 부정적 측면이다. 단일통화를 사용함으로써 각 회원국은 자국 형편에 맞는 통화환율정책을 독립적으로 사용할 수 없다. 경제상황이 국가마다 달라 환율과 금리정책에 대한 각국 요구가 서로 다른 경우 거시경제정책을 둘러싸고 가맹국 간에 정치적 갈등이 초래되었다. 유로존의 재정위기를 통해 재정통합이 조화롭지 못한 상태에서 회원국이 부적절하게 재정정책을 운용하는 경우 그 부담은 모든 참가국이 분담하게 되었다.

유로화(£, EUR)는 EU의 공식통화다. 유로는 19개국의 EU가입국과 EU에 가입하지 않은 9개국에서 사용되고, 〈유로존〉 혹은 〈유로랜드〉라고 한다. 유럽중앙은행(ECB)이 유로지역에서 독점 은행권발행 권한을 갖고 있고, 〈유로존〉은 세계에서 두 번째로 높

그림 1-5 유로화 지폐

은 구매력을 보유한다. EU회원국은 1991년 마스트리히트조약을 체결하고, 1999년 1월 단일통화 유로화를 도입하였다. 2002년 3월 1일부터 실물유로를 실제 사용하고, 그해 7월부터 전면 통용되기 시작하였다. 유로는 7종의 지폐와 8종의 동전으로 구성된다.

2002년 유로 첫 번째 시행에 참가한 국가는 벨기에, 프랑스, 독일, 이탈리아, 룩셈부르크, 네덜란드, 아일랜드, 그리스, 포르투갈, 스페인, 핀란드, 오스트리아 등 12개국이며, 영국, 덴마크, 스웨덴 3개국은 불참하였다. 이후 슬로베니아, 몰타, 키프로스, 슬로바키아, 에스토니아가 가입하였다. 현재 유로 사용 국가는 그리스, 네덜란드, 독일, 라트비아, 룩셈부르크, 리투아니아, 몰타, 벨기에, 스페인, 슬로바키아, 슬로베니아, 아일랜드, 에스토니아, 오스트리아, 이탈리아, 키프로스, 포르투갈, 프랑스, 핀란드 등이며, 국가간 협정에 따라, 모나코, 산마리노공화국, 바티칸은 자국의 유로동전을 직접 제작할 수 있는 조폐권을 유럽중앙은행에서 이관 받았다. 안도라, 몬테네그로, 코소보 등은 조폐권이나 유럽중앙은행체제 허가와 관계없이 통화단위로 도입하였다.

Chapter

02

세계문화와 환경

• 아시아

WORLD GEOGRAPHY AND CULTURE

01 동아시아

동아시아는 동쪽 태평양, 남쪽 남중국해에 면하고, 서쪽은 중국 본토 서쪽을 지나 베트남 국경 근처에 이르며, 우리나라와 중국, 일본, 대만이 포함된다. 지형적으로 중국 동북부와 황하강(黃河江)과 양쯔강(揚子江) 유역에 평야가 전개되고, 아시아 중앙부와 같은 높은 산맥은 드물다. 동부는 일본열도를 따라 환태평양화산대가 형성되어 있다. 기후는 일반적으로 온대성 기후이며, 특히 일본 서남부나 중국 화남(華南)은 몬순영향을 받아 다습하나, 북부는 일부 냉대기후에 속한다.

주민은 몽골로이드로 한국과 일본 그리고 한민족(漢民族) 등으로 구분된다. 황하강 유역은 세계 고대문명 발상지로 알려져 있고, 과거부터 개발되어 인구가 조밀하였다. 19세기 이래 기계문명에 뒤쳐졌으나, 근래 들어, 산업화와 공업화가 진전됨에 따라 EU와 북아메리카에 이어 산업의 축을 형성하고 있다. 중국을 비롯하여 한국과 일본은 고유 문화를 발달시켜 한자(漢字)를 공용하였고, 중국과 대만, 한국과 일본 모두 자국 특유의 한자를 형성하였다.

1 일본(japan)

- **위치**: 동아시아
- **면적**: 377,950.15㎢
- **인구**: 126,476,458명(2020년)
- **수도**: 도쿄(東京, Tokyo)
- **정체**: 입헌군주제
- **언어**: 일본어
- **통화**: JPY(엔, ¥)
- **환율**: 100JPY= 1,057.10원(2021년 2월)
- **종교**: 신도(Shintoism), 불교(Buddism), 기독교(Christianity)
- **1인당 GDP**: 40,246달러 (2020년)

일본은 아시아 대륙의 동쪽에 연장 3,000㎞에 걸쳐 초승달 모양으로 열도이며, 혼슈(本州), 시코쿠(四國), 규슈(九州) 및 홋카이도(北海道)등 4개의 큰 섬과 4,000여 개의 섬으로 구성된다. 지형적으로 태평양판과 유라시아 대륙판이 부딪히는 경계면에 위치한 환태평양 지진대상에 놓여 있어 지진이 다발하는 지역이고 화산활동이 활발하다. 지형변화가 상당히 다양하여 강은 짧고 급류가 많고 산골짜기는 깊은 협곡을 형성하고 있다. 해안선은 복잡하고 온천이 전국적으로 분포해 있다. 행정구역은 47도 도부현(都道府縣)으로 나누어진다. 도쿄도(東京都)를 중심으로 홋카이도(北海道), 교토부(京都府), 오사카(大阪府) 등과 43개 현(縣)으로 이루어진 지방자치제 국가이다.

1 역사배경

일본인의 기원은 약 10만 년 전 원시 인류가 동부시베리아에서 사할린 섬과 일본 북부지방으로 건너온 것에서 시작되었다. 일본 토착민 아이누족은 새로운 이주자들의 팽창과 군사적인 침략 때문에 북쪽 홋카이도로 내몰리고 몽고인종으로 대체되었다. 죠몽(繩文)－야요이(彌生) 시대(기원전 8000~기원후 300년경)를 거쳐 아스카(飛鳥, 5세기~7세기경), 나라(奈良, 710~794년), 헤이안(平安, 794~1184년), 가마쿠라(謙倉, 1185~1333년), 무로마치(室町, 1333~1576년), 아즈치모모야마(安土桃山, 1576~1603년) 시기를 거쳐 토쿠가와 이에야스(德川家康)에 의한 에도시대(江戶, 1603~1868년)가 이어졌다. 에도시대는 전쟁 없는 평화로운 시대였으나, 대외적으로 쇄국정책을 표방하던 시대였다. 일본 쇄국은 1853년 미국 페리제독의 군함에 의한 미일친화조약 체결 후 개국이 이루어진다. 메이지(明治, 1868~1912년) 때 기존 봉건제도를 철폐하고 제국주의 시대를 맞이한다. 태평양전쟁 패망 후 일본사회는 많은 발전과 변화를 겪게 되며, 다이쇼(大正), 쇼와(昭和), 1989년부터 시작된 헤이세이(平成)에 이어 2019년 5월부터 레이와(令和) 시대를 맞이하였다. 상징적 존재 천황을 중심으로 하지만, 수상이 실권을 잡고 있는 의원내각제를 채택하고 있다.

2 자연환경

일본열도는 지구상에서 가장 지층이 불안정한 환태평양 화산대에 속하여 지진과 화산활동이 활발하다. 현존하는 활화산은 약 67개이며 일본에서 가장 높은 후지산(해발

3,766m)이 대표적인 화산으로 1707년 마지막으로 용암을 분출한 뒤 오랜 휴면 상태에 들어가 있다. 2011년 3월 11일 일본 동북지방 규모 9.0의 지진발생, 15m의 쓰나미가 동부 해안 지방을 덮쳐 수만 명의 인명피해 발생하고 후쿠시마 원전 연쇄 폭발로 인해 방사능이 유출되었고 크고 작은 지진이 해마다 발생한다. 지형 대부분이 급경사 산지 지형으로 형성되어 있고, 급경사의 산과 산 사이에 어렵게 자리 잡고 있는 작은 평야들의 경지이용률이 높다.

기후는 홋카이도와 혼슈북부 및 중부 내륙고지대가 아한대다우기후에 속하지만, 이외의 지역은 온대다우기후에 속한다. 일본열도는 남북으로 길어 홋카이도 북단에서 난세이제도 남단까지 위도차가 22°나 되고, 연평균기온은 홋카이도의 와카나이(稚內)에서 6.3℃, 오키나와(沖繩)의 나하(那覇)에서 22.3℃를 보여 남북 차는 16℃에 달한다.

3 지역정보

❶ 도쿄와 간토지역

간토는 일본 혼슈 간토 평야 주요부를 차지하는 지역이다. 1도(都) 6현(縣)의 총칭으로 도쿄도(都)와 사이타마, 지바, 이바라키, 도치기, 군마, 가나가와를 밀한다. 지명은 '하코네(箱根)에 있는 관문(關門)의 동쪽지방'이라는 의미이며, 관문의 서쪽을 간사이(關西)라고 하며, 교토(京都), 오사카(大阪) 지역을 가리킨다.

도쿄

도쿄는 일본의 수도이자 경제중심지로 도쿄도(東京都)라고 한다. 17세기 도쿠가와 이에야스가 에도에 막부를 설치함으로써 정치의 중심지가 되었다. 1868년 메이지유신으로 265년에 걸친 도쿠가와막부가 붕괴되고 천왕이 권력을 회복한 뒤, 교토에 살고 있던 천황이 옮겨와 도쿄로 개명되어 수도가 되었다.

도쿄는 에도시대 때 쇄국정책으로 외국과의 교류를 하지 않았기 때문에 가부키(歌舞技) 같은 전통문화가 번성할 수 있었다. 서양문물을 받아들인 후 긴자(金座)거리에 서양 건물이 늘어나는 도시변화가 일어났다. 1920년 건립된 메이지신궁(明治神宮, Meiji Shrine)과 천황과 그 일가가 살고 있는 궁으로 외곽만 볼 수 있는 교코(皇居, Imperial Place), 사찰 센소지와 가미나리몬(雷門)이 있는 아사쿠사(淺草) 가 있으며, '은화(銀貨)를 만드는 거

▲ 도쿄 황거

리'라는 이름에서 유래된 긴자(銀座), 신주쿠(新宿)와 도쿄도초텐보다이(東京都廳展望台), 도쿄를 대표하는 곳으로 젊음을 상징하는 하라주쿠(原宿) 등이 있다. 도쿄의 상징은 프랑스 파리의 에펠탑보다 33m가 더 높다고 알려져 있는 높이 333m의 철탑 도쿄타워(Tokyo Tower, 1958년 건축)와 634m의 철탑 도쿄스카이트리(Tokyo Skytree, 2012년 완공)가 있다.

❷ 도쿄 인근

요코하마

요코하마(橫濱)는 가나가와(神奈川)현 동부 도쿄 만에 면해 있는 항구로 일본 제2의 도시이다. 엔카 '블루라이트 요코하마'로 알려진 화려한 야경과 맛있는 식도락의 도시로 유명하다. 최첨단 고층빌딩과 외국문물을 받아들인 국제적 분위기가 물씬 풍기는 이국적인 모습에 내외관광객이 찾는다. 베이 브리지, 일본에서 가장 큰 차이나타운 등이 있다.

오다이바

오다이바(お台場)는 도쿄만 지역 임해부도심에 세워진 거대한 타운이다. 최신식 쇼핑타운과 엔터테인먼트, 호텔, 방송국 및 박람회장 등 다양한 첨단시설을 갖춘 신개념의

리조트타운이다. 이곳 명물은 뉴욕의 '자유의 여신상'을 그대로 조각해 놓은 동상과 멀리 해변공원에서 보이는 레인보우브리지를 배경으로 한 전경이다.

도쿄 디즈니리조트

도쿄 디즈니리조트는 도쿄도 동쪽에 인접한 치바(千葉) 현 서쪽 우라야스시에 위치한다. 도쿄 디즈니리조트는 도쿄 디즈니랜드(1983년)와 도쿄 디즈니씨(2001년)로 구성되어 있다. 이곳은 미국 이외 지역에서 건설된 첫 디즈니랜드이다.

하코네

하코네(箱根)는 가나가와현 서부에 위치해 닛코와 더불어 도쿄 부근 당일 관광지다. 온천휴양지로 유명하고 국립공원과 723m의 칼데라 호수 아시노코(芦ノ湖) 주변이 중심이다.

닛코

닛코(日光)는 도치기현 서부에 있는 도시이자 일본에서 가장 일본적인 곳이다. '닛코를 보지 않고서 일본을 말하지 말라.'라는 말이 있듯이, 에도막부를 세운 도쿠가와 이에야쓰의 사당 도쇼구(東照宮)의 대본산이다. 금빛 찬란한 도쇼구, 쥬젠지호수(中禪寺湖), 게곤노다키(華嚴ノ瀧) 폭포 그리고 온천이 산재하여 있다. 도쇼구의 세 마리 원숭이의 형상은 한 마리는 입을 막고, 또 한 마리는 귀를 막고, 다른 한 마리는 눈을 막고 있는 모습으로 인내와 교훈을 준다. 닛코의 도쇼구는 1999년 유네스코 세계유산에 등재되었다.

❸ 간사이지역

간사이지역은 교토부, 오사카부 그리고 시가, 효고, 나라, 와카야마, 미에의 5현을 포함하고, 때때로 후쿠이현과 도쿠시마현을 포함한다. 아스카(飛鳥)로부터 헤이안(平安)에 이르기까지 왕부(王府)였고, 메이지유신 때 도쿄 천도까지 명실 공히 일본의 중심이었다. 이런 배경에서 긴키지방(近畿地方)이라고 한다.

오사카

오사카(大阪)는 1400년부터 도요토미 히데요시가 오사카를 중심지로 삼으면서 전성기를 맞이 했다. 17세기 에도시대 때 쵸닌(에도시대의 상인)들이 수로와 강을 개척하여 다

▲ 오사카 유니버셜 스튜디오 재팬

리를 놓아 바다를 향해 도시를 넓혀갔다. 오사카는 나라와 교토에 비해 많은 역사유적지를 보유하고 있지는 못하지만, 일본 간사이(關西) 지방의 대표도시로 1994년 간사이 국제공항이 개항하여 이곳의 관문 여할을 하고 있다. 1931년에 재건된 오사카죠(大阪城)는 도시의 역사와 문화의 상징이며, 덴슈카쿠(天守閣)는 야지모모야마(安土桃山) 시대에 천하를 통일한 도요토미 히데요시(豊臣秀吉) 시기의 자료가 전시되어 있다. 도톰보리(道頓堀)는 식도락과 유행의 거리로 유명하다. 유니버셜 스튜디오 재팬(USJ : Universal Studio Japan)은 2001년 오픈한 세계 최고봉의 무비 테마파크로서 도시 한복판에 자리 잡았다.

교토

교토(京都)는 긴키지방의 다른 어떤 도시보다 많은 유적지를 갖고 있다. 이곳은 794년 일본의 수도로 정해진 이후 약 1,000년 동안 중심지로 발전했다. '하나미' 라고 하는 벚꽃을 구경하기 위해 가장 많이 찾아오는 곳이며, 고대 교토의 역사기념물은 1994년 유네스코 세계유산에 등재되었다. 도쿠가와 이에야스에 의해 최초 건축된 바 있는 니죠죠(二條城)는 니노마루고텐, 혼마루고텐, 니노마루테이엔이 남아 있고, 요미즈데라(淸水寺), 킨카쿠지(金閣寺), 헤이안진구(平安神宮) 등 명소가 산재해 있다.

▲ 홋카이도 오타루

나라

나라(奈良)는 긴키지방의 중앙에 위치하고 백제와 관련이 깊은 곳이다. 710년에서 784년까지 일본의 수도로서 백제로 부터 한학이나 불교문화를 들여왔고, 일본에서 우리나라의 흔적을 가장 쉽게 찾을 수 있다. 고구려 담징의 금당벽화의 흔적이 남아있는 호류지(法隆寺)를 제외하면 대부분 유적은 도보로 찾아 볼 수 있다. 높이 16.2m의 청동 불상으로 유명한 도다이지(東大寺), 사슴공원, 고후쿠지(興福寺), 일본의 3대 신사중의 하나인 카스가다이샤신사(春日大社) 등을 포함하여 나라의 역사기념물은 1998년 유네스코 세계유산에 등재되었다.

④ 홋카이도

홋카이도는 47개 도도부현 중 하나로, 최북단 섬이자 지방공공단체(도(道))이다. 면적은 78,515㎢로 일본 면적 1/5를 차지한다. 삿포로(札幌)는 중심도시로 이곳에 거주한 아이누족의 언어로 '건조하고 광대한 땅'이라는 뜻에서 유래되었다. 오오도리 공원(大通公園)은 삿포로 중심에 위치한 시민공원이며, 2월 눈축제가 개최된다. 오타루(小樽)는 '오타루운하'로 널리 알려져 있는 매력이 넘치는 항구도시이자 일본 영화 '러브레터'의 배경이 된 곳이다.

❺ 시코쿠

시코쿠는 일본 열도를 구성하는 4개 섬 중 하나이며, 시코쿠 본섬과 부속 도서를 묶어 '시코쿠 지방' 이라고 한다. 오늘날 도쿠시마, 가가와, 에히메, 고치 등 4개 현으로 구성되어 있지만, 가장 덜 알려져 있는 지방이다.

❻ 큐슈

큐슈는 규슈 본섬과 7개 현의 부속도서를 합친 지역(42,231.48 km²)을 말하며, 때때로 오키나와현을 포함(44,512.6 km²)한다. 후쿠오카(福岡), 사가(佐賀), 나가사키(長崎), 오이타(大分), 구마모토(熊本), 미야자키(宮崎), 가고시마(鹿兒島) 등 7개현이 속하며, 특히 후쿠오카, 오이타, 나가사키, 사가와 구마모토를 통틀어 기타큐슈(北九州)라고 칭한다.

▲ 오이타 벳부 지옥순례

후쿠오카는 후쿠오카현의 중심도시로 정치, 경제, 문화, 교통의 중심지이다. '학문과 문화의 신'을 모신 신사로 알려진 다자이후텐만구(太宰府天满宫)와 대형 복합 패션타운 캐널시키가 오래 전부터 이름나있고, 한국에서 가장 가까운 일본 도시라고 할 수 있다. 나가사키는 규슈 북서부의 끝에 위치한 현으로 원자폭탄 투하장소 뿐 아니라 화산과 유황연기로 알려진 운젠(雲仙) 온천지역이 있다.

구마모토는 세계적 규모의 칼데라화산 아소산(阿蘇山)을 중심으로 대지와 산지가 펼쳐져 있고, 오이타는 일본을 대표하는 온천도시 벳부(別府)의 지옥순례로 예전부터 잘 알려져 있다. 가고시마는 세계유산에 등재된 야쿠섬(屋久島)과 기리시마 산(霧島山) 과 같은 자연경관이 빼어난 곳이지만, 가고시마시는 메이지유신 때 중요한 역할을 한 사이

▲ 오키나와 슈리성

고 다카모리(西郷隆盛), 러일전쟁을 승리로 이끈 일본의 해군제독 도고 헤이하치로(東郷平八郎)를 배출했다.

7 오키나와

오키나와(沖縄)는 일본 난세이제도(南西諸島)의 27°N 남쪽 오키나와 본섬 등 약 160개의 섬으로 이루어진 현이다. 푸른 하늘과 에메랄드 바다, 흰 백사장과 같은 자연과 온난한 기후 그리고 다채로운 역사와 문화가 어우러져 있다. 일본에서 햄버거와 코카콜라가 처음으로 들어왔지만, 류큐왕국 본거지이기 때문에 동서양문화가 혼재되어 있다. 오키나와 류큐왕국 유적은 2000년 유네스코 세계문화유산에 등재되었다. 류큐무라(流球村)는 류큐 왕조시대의 역사와 문화를 체험할 수 있는 민속촌이며, 슈레이몬(守禮門)과 슈리죠(首里城)는 류큐 왕조(1429~1879년)의 흔적을 느낄 수 있는 성문과 영지이다. 만좌모(萬座毛)는 18세기 류큐왕조의 쇼케이 왕이 '만명이 앉아도 족한 벌판이라고 감탄했다.'고 한 것에서 유래되었다. 바다와 면한 해안절경과 기괴한 형상으로 침식된 류큐 석회암 단애를 볼 수 있다.

4 문화

❶ 종교

신도(神道)는 일본의 고유 신앙이자 선조나 자연을 숭배하는 토착 신앙이다. 종교라기보다 조상유풍을 따라 가미(神)를 모시는 국민신앙이 강하며, 신사는 신도 신앙에 의거해서 신들을 제사지내기 위해 세워진 건물이나 시설이다. 신을 모신 본전, 신을 예배하고 각종 의례를 행하는 배전(拜殿), 신역에 대한 문을 상징하는 도리이(鳥居), 참배자가 심신을 정결히 하기 위한 수수사(手水舍) 등 시설을 갖추었다. 메이지유신 이후 신도는 일왕권위를 유지하기 위한 국가종교화 되었고, 1889년 헌법에 형식적으로 종교자유를 보장했으나 신사참배를 의무로 간주했다. 제2차 대전 후 일본 종교는 국가로부터 분리되었다. 신사는 전설의 인물, 신격화된 실존인물을 받드는 곳도 있고, 누구를 내세우는지 불확실한 곳도 있다.

❷ 축제

일년 내내 마쯔리(祭り)가 열리는 나라다. 마쯔리는 축제(제의)를 뜻하며, 신이나 존경하는 사람에게 뭔가를 드리는 것이다. 경외하는 마음으로 신을 맞이하고 신에게 존경의 마음을 표현하는 음식이나 그 외의 물건을 드려서 환대하고 풍요로운 생산, 번영 및 평화로운 생활을 기원한다. 전국 각지에 있는 신사나 불교사원에서 1년 중의 특정 시기에 행해지는 것이 많고, 각지에서 사람들이 참가하거나 구경하러 온다.

❸ 가부키

가부키(歌舞伎)는 말 그대로 노래와 춤과 기교를 조화시킨 예술이다. 화려한 복장과 인상적인 분장, 독특한 연기와 음악이 일본의 일본 특유의 조화를 보여주는 공연예술이다. 가부키의 내용은 충효, 의리 및 인정 등 도의적인 것이 중심을 이루며, 일반 서민에게 권선징악의 도덕교육의 역할을 하였다. 기원은 17세기 도쿠가와 막부 때 여성 연기자가 노래와 춤을 공연하던 때로 거슬러 올라간다. 그러나 음탕한 공연으로 유명해지면서 도쿠가와 막부는 여성공연을 금지해 어린 소년 단원에게 여성 역할이 주어졌다. 여성 역할은 '온나가타' 라고 불리는 성인 남자가 연기하게 된다. 가부키를 처음 대하는 사람은 몇 시간씩 걸리는 전체공연을 다보는 것보다 입석표를 구입해 일부만을 보는 것이 좋은 방법이다.

❹ 스모

일본 고유의 전통적인 격투기 스포츠다. 스모(相撲)는 원래는 스포츠가 아니라, 힘 센 남자들이 신 앞에서 그 힘을 바치는 신앙의식이었다. 스모의 스타일은 에도시대 때 시작된 것이지만, 의례적인 스모는 그 전부터 축제의 일부분으로 전해 내려왔다. 운동경기 자체는 헤이안 시대 이후 사무라이가 결투를 발전시키는 방법으로 채택했다. 도구를 쓰지 않고 경기자의 신체만으로 우열을 가리는 형태로 씨름과 유사하다. 직경 4.55m(15척)의 원형 혹은 사각형 모양의 경기장인 도효(土俵) 안에서 몸에 마와시를 찬 두 선수가 서로 시합(도리쿠미)하여 승부를 겨루는 형태이다. 전통적으로 참가하는 선수의 나이, 신장, 체중에 따른 구별이 없다. 프로스모 경기는 오즈모(大相撲)라고 불리며, 일본스모협회에서 관장하고, 매년 홀수 월 6번(1, 3, 5, 7, 9, 11월)의 대회가 개최된다. 1월, 5월, 9월은 도쿄 료코쿠기칸(兩國技館)에서, 3월은 오사카(大阪), 7월은 나고야(名古屋), 11월은 후쿠오카에서 열린다.

5 기타

❶ 일본프로야구(NPB)

일본프로야구(NPB : Nippon Professional Baseball은 일본야구기구(NPB) 산하의 센트럴리그와 퍼시픽리그의 양대 리그 12개 구단, 독립리그로 이뤄지는 프로야구리그이다. 1936년 공식적으로 출범하였고, 1950년 양대(센트럴과 퍼시픽리그) 리그제로 정착하였고, 동시에 양 리그의 우승팀이 서로 겨루어 최종 챔피언 팀을 결정하는 일본시리즈가 시행되었다.

그림 2-1 일본프로야구 NPB

▲ 히로시마 원폭 돔

❷ 원폭 그리고 히로시마와 나가사키

히로시마와 나가사키는 1945년 원폭이 투하된 곳이다. 1945년 8월 6일 월요일 원자폭탄 〈리틀 보이(Little boy)〉가 히로시마에, 8월 9일 〈팻맨(Fat man)〉이 나가사키에 투하됐다. 원폭투하가 결정된 히로시마는 일본군 제2사령부이자 병참기지였으므로 군사중심지였고, 나가사키는 일본 본토 남쪽의 항구이자 대규모산업지대에서 선박, 무기, 전쟁물자를 생산하는 기능을 담당하였다.

히로시마평화공원은 원폭이 투하된 곳에 조성된 평화기념공원이다. 원폭 후 파괴된 잔해의 정상부근의 모양에서 이름 붙여진 '원폭 돔'을 비롯하여 공원 남쪽에 히로시마평화기념자료관과 국제회의장이 위치하고 있다. 원폭어린이상, 원폭공양탑, 원폭위령비 및 한국인 원폭희생자위령비 등 기념물은 세계 평화를 중요성을 일깨워 준다. 원폭돔은 1996년 세계유산에 등재되었다. 나가사키평화공원은 나가사키의 폭심지에 조성한 공원이다. 공원 북쪽 끝에 오른손은 핵무기의 위험을 가리키고 왼손은 영원한 평화를 상징하는 10m 높이의 평화의 상과 원폭자료관, 원폭사망자추도평화기념관이 있다.

❸ 세계유산

일본은 히메지성(1993)을 포함한 4건의 세계유산을 시작으로 2020년 12월 현재 19건의 문화유산과 4건의 자연유산이 등재되어 있다.

■ 표 2.1

구분	명칭	위치	연도
문화	호류지(法隆寺) 지역의 불교건조물	나라현	1993
	히메지 성(姬路城)	효고현	1993
	고대 교토(京都)의 역사기념물	교토부/시가현	1994
	시라카와고(白川鄕) · 고카야마(五箇山) 역사마을	기후/도야마현	1995
	히로시마 평화 기념관 (원폭돔)	히로시마현	1996
	이쓰쿠시마신사(厳島神社)	히로시마현	1996
	나라(奈良)의 역사기념물	나라현	1998
	닛코(日光)의 신사와 사원	도치기현	1999
	류큐왕국(琉球王国)의 구스쿠 유적과 관련 유적	오키나와현	2000
	기이산지(紀伊山地)의 영지와 참배길	와카야마/나라/ 미에현	2004
	이와미(石見) 은광과 문화적 경관	시마네현	2007
	히라이즈미(平泉) : 불국토를 구현한 건축, 정원, 고고학적 유적군	이와테현	2011
	후지산(富士山) : 신앙의 대상이자 예술의 원천	시즈오카/야마나시현	2013
	도미오카(富岡) 제사공장과 관련 유적지	군마현	2014
	일본의 메이지 산업혁명유산 철강 · 조선 · 석탄산업	야마구치현 외	2015
	르 코르뷔지에의 건축작품 : 모더니즘 운동에 탁월한 공헌(7개국 공동등재)	도쿄도	2016
	신이 머무는섬 오키노시마와 무나가타 지역의 관련 유적	후쿠오카현	2017
	나가사키(長崎)와 아마쿠사 지방의 잠복기독교인 관련 유산	나가사키/구마모토현	2018
	모즈 · 후루이치 고분군 : 고대 일본의 무덤	오사카부	2019
자연	야쿠섬(屋久島)	가고시마현	1993
	시라카미산지(白神山地)	아오모리/아키타현	1993
	시레토코(知床)	홋카이도	2005
	오가사와라 제도(小笠原諸島)	도쿄도	2011

2 중국(China)

- **위치 :** 아시아 동부 (베이징기준 39°N, 116°E)
- **면적 :** 9,596,961㎢
- **인구 :** 1,439,323,774명(2020년)
- **수도 :** 베이징(북경, Beijing)
- **정체 :** 인민공화국(입헌공화제), 인민대표대회제도(일원제)
- **언어 :** 중국어
- **통화 :** CNY(위안)
- **환율 :** 1CNY= 172.30원(2021년 2월)
- **행정구역 :** 4개 직할시, 5개 자치구, 2개 특별자치구, 22개 성
- **4개 직할시 :** 베이징(北京), 톈진(天津), 상하이(上海), 충칭(重慶)
- **5개 자치구(중국의 소수민족정책의 하나로 인구 2백만 명 이상이 집중되어 살고 있는 지역) :** 내몽고(內蒙古), 닝샤후이족(寧夏回族), 신장웨이우얼(新疆維吾爾), 광시좡족(广西壯族), 시짱(西藏)자치주
- **2개 특별자치구 :** 홍콩, 마카오
- **22개 성(省) :** 화북구–허베이(河北), 산시(山西), 서북구–산시(陜西), 간쑤(甘肅), 칭하이(青海), 동북구–헤이룽장(黑龍江), 지린(吉林), 랴오닝(遼寧), 화동구–안후이(安徽), 장쑤(江蘇), 장시(江西), 저장(浙江), 푸젠(福建), 산둥(山東), 중남구–허난(河南), 후난(湖南), 후베이(湖北), 광둥(广東), 하이난(海南), 서남구–쓰촨(四川), 윈난(雲南), 구이저우(貴州)
- **종교 :** 도교, 불교, 크리스트교 3%, 이슬람교 1~2%
- **민족 :** 한족과 55개 소수민족 (16,643만명, 총인구의 8%)으로 구성
- **1인당 GDP :** 1,261.68달러 (2020년)

정식명칭은 중화인민공화국(People's Republic of China)이다. 수도는 베이징, 중국어를 공용어로 사용하고 있다. 국토범위는 남북 5,500km, 동서 5,200km에 이른다. 북동쪽 한국과 러시아, 서쪽 카자흐스탄, 키르기스스탄, 타지키스탄, 남서쪽 인도, 파키스탄, 네팔, 부탄, 남쪽 미얀마, 베트남, 라오스, 북쪽은 몽골, 러시아연방과 각각 국경을 이루며, 국경선 총길이는 약 20,280km에 달한다. 중국 또는 중화라는 명칭은 3,000년 전 서주(西周)에서부터 사용되었고, 중(中)은 중심, 화(華)는 문화라는 뜻으로 세계중심 또는 문화중심이라는 뜻이다.

1 역사배경

중국 역사는 4대문명 발상지 황하유역에서 시작되었다. 동아시아에서 가장 오래 문명을 형성한 것으로 중국 황하강 중 · 하류 지역에서 발생한 문명이다. 기원전 5000년-4000년경부터 신석기 문화가 이루어졌고, 좁쌀 · 기장 등이 재배되고 개 · 돼지 등이 사육되었다.

은(殷)나라가 실증적으로 확인되어 있는 최초의 왕조이며, 다시 춘추(기원전 770~기원전 403년)와 전국시대(기원전 403~기원전 221년)로 이어진다. 기원전 221년 제나라가 진나라에 항복함으로써 진(秦)의 시황제가 최초의 통일국가를 이루었다. 중국의 역사연대는 한(기원전 206~기원후 220년), 위, 진 남북조(220~589년), 수(581~618년), 당(618~907년), 오대십국(907~960년), 송(960~1279년), 원(271~1368년), 명(1368~1644년), 청(1644~1911년), 중화민국(1912~1949년), 중화인민공화국(1949년~)으로 나눌 수 있다. 명(明) 나라는 태조 주원장은 원의 정치가 문란하고 국력이 쇠퇴한 틈을 타 한족국가 부흥의 기치를 내걸고 1368년 명을 세워 중국을 통일하였고, 만주족이 세운 청(淸)은 이자성을 몰아내고, 청 왕조가 명을 계승한 중국의 전통왕조임을 선언하였다. 1644년 제4대 강희제 때 내란을 평정하고 중국을 완전히 통일하여 중국지배를 확인하였다.

신해혁명(辛亥革命)으로 인해 청 선통제(宣統帝)가 폐위되고 1912년 공화제 중화민국이 건설되었다. 1928년 난징의 국민정부가 중국영토를 거의 통일하게 되어 중국의 정통정부가 되었다. 중일전쟁을 겪고 제2차 세계대전 후 일본이 패망하자 국민당 정부와 공산당이 적대관계가 되었고, 장제스(蔣介石)의 국민당정부는 일본점령지를 접수하는 과정에서 수단적 과오를 범해 민심을 잃게 되었고 군대의 전의가 상실되어 공산당과의 싸움에서 연전연패하자 대만(臺灣)으로 쫓겨난다. 승리를 거둔 공산당은 베이징을 수도로 하는 혁명정권을 수립하였고 1949년 중화인민공화국을 탄생시켰다. 공산당정부는 사회주의 개조운동을 펼쳤고, 1966년부터 문화대혁명을 추진하여 구소련과 함께 사회주의체제를 구축했다. 1980년대 덩샤오핑(鄧小平)이 개방경제를 도입한 이래, 강력한 경제 국가건설을 목표로 하고 있다.

2 자연환경

중국은 산지가 33%, 고원이 26%, 구릉이 10%, 분지가 19%, 그리고 평야는 12%를 차지하고 있고, 총면적의 약 1/4 정도가 해발고도 3,000m 이상에 위치한다. 대체로 서쪽이 높고 동쪽으로 낮아지고 있는 서고동저형이다. 자연환경은 중국의 농업과 문명 발생에 시원적 역할을 했으나, 산업화의 영향에 따라 인간에 의한 삼림파괴와 작물재배 확대는 광범위하게 문제를 일으켜 사막화 과정에 결정적 역할을 하였다. 오염물질을 동반한 황사는 주변국가 우리나라를 비롯하여 일본 그리고 태평양 건너 아메리카까지 영향을 미치고 있다.

최남단의 아열대에서 서부의 건조기후, 동북 3성의 냉대에 이르기까지 지구상의 다양한 기후가 나타나고 있고, 지형 고도 면에서도 동부의 저지대에서 서부의 8000m급 고산지에 이르기까지 차이가 크다. 베이징의 경우 1월 평균기온−5℃ , 7월 평균기온 26℃, 연평균기온 11.9℃이고, 연강수량은 635㎜이다.

3 지역정보

❶ 베이징

베이징 정식명칭은 베이징직할시(北京直轄市)이며, 약칭하여 징(京)이라고도 한다. 1929년 교외의 저우커우뎬(周口店)에서 발견된 60만~23만 년 전의 베이징원인(北京原人) 화석을 통하여 불을 사용한 흔적을 알 수 있다. 베이징은 도시 전체가 박물관이라 일컬어지는 중국 3천년 역사의 고도이며 중국의 수도이다. 중국의 정치, 행정, 문화의 중심지일 뿐만 아니라 오랜 역사를 통해 전해 내려온 만리장성을 비롯하여 고궁(자금성)과 이화원 등 세계적으로 유명한 명소가 가득하다.

고궁(故宮, 자금성, Forbidden City)은 북경시 중심에 위치한 명 · 청대의 황궁이다. 명조 영락 연간(1406~1420) 건축 후, 560년이라는 긴 세월 동안 15명의 명나라 황제와 9명의 청 황제가 일생을 보냈고, 현재 105만점의 희귀하고 진귀한 문물이 전시, 소장되어 있다. 톈안먼(天安門)은 자금성의 정문으로 영락(永樂) 대왕 때 1417년 최초 세워졌다. 톈안먼 앞 광장은 베이징 상징이며, 마오쩌둥(毛澤東)이 중화인민공화국을 선포한 장소이자 자유를 부르짖으며 죽어간 중국 젊은이의 민주화 광장이다.

▲ 만리장성

만리장성(萬里長城, Great Wall)은 진시황이 중국을 통일한 후, 10여 년간 쌓은 것이지만, 오늘날 만리장성은 명나라 때 지어진 것으로 서쪽 간쑤성 가욕관(嘉浴館)에서 시작하여 랴오닝성 압록강 변에 이른다. '세계에서 가장 긴 무덤'이라고 불리며, 그 이유는 거대한 성을 만들기 위해 만리장성을 쌓던 사람이 일을 하다 죽으면 그 자리에 묻혔기 때문이다. 청 말기 실권을 좌지우지한 서태후의 별장 이화원(颐和園, Summer Palace), 황제들이 풍년을 빌고, 기우제를 지내며, 하늘에 제사를 지낸 천단(天壇, The Temple of Heaven), 명나라 13명 황제와 23명의 황후의 능묘 명13릉(明十三陵, Ming Tomb) 등 세계유산이 가득하다.

❷ 톈진

톈진(天津)은 화베이(華北)지구에 있는 중앙직할시로 약칭하여 진(津)이라고도 부른다. 원나라 때부터 무역과 상업의 중심지였고, 1930년 톈진시가 되었다. 지명은 '천자(天子)가 다니는 나루터' 라는 의미이며, 베이징, 상하이와 함께 중국의 3대 거대도시이다.

❸ 상하이

상하이직할시(上海直轄市)는 중국 양쯔강(揚子江) 하구에 있는 중국 최대도시로 약칭하여 후(沪) 또는 선(申)이라고도 한다. 역사적으로 아편전쟁 후 1842년 난징조약으로 개

항된 후, 중국의 대외개방 창구이자 주요 수출입 국경출입구의 역할을 하였다. 베이징, 텐진과 함께 3대 직할시 중 하나이다. 주요 명승지로 와이탄(外灘)은 상하이의 상징이자 여러 국가의 건축 양식이 모여 있어 세계건축박물관이라 할 만 하다. 한쪽으로 넓은 제방을 따라 많은 관광객이 황푸강(黃浦江)의 경관을 즐기기 위해 붐비고 근처 위치한 동방명주타워의 불빛이 외탄을 더욱 밝히고 있다. 위위안(豫園)은 동남쪽에 위치한 중국 전통정원이며, '유열노친(愉悅老親)', 즉 부모를 즐겁게 해드린다.'의 의미를 갖고 있다. 중국에는 일제 침략기 여러 군데에 임시정부청사가 있는데 그 중에서 보존상태가 양호한 것이 상해의 임시정부청사이다. 노신공원(魯迅公園)은 1932년 4월 29일 윤봉길 의사의 의거현장으로 기억되는 곳이며, 옛 이름은 홍코우꽁위엔(虹口公園)이다. 이곳에는 윤의사의 항거를 기념하는 기념탑이 세워져 있고, 메이팅(梅亭)이 위치한다.

❹ 항저우

항저우(杭州)는 저장성(浙江省)의 성도이자 6대 고도의 하나이다. 7세기 수나라가 건설한 운하 강남하(江南河)의 종점이자 남송 때 수도 역할을 하였다. 13세기 무렵 이탈리아의 여행가 마르코 폴로가 이곳의 아름다움에 매료되어 항주를 세상에서 가장 아름다운 도시라고 칭송했다고 한다. 따뜻한 기후와 풍부한 강수량으로 용정차를 비롯한 녹차의 재배지로 유명하다. 시인 소동파가 백성들을 위해 만들었다는 동파육(東坡肉)의 고장이다. 사찰 린인쓰(靈隱寺)와 리우허타((六和塔) 그리고 항저우 서쪽에 위치하여 이름 붙여진 호수 시후(西湖)가 있고, 절세미인 서시(西施)를 기념하는 의미에서 서자호(西子湖)라고 한다.

❺ 쑤저우

쑤저우(蘇州)는 장쑤성(江蘇省) 남동부 타이후호(太湖) 동쪽에 있는 호반도시이다. 춘추전국시대때 오나라의 수도로 발전하였고, 그 뒤 역대에 걸쳐 주변지역의 중심지 역할을 하였다. 수(隋)나라 때 대운하가 개통되자 강남쌀의 수송지로 활기를 띠면서 항저우와 더불어 '하늘에 천당이 있고, 땅에 소주와 항주가 있다(上有天堂 下有蘇杭).' 라는 말이 있을 정도로 번영하였다. 이런 배경에서 '동양(중국)의 베니스' 라고 칭할 만하다.

전통정원은 쑤저우 시내의 정원건축과 주변 공간을 말하며, 쭈오쩡위엔(拙政園)과 류위안(留園)을 포함하여 총 9곳이 세계유산에 등재되어 있다. 후치우(虎丘)는 송나라 시인

▲ 왼쪽 : 구이린, 오른쪽 : 시안 병마용박물관

소동파가 '쑤저우에 와서 후치우를 보지 못하는 것은 안타깝기 그지없는 일이다(到蘇州而不遊虎丘, 乃是憾事).' 하고 했을 만큼 경치가 아름답다. 언덕위에 위치한 후치우 탑(호구탑)은 송나라 때 세운 것으로 600톤이나 나가는 탑이 400년 전부터 계속된 지반침하로 인해 점점 기울어 약 2.5° 기울어져 중국의 '피사의 사탑'이란 별명이 붙었다. 이 탑은 '피사의 사탑'보다 시기에서 100여 년 앞선다. 후치우 탑 앞으로 가늘고 긴 연못 젠츠(劍池)가 있고, 그 아래 춘추시대 오나라의 왕(吳王) 합려(闔閭)가 묻힌 곳으로 유명하다.

❻ 시안

시안(西安)은 산시성(陝西省)의 성도로 주나라 무왕이 세운 호경(鎬京)에서 비롯되며, 한부터 당에 이르기까지 약 1,000여 년 동안 국도로 번영한 역사적 도시로 그 동안 장안(長安)이란 이름으로 알려져 왔다. 과거 실크로드의 출발지이면서 동시에 종착지인 국제적인 도시였다. 중국에서 손꼽히는 역사문화도시로 당나라의 현종과 양귀비가 목욕했다는 화칭츠(華淸池), 다옌타(大雁塔)와 샤오옌타(小雁塔), 진시황릉과 병마용박물관, 역대 비석을 모아 놓은 비림(碑林) 등 명소가 많다.

❼ 구이린

구이린(桂林)은 광시좡족자치구(广西壮族自治区) 북동부, 주장(珠江) 수계의 구이장(桂江)에 연해 있다. 명칭은 이곳이 예로부터 계수나무가 많아 '계수나무 꽃이 흐드러지게 피는 곳' 이라는 뜻이며, '구이린 산수는 천하 제일이다(桂林山水甲天下).' 라는 명성을 들을 정도로 이름난 경승지이다. 구이린의 절정은 구이장(桂江) 유람이며, 약 3억 년 전 바다였으나 지각운동으로 인해 바다에 쌓여 있던 석회암이 융기한 형태이며, 이후에 풍화와 침식작용을 거친 후에 지금과 같은 카르스트지형이 만들어졌다.

4 문화

❶ 언어와 문자

중국어는 한자로 표시되며 세계에서 가장 많은 사람이 사용하는 언어이다. 일반적으로 한어(漢語)라고 부르기도 하고, 1956년 이후 중국의 표준어를 보통화(普通話)라고 한다. 중국어는 지역에 따라 베이징어, 쑤저우어, 광둥어, 푸젠어, 커자어(客家語) 등으로 나누는데, 전체인구의 약 70%가 베이징어를 사용한다. 중국어의 특성은 성모(聲母), 운모(韻母), 성조(聲調)의 요소로 구성되어 있고, 음 높낮이에 따라 4가지 성조가 있다. 중국의 한자 수는 6만여 자에 달하였지만, 현대 들어 상용한자를 3,500자 정도로 제한하여 사용하고 있다. 1964년 한자를 간편하게 사용할 수 있도록 간체자(簡體字)를 개발, 보급하였기 때문이다.

❷ 음식

▲ 북경오리구이

국토가 넓은 만큼 요리도 천차만별이고 재료, 자르는 법, 조리법 및 양념법이 다양하다. "날아다니는 것 중에는 비행기를, 네발 가진 것 중 에는 책상을 제외하곤 모두 먹는다."라고 할 만큼 다양한 재료와 조리법으로 세계 제일의 음식문화를 만들어냈다. 중국요리는 맛이 좋을 뿐 아니라 그 토지의 산물을 활용하여 수천 년에 걸쳐 요리문화를 축적하였기 때문에 건강식품의 정수로서 향토색 짙은 음식들이 많다. 중국은 각 지역마다 유명요리가 있고, 유명한 것은 광둥요리, 베이징요리, 쓰촨요리 및 상하이요리 등이다.

광둥요리는 광둥지방의 중심인 광저우(廣州)를 기점으로 발달했고, 중국요리 중에서 가장 인기가 좋다. 광둥요리는 주재료가 따로 없을 정도로 먹을 수 있는 것이라면 무엇이든 재료가 되며 향신료를 많이 사용하지만 담백한 맛이 특징이다.

베이징요리는 중국북부 지역의 요리를 말하며, 면 종류나 만두요리가 발달했고 내륙지역이기 때문에 해산물보다는 육류 중심의 요리이다. 북경오리구이가 대표적이다.

쓰촨요리는 이 지역의 더운 여름과 추운 겨울 날씨를 이길 수 있도록 만들어진 자극적이고 매운 요리로 유명하다.

상하이요리는 해안과 가깝다는 지리적 이점상 어패류를 재료로 활용한 것이 많고 간장이나 설탕으로 맛을 내기 때문에 단맛이 강하다. 상하이 게요리가 대표적이다.

③ 중국의 술

▲ 중국 전통 술

중국의 전통 술은 백주(白酒)와 황주(黃酒)로 나눈다. 백주는 우리의 소주처럼 가열하여 증류시킨 술이며, 그 색이 하얀색, 즉 무색이어서 붙여진 이름이다. 우리가 중식당에서 마실 수 있는 빼갈, 바이갈(白干兒)은 백주의 일종이며 수수 즉 고량(高粱)으로 만들었다고 하여 고량주라고 한다. 백주는 알코올도수가 40~80% 정도로 매우 독하며, 마오타이주(茅台酒)와 펀주(汾酒)가 유명하다. 마오타이주는 구이저우성(貴州省)의 마오타이전(茅台鎭)에서, 펀주는 산시성(山西省) 펀양셴(汾陽縣) 싱화춘(杏花村)에서 만들어진다.

황주는 우리의 막걸리처럼 누룩를 발효시킨 다음, 술지게미를 걸러내어 만든 술이다. 사용하는 원료와 촉매제로 인해 황색을 띤다. 알코올도수는 10여도 정도로 비교적 약하며 그윽한 향기를 풍긴다. 저장성(浙江省)의 사오싱주(紹興酒)가 대표적이다.

④ 우슈

우슈(武術)는 중국의 국기로 불리는 전통무술이다. 역사적으로 기격(技擊), 무예(武藝), 격자(擊刺) 등으로 불렸고, 1928년 국민당 정부가 공식적으로 국술(國術)로 지칭하였으나, 중화인민공화국이 성립되면서 우슈(武術)로 불리게 되었다. 무협영화에서 보는 소림사권법과 쿵푸, 십팔기, 태극권 등 전통무술 전체를 아우른다. 태극권은 중국에서 가장 대중화된 무술이다. 전 세계적으로 보급되어 중국 우슈를 대표하고 있고, 중국 안에서 이미 생활체육으로 정착하여 남녀노소를 불문하고 늘 생활 속에 함께하는 운동이자 여가활동이다. 소림 무술은 허난성(河南省) 쑹산(嵩山)에 있는 소림사 불교사찰과 깊은 관련이 있다. 현재 중국에는 소림 무술을 가르치는 학교가 전국 각지에 세워져 있다. 우슈는 1990년 베이징 아시아경기대회에서 7종목(장권, 남권, 태극권, 도술, 검술, 창술, 곤술)이 채택되어 국제스포츠계에 공인되었다. 장권(중국 북쪽지방에서 유행하는 무술의 총칭)과 남권, 태극권(신축성 있고 부드러우며 느리게 움직이는 동작), 도술(한쪽에만 날이 있는 것), 곤술(봉술), 검술(양쪽에 날이 있는 것), 창술, 산타(같은 체급 선수끼리 자유 대련) 등이 있다.

❺ 경극(京劇)

경극(중국어 발음 : 징쥐)은 〈베이징오페라(Peking Opera)〉라고도 불리는 것으로 창(唱, 노래), 염(念, 대사), 주(做, 동작), 타(打, 무술동작)의 4가지가 종합된 공연예술이다. 경극은 중국 전역에서 폭넓게 공연되고 있고, 베이징, 톈진, 상하이가 중심지다. 가창과 대사는 주로 베이징 방언을 사용하고, 대본은 형태와 리듬을 중요하게 여기는 규율에 따라 작성된다. 내용은 주로 역사와 정치, 사회와 일상생활에 관한 이야기이며, 즐거움과 교훈을 줄 수 있는 이야기를 담고 있다. 경극은 무대배경과 소품은 최소한으로 사용한다. 배우의상은 화려하고, 과장된 얼굴분장은 간결한 상징이나 색상, 문양을 이용해 등장인물의 성격, 사회적 지위를 표시하고 있다. 경극은 2010년 유네스코 인류무형문화유산 대표목록에 선정되었다.

5 기타

❶ 중국의 경제와 주식시장

주식시장은 상하이증권거래소와 선전증권거래소(深圳证券交易所)가 독립적으로 운영되고 있다(홍콩특별행정구역 제외). 상하이거래소는 세계 4위 규모이며, 상하이 종합지수(SSE)는 중국 상하이거래소에 상장된 기업을 대상으로 구성된 종합주가 지수이며, 1991년 7월 100포인트를 기준으로 산출되기 시작했다. 선전 종합지수(SZSE)로 알려져 있는 선전거래소는 세계 8위 규모로 주로 기술, IT관련 기업이나 중소기업, 벤처기업들 주식이 많이 상장되어있다. 선전거래소는 1990년 12월 1일 중화인민공화국 선전경제특구에 설립되어 1991년 7월 정식 영업을 시작하였다. 항셍종합지수(HSI)는 세계 5위의 규모로 우리에게 잘 알려진 기업(알리바바, HSBS홀딩스, 평안보험, 중국해양석유총공사, AIA, 차이나모바일, 우시바이오, 샤오미 등)이 상장되어있다.

▲ 쑤저우 전통정원

❷ 세계유산

중국은 1985년 12월 12일 유네스코 조약에 비준한 이래, 55건의 세계유산(문화, 자연, 복합) 목록을 보유하고 있다. 중국은 풍부한 세계유산목록을 보유하고 있고, 베이징과 선양의 명과 청 시대 황궁(Imperial Palaces of the Ming and Qing Dynasties in Beijing and Shenyang, 1987/2004), 만리장성(The Great Wall, 1987), 진시황릉(Mausoleum of the First Qin Emperor, 1987), 쑤저우 전통정원(Classical Gardens of Suzhou, 1997/2000), 천단(Temple of Heave1998), 이화원(Summer Palace, an Imperial Garden in Beijing, 1998) 등은 대표적인 문화유산이며, 태산(Mount Tai, 1987)과 어메이산과 러산 대불(Mount Emei Scenic Area, including Leshan Giant Buddha Scenic Area, 1996)은 복합유산, 쓰촨 자이언트판다 보호구역(Sichuan Giant Panda Sanctuaries, 2006)과 중국 남방 카르스트(South China Karst, 2007/2014)은 자연유산에 속하는 대표사례이다.

TIPS 홍콩과 마카오 특별행정구

특별행정구는 본국 지방행정제도와 다른 행정기관이 설치되어 독자 법률이 적용되는 등 대폭적인 자치권을 지닌 지역이며, '특구'라고 한다. 중국은 1997년 영국으로부터 반환받은 홍콩과 1999년 포르투갈로부터 반환받은 마카오를 일국양제체제 특별행정구로 지정하였다.

홍콩

홍콩(香港)은 영국 식민지이었다가 1997년 돌려받은 홍콩과 주룽반도(九龙半岛)에 설치한 홍콩특별행정구이다. 중국대륙의 남동부 주장(珠江) 하구의 동쪽에 있으며, 광저우(广州)로부터 약 140㎞ 떨어져 있다. 홍콩 섬과 주룽반도의 주룽(九龙), 신계(新界)와 부근의 섬을 포함하며, 총 면적 1104㎢이다. 기후는 아열대 몬순기후에 속한다. 가장 추운 1~2월의 평균기온은 15℃, 가장 더운 7~8월 평균기온은 약 28℃이다. 연강수량은 약 2,200㎜이며, 4~9월 사이의 강수량이 연강수량의 80% 이상을 차지하고 6~7월 집중된다.

명 나라 만력제 때 향나무를 중계운송하기 시작하여 샹강(香港)이라고 불렸고, 홍콩은 샹강의 광둥어(广東語) 발음을 영어식으로 표기한 것이다. 1842년 영국과 청 사이에 홍콩 섬의 할양을 인정한 난징조약(南京條約)이 체결됨으로써 영국령 식민지가 성립하였다. 1860년 1차 베이징조약으로 주룽반도가 분할되었고, 1898년 2차 베이징조약으로 신계와 부속도서를 조차하게 되어 오늘날 홍콩경계가 완성되었다. 1984년 12월 19일 영국과 중국은 홍콩반환협정을 체결하였고, 1997년 7월 1일을 기해 155년 식민지 역사를 청산하고 특별행정구(SAR : Special Administrative Region)로 바뀌었다.

홍콩은 광둥어를 주로 사용하지만 베이징어를 배우고 있고, 공식 언어는 중국어와 영어이다. 홍콩달러는 홍콩에서 사용되는 통화로서 홍콩금융관리국을 통해 시중은행 세 곳(홍콩상하이은행, 스탠다드 차타드 은행, 중국은행)이 지폐권을 발행하도록 인가하고 있다(1HKD = 142.79원, 2021년 2월).

홍콩섬은 주룽과 함께 홍콩의 대표적 중심지일 뿐만 아니라 상업중심지이다. 빅토리아 피크((批旗山, Victoria Peak)는 피크 트램에 올라타 시가지를 비롯해 홍콩 만부터 주룽을 한눈에 볼 수 있는 전망대(해발 554m)에서 야경을 즐길 수 있다. 애버딘과 리펄스 베이 사이에 위치한 해양공원(Ocean Park), 에버딘(Aberdeen) 항구가 매력적이다. 주룽반도는 아홉 용이라는 뜻을 지니며, 신계와 항구 사이에 위치한다. 낭만의 거리와 시계탑(Clock Tower), 홍콩의 핵심적인 유흥지역 침사추이(Tsim Sha Tsu)가 연결되어 있다. 홍콩 디즈니랜드 리조트는 디즈니랜드 테마파크로서 란타우섬(Lantau Island)에 위치해 있다.

홍콩은 영국으로부터 중국에 반환되면서 옛 홍콩의 정체성 상실에 대한 우려를 잠재우기 위해 브랜드 홍콩프로젝트를 수행하였고, 〈Asia's World City, Hong Kong〉라는 브랜드를 개발하였다. 홍콩관광청은 〈City of Life, Hong Kong is it!〉 이라는 관광캠페인과 결합하여 홍보캠페인을 활용하였고, 〈A Shopper's Paradise〉 혹은 〈Sense It, Live It, Love It〉 과 같은 슬로건을 개발하여 쇼핑천국의 독보적인 이미지를 구축했다.

▲ 홍콩 디즈니랜드

마카오

마카오(澳門)는 중국 난하이(南海) 유역 주장(珠江) 삼각주의 서쪽에 있으며 주하이(珠海)에 인접해 있는 특별행정구이다. 마카오반도와 타이파섬(중국어 표기 당쯔섬(氹仔岛), 콜로안섬(중국어 표기 루환섬(路环岛)을 포함하며, 총면적은 27.3 ㎢이다. 과거 명칭은 '하오징아오(濠镜澳)'였으며, 광둥성(广东省) 샹산현(香山县 : 지금의 중산시(中山市))에 속하였다가 16세기 중엽 이후 포르투갈에 점령당하였다. 1987년 포르투갈과 합의에 따라 1999년 12월 20일 중국의 주권회복과 동시에 특별행정구로 지정되었다. 기후는 아열대 습윤 몬순기후이며, 1월 평균기온 14.5℃, 7월 28.5℃이다. 연강수량은 2000㎜에 가까우며, 5월에서 9월 사이가 우기이고, 10월에서 이듬해 1월까지 건조하다.

1553년 포르투갈이 처음 마카오에 발을 들여 놓은 후 1557년 대(對) 중국 무역권을 획득함과 동시에 마카오의 실질적인 사용권을 인정받고, 광둥의 중국관리로 부터 도시건설허가를 얻었다. 1575년 로마 교황이 포르투갈정부의 후원으로 마카오관구를 설립한 이래 포르투갈의 대(對)아시아 진출거점이었다. 마카오를 거쳐 중국으로 전해진 문물은 크리스트교, 천문학, 유클리드 기하학, 지도투영법, 대포주조기술 등이 있고, 특히 동서양의 지리적 지식교류에 중요한 역할을 한 마테오 리치(Matteo Ricci)도 이곳을 거쳐 중국에 발을 들여놓았다. 아편전쟁에 따라 홍콩이 영국 식민지가 되자, 포르투갈은 세력유지를 위해 아오먼(澳門)반도 전역과 타이파와 콜로안 두 섬을 점령하고, 1887년 청(淸)과 포르투갈조약을 맺어 이곳에서의 식민지 건설을 합법화했다. 마카오는 1951년 포르투갈의 헌법개정에 따라 해외주로 바뀌어 본국 일부로 편입되기도 하였다. 1973년 3월 자치령이 되고, 1979년 중국과 포르투갈 간 국교가 수립되어 1986년 베이징에서 마카오 반환협정을 체결했고, 1999년 12월 20일 홍콩에 이어 두 번째 중국의 특별행정구가 되었다.

마카오는 베이징어, 광둥어, 포르투갈어 뿐 아니라 영어 사용이 가능하다. 파타카(Pataca)는 마카오의 통화이며, 1905년 대서양은행이 마카오에서 화폐를 발행하기 시작했고, 1995년 중국은행도 화폐를 발행하기 시작했다(1MOP = 138.32원, 2021년 2월).

▲ 마카오 파타카(지폐와 동전)

마카오는 '아시아의 작은 유럽' 혹은 '동양의 라스베이거스' 와 같은 수식어와 함께 높고 화려한 빌딩과 유네스코 세계유산 마카오역사지구를 보유하고 있다. 유럽과 아시아를 동시에 느낄 수 있는 곳으로 성 바울 성당(The Ruins of St. Paul's)과 성 도미니크 성당, 마카오 구도심의 중심 세나도 광장, 불교사찰에서 동양의 분위기를 풍기는 다양한 명소를 한 번에 볼 수 있다. 마카오의 카지노는 1964년 합법화된 후 이곳의 제1의 산업으로 성장했다. 마카오 반도와 타이파 섬은 3개의 다리로 연결되고, 타이파 섬과 콜로안 섬 사이 매립지 "코타이 스트립"에 복합카지노리조트가 들어서 있다. 마카오는 포르투갈요리와 광둥요리가 섞인 매캐니즈(Macao+Chinese) 요리가 발달해 미식가를 사로잡고 있다. 마카오와 홍콩 간 이동은 고속제트포일을 비롯한 페리를 수단으로 한 해로 이용이 보편화되어 있다.

3 대만(Taiwan)

- **위치**: 아시아 중국 동남쪽 타이완 해협에 위치
- **면적**: 약 36,179㎢
- **인구**: 약 23,816,775명 (2020년)
- **수도**: 타이베이(台北/臺北, Taipei)
- **정체**: 입헌민주공화제(立憲民主共和制)
- **언어**: 대만어, 베이징어
- **통화**: TWD(뉴타이완 달러, New Taiwan Dollor)
- **환율**: 1 TWD = 39.52원 (2021년 2월)
- **종교**: 불교 · 유교 · 도교(93%), 기독교(4.5%), 기타(2.5%)
- **민족**: 대만성인(84%), 대륙본토인(14%), 원주민(2%)
- **1인당 GDP**: 25,893달러 (2020년)

대만의 정식 명칭은 중화민국(中華民國)이다. 대만은 중국의 '하나의 중국' 원칙에 따라 '차이니즈 타이베이(Chinese Taipei)'로 호칭되기도 한다. 국민당과 공산당의 내전에서 밀린 국민당이 남쪽으로 내려와 세운 국가이며, 쑨원(孫文)을 국부로 삼고 있다. 루카이, 파이완, 부눈, 트로코 및 아미 등으로 불리는 여러 부족으로 구성되어 있는 원주민을 제외하고 청 때부터 중국남부로부터 이주해온 중국인들이 2천만 명이 넘는다.

1 역사배경

기원전부터 한족이 대만으로 이주해 오기 전 동남아시아에서 대만으로 건너 온 원주민이 정착하여 수렵과 어로, 화전 농업을 영위하였고, 상이한 언어, 역사, 관습을 갖게 된다. 16세기 때 서구 열강 중 스페인과 네덜란드가 대만의 지리적 위치에 관심을 보였고, 1590년 포르투갈인이 이곳을 처음으로 방문해 '아름다운 섬' 이란 뜻의 포모사(Fomosa)라고 이름 지었으나 정착하지는 않았다. 1626년 네덜란드가 대만 남부에 상륙해 제란자 성과 프로비데냐 성을 지었고, 1629년 스페인이 대만 북부에 산살바도르 성과 산토도밍고 성을 세웠으나, 네덜란드 세력이 1642년 북부를 점령하면서 스페인을 몰아내고 원주민을 회유해 대만을 지배하기 시작하였다. 1796년 만주족이 대만 동쪽 해안에 정착하였고, 1895년 청일전쟁의 결과, 일본의 식민 지배를 받게 되었고,

▲ 중정기념당

쌀과 설탕을 공급하는 주요 공급처가 되었다.

제2차 세계대전 후 중국영토에 반환되었고, 1945년 국민당이 통치를 하다가 1949년 국공합작 실패로 인해, 국민정부에 의한 임시 수도로 타이베이가 결정되었다. 30여 년간 미국으로부터 군사와 경제면에서 도움을 받아 경제발전을 이룩하였으나, 미국과 중국수교 후 1979년 1월 대만을 대신하여 중화인민공화국을 중국의 합법정부로 인정된다. 우리나라와 전통적 수교관계에 있었으나, 1992년 8월 24일 한국이 중국과 수교하면서 단교되었다. 이후 우리나라와는 기업 간 교류를 시작으로 다양한 양국 관계가 이루어지고 있다.

2 자연환경

대만은 타이완 해협을 두고 중국의 푸젠 성과 마주하고 있다. 섬의 면적은 한반도 1/6 크기로 약 36,179㎢이다. 국토의 약 2/3이 산지와 구릉지이며, 험난한 타이둥 산맥, 좁고 길은 타이둥 지대, 중량 산맥, 아리 산맥, 위산산맥으로 이루어져 있다. 중서부의 타이중 분지, 북쪽의 타이베이 분지, 남쪽의 핑둥 분지, 북동쪽의 이란 분지로 구분할 수 있다.

대만은 아열대성 기후이며, 연평균기온은 북부 22℃, 남부 24℃ 정도이다. 무더운 여름은 5~9월이며 낮에 27~35℃까지 올라간다. 겨울은 짧고 온화하며 12~2월로 12~16℃ 정도이다. 눈은 내리지 않지만 고산지대에서 볼 수 있다.

3 지역정보

❶ 타이베이

타이베이(台北/臺北)는 대만의 수도로 북부에 위치해 있다. 정치, 경제, 금융과 문화의 중심지이자 현대화된 국제도시이다. 쿠쿵뻐우유엔(故宮博物院)은 장제스 총통이 중국 본토에서 옮겨올 때 중국의 많은 국보, 보물들을 군함에 싣고 와 이곳 양명산을 파내고 4층의 중국궁전 양식으로 건축한 박물관이다. 중정기념당(中正紀念堂)은 타이베이를 상징하는 기념건축이다. 장제스를 위한 기념물로 조경이 잘 된 광대한 정원 위에 거대한 기념관이 우뚝 서 있고, 우아한 정자와 연못이 배치되어 있다. 본당은 25톤의 장제스 총통 동상이 세워져 있고, 1층 전시실은 사진과 총통의 생애에 관한 기념물이 전시되어 있다. 기념당은 청색과 백색 두 가지 색으로 되어 있고, 각각 자유와 평등을 상징한다. 총리에츠(忠烈祠)는 대만 국민혁명과 대일전쟁 때 전사한 애국지사와 장병의 영령을 모시기 위해 건립된 성역이며, 자금성 태화전을 본떠 건축되었다. 진한 향냄새와 더불어 대만의 불교를 가까이에서 접할 수 있는 룽산사(龍山寺)와 매년 9월 28일의 공자탄생일을 맞아 제의가 행해지는 꽁쯔미야오(孔子廟)도 잘 알려져 있다. '타이베이 101빌딩' 으로 불리는 타이베이국제금융센터(台北國際金融大樓)는 지상 101층, 지하 5층, 총 508m를 자랑하며, 주변은 무역센터 전시홀과 국제컨벤션센터(國際會議中心)가 자리 잡은 경제중심지이다.

서문정(西門町)은 타이베이 중화루(中華路) 서쪽 주변으로 펼쳐진 번화가이자 최고의 쇼핑 거리리이다. 이곳은 타이베이 시에서 최초로 만든 보행자 거리로 일제강점기에 상권이 개발되었고, 상하이에서 건너온 중국인이 이곳에 오락시설을 만들면서 현재의 모습을 갖추었다. 이외에 화시제(華西街)는 룽산사와 근거리에 있는 관광객이 즐겨 찾는 타이베이의 야시장이며, '먹을거리의 천국' 이라고 불릴 만큼 음식점이 많다.

❷ 타이베이 교외

지우펀(九份)은 '작은 상하이' 라 불리는 마을로 대만의 옛 정취를 느낄 수 있다. 1920~1930년대 금광채굴로 번성을 누리던 도시였으나 폐광된 후 한적한 시골마을로 쇠락했다. 1989년 베니스 영화제에서 그랑프리를 받은 영화 〈비정성시(悲情城市)〉 촬영지로 미디어의 이목을 받았고, 활기를 되찾아 '지산제(基山街)' 라는 골목길에 있는 아기

자기한 기념품이 가득한 가게와 음식점, 카페 그리고 '수치루(竪崎路)' 의 급경사를 이루는 계단 길 등 타이베이 근교 여행지로 인기를 누리고 있다. 일본 애니메이션 〈센과 치히로의 행방불명〉(2001)의 모티브가 되었다는 아메이차루(阿妹茶樓)로 인해 일본인 여행자를 불러들이는가 하면 한국 드라마 〈온에어(2008)〉가 '비정성시'라는 찻집에서 촬영되어 이슈가 되었다.

양밍샨(陽明山)은 시민들이 즐겨 찾는 나들이 명소이자 타이베이 북쪽에 자리한 10개 이상의 산과 온천, 목장, 공원 등을 모두 칭하는 지명이다. 1985년 대만의 세 번째 국가공원으로 지정되었다. 대만에서 화산지형이 가장 발달한 곳으로 온천이 유명하다. 이곳 온천은 산 중턱 여기저기서 온천가스가 모락모락 피어오르며 코를 찌르는 유황 냄새가 풍긴다.

예류(野柳)는 대만 북쪽 해안 지롱의 서쪽에 위치하고 있고, 타이베이에서 약 1시간 거리에 위치한다. 해양국립공원은 과거 바다 속에 있던 바위가 융기하면서 파도와 바람의 침식에 의해 생성된 것으로 이곳의 바위들은 세계 지질학계에서 중요한 해양 생태계 자원으로 평가받고 있다. 파도가 만들어 놓은 기암괴석이 독특한 이름을 지니고 있고, 슬리퍼 모양의 바위와 이집트 파라오 람세스2세의 황후 네페르타리의 얼굴을 닮은 형태가 유명하다.

예류

❸ 화롄

화롄(花連)은 타이쭝(台中)시의 중앙 횡단고속도로 동쪽 끝에 위치해 있다. 대만의 주요 항구도시이자 타이루거(太魯閣) 협곡의 출발점이 된다. 공예가들에 위한 거대한 대리석이 다양한 용도로 쓰이는 채석지이고, 소수민족 아미족(阿美族) 근거지이다. 타이루거 국가공원(太魯閣國家公園)은 화롄과 타이쭝 그리고 남투에 걸쳐 위치하며 일제통치기(1937년) 국립공원으로 지정이 되었고, 1986년 대만의 국립공원으로 지정이 되었다. 타이루거 협곡은 침식 작용에 의해 화강암의 산이 강의 흐름을 따라 깎여 좁은 협곡을 이룬 지형이다.

❹ 가오슝

가오슝(高雄)은 남서부에 있는 항구도시이자 산업에서 전략적으로 중요성을 가지고 있는 도시다. 좁고 긴 석호(瀉湖) 어귀에 발달한 무역항으로 북서쪽의 소우산(壽山, 356m)은 전망이 좋은 명승지로 알려져 있다.

4 문화

대만은 오랫동안 아시아의 대륙문화와 태평양의 해양문화가 교차하는 지점에 위치하여 대륙과 해양의 문화유산이 혼재되어 있다.

❶ 민족

대만은 다양한 소수민족이 하나의 사회를 이루어냈다. 초기 한족 이주민들인 대만인은 대부분 광둥성 출신의 '하카족' 과 중국 남동부 해안에 위치한 푸젠성 출신의 '푸젠인' 등 2개의 집단으로 구성되어 있다. 이들 두 집단이 총인구의 약 85%를 차지하고 있고, 푸젠인이 약 3대 1정도로 하카족보다 수가 많다. 대만에는 아타얄, 사이샤트, 부눈, 추오, 파이완, 루카이, 퓨마, 아미, 야미족 등 여러 부족 원주민이 있다.

❷ 종교

도교와 불교가 오랜 역사와 함께 중심이 되며, 현재 구별이 뚜렷하지 않다. 도교는 유교와 불교영향을 많이 받았고, 교리에 거리끼지 않는 특성을 갖는데, 최근 기성종교 외에 신흥종교도 나타나고 있다.

❸ 오페라

경극(京劇)은 중국 무대예술 중 가장 잘 알려진 연극 분야이다. 대만의 오페라는 경극의 지역적 변형으로 표준어 대신 푸젠 방언을 사용한다. 레퍼토리는 남부 푸젠성 민요와 대만 원주민 민요에서 따온 것으로 알려져 있다.

5 기타

❶ 야구

야구는 대만의 국기라 할 만큼 인기가 있다. 1999년 새로 제정된 화폐 500달러에 원주민 학생들로 구성되어 전국대회를 제패한 리틀 야구팀을 도안의 상징한 것에서 인기 수준을 짐작할 수 있다. 대만 프로야구리그(CPBL)는 중신브라더스, 퉁이 라이온스, 라쿠텐 몽키스, 푸방 가디언즈, 웨이취안 드레곤스 등으로 구성되어 있다.

❷ 등불축제

대만 등불축제(臺灣燈會)는 수도 타이베이를 비롯한 전역에서 매년 음력 1월 15일부터 열흘간 펼쳐진다. 이것은 매년 음력 1월 15일이 되면 집집마다 등불을 내걸고 폭죽을 터뜨리는 중국의 오랜 전통에서 파생되었다. 흔히 '대보름'이라고 하는 음력 정월 보름날을 중국은 원소절(元宵節)이라 하며, 중국인은 이날 등에 소원을 새겨 집 앞에 매달고 요란하게 폭죽을 터뜨리며 새해가 무사태평하기를 기원한다. 원소절은 춘절(春節)부터 이어온 새해 맞이 축제를 마무리하고 새로운 봄에 대한 기대를 품는 날로 중요한 의미를 지닌다. 공식적으로 시작된 1990년부터 10여 년 동안은 중정기념당(中正紀念堂)에서 개최됐고, 이후로는 대만의 여러 지역에서 돌아가며 개최되고 있다.

02 동남아시아

동남아시아는 인도차이나 반도와 남동쪽 말레이 제도로 구성되며, 아시아 최남단을 구성하고 열대기후이다. 태국, 캄보디아, 베트남, 라오스, 미얀마로 이루어진 인도차이나와 말레이시아, 브루나이, 싱가포르, 인도네시아, 필리핀이 속한다. 지리적 위치와 복잡한 지형 때문에 과거부터 인류이동과 정착의 무대가 되었고, 언어의 복잡성이 나타난다. 국가는 모두 동남아시아국가연합(Association of South-East Asian Nations, ASEAN)으로 구성되어 있다.

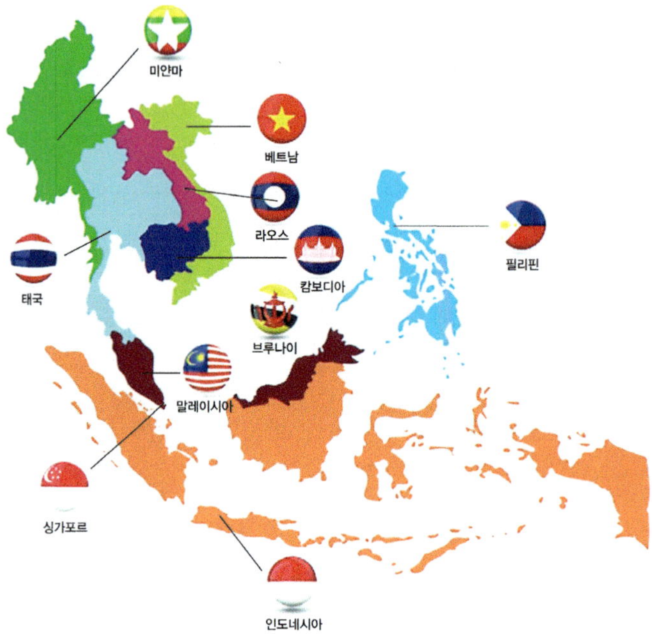

그림 2-2 동남아시아연합(ASEAN)

출처 : https : //terms.naver.com/entry.nhn?docId=5775793&cid=43155&categoryId=43155&expCategoryId=43155

1 인도차이나 반도의 나라들

인도차이나반도(Indochinese Peninsula)는 아시아 남동부의 반도이며, 태국, 베트남, 캄보디아, 라오스, 미얀마와 말레이시아 서부를 포함한다. 지리적으로 태평양과 인도양의 접점이자, 중국과 인도 양대 문화권 사이에 위치해 2대 문화권의 교류점이다.

■ 표 2.2

국가	국기	개요
태국 (Kingdom of Thailand)		면적 : 51.4만㎢ 인구 : 69,799,978명 (2020년) 수도 : 방콕(Bangkok) 정체 : 입헌군주제 언어 : 태국어 통화 : Baht(바트) 환율 : 1Baht = 37.01원 (2021년 2월) 1인당 GDP : 7,808.19달러 (2020년) 기후 : 고온다습 열대몬순기후 종교 : 불교(94.6%), 이슬람교(4.6%), 크리스트교(1%)

국가	국기	개요
미얀마 (Republic of the Union of Myanmar)		면적 : 676,590㎢ 인구 : 54,409,794명 (2020년) 수도 : 네피도(Naypyidaw) 정체 : 대통령제 언어 : 미얀마어 통화 : MMK(Kyat, 차트) 환율 : 100MMK = 84.33원 (2021년 2월) 1인당 GDP : 1,354달러 (2020년) 기후 : 열대몬순기후 종교 : 불교 88%, 크리스트교 6%, 이슬람교 4%
라오스 (Lao People's Democratic Republic)		면적 : 23.6만㎢ 인구 : 7,275,556명 (2020년) 수도 : 비엔티안(Vientiane) 정체 : 인민민주공화제 언어 : 라오어 통화 : LAK(Kip, 킵) 환율 : 10,000LAK = 1182원 (2021년 2월) 1인당 GDP : 2,661달러 (2020년) 기후 : 고온다습 열대몬순기후 종교 : 불교(69%), 토속신앙(28%), 크리스트교(1.5%)
베트남 (Socialist Republic of Vietnam)		면적 : 329,560㎢ 인구 : 97,338,583명 (2020년) 수도 : 하노이(Hanoi) 정체 : 사회주의공화국 언어 : 크메르어, 불어 통화 : VND(Dong, 동) 환율 : 100VND = 4.81원 (2021년 2월) 1인당 GDP : 2,715.28달러 (2020년) 기후 : 고온다습(북부 아열대, 남부 열대기후) 종교 : 불교 95%, 기타 5%
캄보디아 (Cambodia)		면적 : 329,560㎢ 인구 : 16,718,971명 (2020년) 수도 : 프놈펜(Phnom Penh) 정체 : 입헌국주국 언어 : 베트남어, 영어, 불어 통화 : KHR(Riel, 리엘) 환율 : 100KHR = 27.17원 (2021년 2월) 1인당 GDP : 1,643.12달러 (2020년) 기후 : 열대몬순기후 종교 : 불교(92%), 크리스트교(7%), 기타

1 태국

태국은 타이(Thai)로 불려지고 옛 이름은 시암(Siam, 1856~1939년)이다. 별칭은 자유의 땅을 의미하는 무앙타이(Muarg Thai)이다. 태국은 수코타이 왕국(1238~1419년)에 이르러 국가기반이 확고해지며, 아유타야 왕국(1350~1767년)이 수코타이를 비롯하여 여러 왕국을 병합하면서 권력과 부의 상징이 되었고, 오랜 기간 동안 태국문화에 영향을 미쳤다. 톤부리에 새로운 수도를 설립한 후, 1782년 차크리 왕조의 라마 1세가 차오프라야 강 유역의 방콕으로 천도해 오늘에 이르고 있다.

수도 방콕은 천사의 도시라 불리는 곳으로 '동양의 베니스'로 칭송을 받은 물의 도시다. 차오프라야강(ChaoPhrya River) 하구에 위치하며, 1782년 차크리왕조에 의해 건설된 수도이다. 왕궁과 에메랄드사원으로 알려진 왓 프라케오(Wat Phra Keo), 왓아룬(Wat Arun) 새벽사원으로 이어지는 진한 흙 빛을 하고 있는 차오프라야 강에서 목조가옥과 배에서 물건을 파는 사람을 볼 수 있다.

아유타야(Ayutthaya)는 1350년 유통왕(King U-Thong)에 의해 건설되어 1767년 버마에 의해 침공을 받기 전까지 417년간 수도로 33대에 걸친 국왕이 기거했다. 1991년 유네스코 세계문화유산에 등재된 역사도시이다.

파타야(Pattaya)는 방콕 남동쪽 150㎞ 지점 시암 만에 위치한 최고의 휴양지이다. '작은 어촌에 불과하였으나 1961년 베트남전쟁 미군휴가병이 해변의 아름다움을 높이 평가하여 휴양지로 발전하였다. 푸켓(Putket)은 세계적인 관광 휴양지로 유명하다. 아름답고 변화무쌍한 해안선과 석회암 절벽, 숲이 우거진 언덕이 있고, 주변에 32개의 작은 섬이 흩어져 있고 영국 제임스본드 007영화의 촬영지로 유명하다. 피피섬(Koh PhiPhi)은 푸켓에서 남동쪽 20㎞ 지점의 섬이며 위에서 보면 알파벳의 PP의 모습을 닮았다고 하여 붙여진 이름이다. 명배우 레오나르도 디카프리오 주연의 〈더 비치(The Beach)〉의 배경이 되었다. 또한 제임스본드 섬은 1976년 영국 배우 로저 무어 주연의 영화 007 시리즈 〈황금 총을 가진 사나이〉의 촬영무대가 된 배경에서 이름을 얻었다.

치앙마이(Chiang Mai)는 과거 독립왕국 란나(Lanna)의 수도로 북부의 대표도시다. 코끼리트레킹의 메카로 많은 관광객이 즐겨 찾고 있고, '치앙마이 미인' 으로 알려져 빼어난 미모의 여인이 많은 도시이다. 태국의 트래킹은 소수의 여행자끼리 한 팀을 이루어

▲ 치앙마이

치앙마이 인근의 산림 속으로 떠나는 것이다. 교통수단은 주로 코끼리를 이용하며, 카누에 휩쓸려 계곡을 횡단하기도 하며, 이곳의 좋은 추억거리이다.

2 미얀마

미얀마는 기원전 3세기 건국된 수완나부미(Suvannabhumi) 왕국을 시작으로 바간(Bagan) 왕국(849~1297년) 때 최초 통일제국으로 발돋움하고, 불교 기틀을 완성하였다. 바간왕국 멸망 후 200여 년간 여러 민족의 국가가 병존하면서 패권쟁탈을 위한 각축전이 전개되었고, 버마 역사상 최대 영역을 지배한 꼰바웅 왕국(1752~1885년)이 이어진다. 1886년 영국령 인도에 편입되었으나, 1937년 4월 분리되었고, 일본 식민기를 거쳐 1948년 1월 4일 버마연방(Union of Burma)으로 독립하였다. 1962년 4월 마르크스주의와 불교적 가치를 접목한 버마식 사회주의 방침을 발표하여 버마연방사회주의공화국을 구성하였고, 1988년 미얀마 랑군(Rangoon)의 봄과 군부재집권을 경험한 후 2000년대 들어 미얀마식 민주화를 이루어내 사회주의적 요소가 잔존하지만 시장경제를 형성했다.

미얀마는 전통적인 불교국가답게 도시에 불교건축이 많다. 양곤(Yangon)은 가장 큰 도시이자 옛 수도이며 랑군(Rangoon)에서 1989년 양곤으로 개칭하였다. 2005년 11월

6일 정부가 행정수도를 핀마나(Pyinmana)로 분리시켰고, 2006년 공식 수도를 네피도(Naypyidaw)로 옮겼다. 양곤은 최고의 불탑 쉐다곤 파고다(Shwedagon Pagoda)를 비롯하여 술레 파고다(Sule Pagoda), 보타터웅 파고다(Botataung Pagoda), 예레 파고다(Ye Le Pagoda) 등 불탑이 산재하여 있고, 차욱탓지 파고다(Chauk Htat Gyi Pagoda)는 약 66m 길이의 와불이 안치되어 있다. 네피도는 핀마나에서 서쪽으로 3.2㎞, 양곤에서 북쪽으로 320㎞ 떨어진 곳에 위치하며, 미얀마에서 2번째 큰 도시로 발전되었다.

만달레이(Mandalay)는 양곤 북방 622㎞에 위치한 문화의 중심지이자 꼰바웅 왕조의 마지막 수도였다. 마하무니 파고다(Maha Muni Pagoda)과 쿠토도 파고다(Kuthodaw Pagoda) 등 많은 관광명소 보유한다. 바간(Bargan)은 만달레이에서 남쪽으로 193㎞ 지점에 위치하며, 중국 윈난성(雲南省)에서 인도 아삼 방면으로 가는 교통요지로 11~13세기 세운 바간 왕조의 수도였다. 5,000여 곳에 이르는 불탑 유적이 있는 손꼽히는 불교건축의 보고로서 석가모니 일생을 표현한 정교한 그림이 유명한 구뱌욱지 파고다(Gupyaukgi pagoda)와 주변 조망이 뛰어난 쉐산도 파고다(Shewe san daw pagoda), 술라마니 파고다(Sulamani pagoda) 등이 유명하다. 바간 유적은 2019년 7월 유네스코 세계유산에 등재되었다.

3 라오스

파탓루앙

라오스는 사방이 육지로 둘러싸여 있는 내륙국가다. 지형적으로 남서쪽은 낮고, 북동쪽이 높다. 산악, 구릉, 고원 같은 산악지대가 국토 80%를 차지하지만, 메콩강(총길이 4,200㎞)의 1,898㎞가 내부를 흐른다. 라오족 대부분은 8세기 경 북쪽 중국 남부에서 이주하였다. 역사는 최초의 통일국가형태를 이룬 란쌍왕국,(Lan Xang), 18세기 이후 루앙프라방 · 비엔티안 · 참파삭(Champasak)왕국 분리시기, 프랑스 식민통치기 및 라오인민민주공화국시기로 나눈다. 1986년 경제개방과 시장경제원리를 중심으로 신경제를 도입했고, 1991년 8월 신헌법을 택해 근대법치국가체제를 갖추었다. 라오스는 정치면에서 라오인민혁명당 중심의 체제가 지속되지만, 경제개혁과 개방정책을 취하고 있다.

팟투사이

라오스는 수도 비엔티안과 루앙프라방이 잘 알려져 있다. 비엔티안은 최대도시이자 라오스 국장과 지폐에 사용되고 있는 상징 파탓루앙(Pha That Luang)과 왓 시사켓((Vat Sisaket), 호 프라깨우(Haw Phra Kaew), 팟투사이(Patuxai) 등이 있다. 루앙프라방은 라오스 북서부 메콩강 유역에 있는 도시이자 루앙 프라방 주의 주도이다. 루앙프라방은 도시전체가 박물관이라 할 정도로 많은 유적이 있다. 와트(Vat)는 라오스어로 사원이라는 의미이며, 왓씨엥통(Vat Xieng Thong), 왓 위순알랏(Vat Wisunalat), 와트 마이(Vat Mai)과 같은 전통사원과 왕궁박물관(Haw Kham)과 푸시산 탓촘푸시 등 전통과 19~20세기 유럽 식민시기의 건축이 조화를 이룬다. 동남아시아 건축과 19~20세기 프랑스 식민시기 건축이 절묘하게 결합되어 1995년 시 전체가 세계유산에 등재되었다. 루앙프라방은 불교도시의 상징으로서 불교의식 탁밧(Tak Bat)을 볼 수 있다. 이것은 사전적으로 '승려들의 생활방식이자 수행방식으로 출가수행자가 무소유계를 실천하기 위해서 음식을 얻어먹는 것'으로 정의되고 있는 탁발(托鉢) 의식이다.

4 베트남

베트남은 프랑스와 미국의 침략이라는 아픈 과거와 함께, 아오자이와 월남국수로 잘 알려진 국가다. 기원전 2세기경 통킹만과 북부 안남 일대에 살던 베트남 어부족이 중국 진나라의 멸망으로 남베트남이라는 남월국(南越國)을 세우며 시작되었다. 기원후 1세기 인도와 교역을 통해 인도문화의 영향을 받은 푸난 오아국이 메콩 강 삼각주의 대부분을 차지하였으나, 6세기 때 멸망하였고, 후한의 제갈량에 의해 정복당한 후 1,100년 동안 중국의 지배에 놓였다. 968년 딩 보링이 북부지역을 평정하여 대구월이란 국호로 베트남 초대왕조인 딩(丁) 왕조를 열었고, 레(前黎) 왕조, 리(李) 왕조, 친(陣) 왕조를 거치면서 중국의 정벌군에 맞서 강력하게 저항하는 국가다운 모습을 갖추었다. 15세기에는 남방으로 세력을 뻗어 참족이 세운 참파왕국을 정복하였다. 레(後黎) 왕조와 막(莫) 왕조의 쇠퇴로 베트남 왕국은 남북으로 양분되었고, 1802년 응우옌 왕조(阮朝)에 의해 통일되었다. 1884년 텐진조약을 통해 베트남 전역이 프랑스의 식민지가 되었다. 1940년 6월 일본이 등장하면서 프랑스세력을 굴복시켰으나 포츠담회담 때 국토가 17°N을 기준으로 분단되어 호치민 정권(17°N 이북)과 고딘디엠 정권(17°N 이남)으로 나누어진다. 호치민은 고딘디엠 정권의 부패를 이용해 게릴라전을 감행하였고, 1964년부터 미군과 전격적인 격전을 벌이기 시작한다. 미국의 철수이후, 1976년 7월 베트남사회주의공화국이 수립되었으나, 1986년부터 개혁을 단행하여 국가통제와 시장기능을 복합적으로 받아들인 혼합경제체제를 도입한 후 뚜렷한 경제성장을 이루고 있다. 1992년 우리나라와 수교가 이루어졌고, 1995년 미국과 국교를 정상화하였다.

베트남은 남북으로 길게 뻗어 남북 기후차이가 심한 아열대와 열대몬순기후를 나타낸다. 하노이(Ha Noi)를 중심으로 하는 북부는 여름(5~10월)에 평균기온 24~33℃, 우기로 고온다습하고 열대스콜이 수시로 내린다. 겨울(11~4월)은 평균기온 16~23℃로 건조하며, 최저 기온이 10℃ 이하로 내려가는 경우도 있다. 후에(Hue)와 다낭(Da Nang)을 중심으로 하는 중부는 해안 지역이며 끈적거리는 남부보다 온화하다. 여름(5~10월)은 평균기온 23~24℃로 적당히 건조하다. 겨울(11~4월)은 평균기온 17~23℃로 가벼운 의류와 기온하강을 대비해 따뜻한 옷을 준비할 필요가 있다. 방문 최적기는 11~3월 사이이다. 호치민(Ho Chi Minh)을 중심으로 하는 남부는 연중 다습하고 더운 날이 이어진다. 여름(5~11월) 평균기온 24~31℃로 고온다습하며, 비가 많지만, 폭우는 비교적 짧게 내린다. 겨울(12월~4월)도 평균기온 22~33℃로 고온다습하다. 여행 최적기는 더운 3~4월을 피하고 9~2월까지가 좋다.

하노이는 하내(河內) 즉, 강 안쪽의 도시란 뜻으로 1976년 통일 이후 현 베트남사회주의 인민공화국의 수도이다. 남부 호치민이 경제중심지라면 하노이는 정치중심지이다. 1969년 사망한 '독립'과 '통일'이라는 2가지 과업을 이루어 낸 위대한 지도자로 추앙 받는 호치민의 묘(Ho Chi Minh's Mausoleum), 호치민박물관(Ho Chi Minh's Museum), 군사박물관(Army Museum) 그리고 하노이 동쪽으로 110㎞떨어진 하롱베이(Halong Bay)가 유명하다. 하롱베이는 베트남 하면 가장 멀리 떠올리는 단어로 영화 〈인도차이나〉와 로빈 윌리엄스의 〈굿모닝 베트남〉 촬영 배경이다. 이곳은 베트남에서 가장 아름다운 국립공원으로 하롱(Halong, 下龍)이라는 말은 '용(龍)이 바다로 내려왔다.' 는 것을 의미하며, '무리를 이룬 용들이 외세침략으로부터 베트남인을 구했고, 침략자와 싸우기 위해 내뱉은 보석들이 섬이 되었다.'는 전설이 있다. 1994년 유네스코 세계유산에 등재되었다.

▲ 호치민의 묘

다낭은 중부지역의 최대 상업도시이자 역사적으로 참파왕국의 중요 거점지역이었다. 1858년 프랑스 점령시기 때는 안남왕국 내의 프랑스 직할식민구역으로 투란(Tourane)이라고 하였다. 1965년 3월 베트남전쟁 당시 미국 파견군이 이 항구를 상륙지점으로 하였고, 한국의 청룡부대가 주둔했다. 최근까지 급속도로 외국자본의 고급리조트가 들어서고 있는 곳이다.

미선유적지(My Son Sanctuary)는 베트남 중부 꽝남주 호이안에서 약 30㎞ 떨어진 투본강 유역 정글에 있는 참파왕국 유적이다. 4세기부터 13세기까지 9백여 년간 참파왕국의 종교적인 성지였던 곳으로 동남아시아 지역의 대표유적 앙코르와트, 바간, 아유타야, 보로부드르에 비해 규모는 작지만 높은 가치를 지닌다. 참파왕국이 멸망 후 정글에 묻혔으나 19세기 프랑스 탐험가에 의해 발견되었고, 1999년 유네스코 세계유산에 등재되었다.

후에(Hué)는 베트남 중부에 위치한 도시로 다낭에서 108㎞ 떨어져 있다. 이곳은 1802년부터 1945년까지 응우옌 왕조(Nguyen dynasty)의 수도였다. 13대에 걸친 황제가 잠든 황릉과 사원, 후에 성 같은 기념물이 있고, 1993년 유네스코 세계유산에 등재되었다.

호치민은 과거 이름은 사이공이며 남부베트남의 수도였다. 19세기 프랑스 지배시대에 세워진 노트르담대성당((Notre Dame Cathedral)과 중앙우체국, 통일궁(Dinh Thong Nhat) 등 역사적 장소가 많다. 구찌터널(Cu Chi Tunnels)은 호치민에서 서북쪽으로 약 75km 떨어진 유명한 땅굴이다. 이곳은 베트남 전쟁 당시 남베트남 해방민족전선(베트공)에 의해 건설되었고 미군기습용으로 쓰였다. 굴 크기가 폭 50cm, 높이 70cm로 매우 작았기 때문에 미군의 출입이 어려웠고, 굴속에 회의실, 부엌, 병원, 화장실 등 시설이 있어 최대 15,000명을 수용할 수 있는 지하세계를 구축하여 요새화하였다. 1967년 이 굴의 존재 여부가 미군에 알려지면서 다양한 직접 추적, 굴 방화, 폭탄투하가 이어졌으나 실효를 거두지 못하였다. 현재까지 알려진 총연장은 250km이며 지하 30m까지 개미굴과 같이 형성되어 있다.

베트남은 다른 인도차이나 반도의 나라에 남북 간 길이가 길어 도시의 생김새나 특성이 다양하다. 호치민에 인접한 도시 붕타우(Vung Tau)에서 커다란 팔을 양옆으로 뻗은 모습의 예수상(Giant Jesus)이 서있는 것을 볼 수 있지만, 동양전통철학이 서로 융합된 유교, 도교, 불교가 베트남인의 정신생활을 지배하고 있다. 유교, 도교, 불교는 중국인의 민간신앙과 베트남인의 고대 정령신앙과 융화되어 3개의 종교가 땀짜오를 형성하며, '베트남불교' 라고도 불린다. 베트남에 유명한 수상인형극(Water Puppet Show)은 무아로이누옥(Mua Roi Nuoc)이라고 하며, 10세기 경 홍강(Red River)에서 시작된 농민이 주제가 된 예술이다. 물이 고인 무대가 있는 곳에서 극이 펼쳐지고, 인형을 조정하는 배우들이 무대 뒤에서 긴 대나무 막대와 수면 아래 숨겨진 끈으로 인형을 조종하고 있다.

5 캄보디아

캄보디아는 과거 공산화와 지속된 내전을 통해 정치 · 경제혼란을 경험하였으나, 세계 7대 불가사의의 하나면서 1992년 세계유산으로 등재된 앙코르를 통해 전 세계에 알려져 있다. 기록으로 전해지는 가장 오랜 나라는 부남(扶南, Funan) 왕국이며, 7세기 까

▲ 앙코르 바이욘사원

지 존속하였다. 부남은 6세기 이후 왕권을 둘러싼 내분을 겪다가 점차 쇠퇴하여 7세기 진랍(眞臘, Chenla) 왕국에 병합되었고, 8세기 말 자야바르만 2세가 통일하였고 802년 크메르 제국(Khmer Empire)을 세웠다. 앙코르는 9세기부터 15세기까지 캄보디아에 있던 옛 크메르제국의 수도를 지칭한다. 제국은 캄부자(Kambuja)라고도 불렸고, 크메르어로 캄보디아를 가리키는 캄푸치아(Kampuchea)나 영어 캄보디아 명칭은 모두 여기에서 나왔다. 전성기 때 크메르제국은 태국 동북부와 라오스, 베트남 일부 지역까지 영토를 확장했으나, 1431년 아유타야 왕국에 의해 도성 앙코르 톰이 함락되었다. 이후 왕국은 메콩 강과 톤레사프(Tonlé Sap) 강이 합류하는 지점에 위치한 프놈펜(Phnom Penh)으로 도읍을 옮겼다. 1863년 프랑스의 식민지가 되었고, 1887년 프랑스령 인도차이나 일부로 편입되었다. 1953년 프랑스 지배에서 벗어나 완전히 독립하였으나 혼란을 틈타 쿠데타로 정권을 장악한 론놀 정부가 가 1975년 미국이 인도차이나에서 철수하면서 붕괴되었고, 크메르루즈를 중심으로 한 캄푸치아 민족통일전선이 장악하였다. 폴 포트 정권 시기, 1975년 4월부터 1979년 1월 사이 200만 명에 이르는 사람이 목숨을 잃은 대학살 '킬링필드(Killing Fields)'를 겪은 후, 헹 삼린(Heng Samrin)을 수반으로 하는 캄푸치아 인민공화국(People's Republic of Kampuchea)이 수립되었다. 1980년대 후반 냉전체제 붕괴 이후 1993년 입헌군주제에 기초한 캄보디아 왕국(Kingdom of Cambodia)이 재건되고, 시아누크 왕조로 부활하였다. 정치적 안정이후 1998년 UN 회원국 지위를 회복하였고, 이듬해 ASEAN에 가입하였다. 2004년 시아누크 뒤를 이어 시하모니(Norodom Sihamoni)가 왕위를 물려받았다.

수도 프놈펜은 메콩강과 톤레사프 수로 및 바싹 강(Bassac) 등 3개 강이 합류하는 곳에 위치하며, 이곳에서 남서쪽 15㎞ 지점에 위치한 청아익(Choeung Ek)은 크메르 루즈의 만행이 이루어진 '킬링필드'로 알려져 있다. 이곳은 희생된 영혼들을 위한 추모위령탑과 그곳에서 발견된 유골들을 발굴 · 전시하고 있다.

캄보디아 국기는 파랑색, 빨강색, 파랑색으로 구성된 세 줄의 가로 줄무늬에 빨강색 줄무늬 안에는 하얀색 앙코르 와트가 그려져 있다. 톤레사프는 메콩 강이 만들어내는 풍부한 수자원을 갖춘 문명의 중심이다. 앙코르는 캄보디아의 북서부 톤레삽 호수 북쪽 그리고 씨엠립(Siem Reap)에서 북쪽 6.5㎞에 위치해 있다. 1113년~1150년 수리아바르만 2세에 의해 건설된 앙코르 와트(Angkor Wat), 1181년 왕좌에 등극한 자야바르만 7세가 건설한 성벽도시 앙코르 톰(Angkor Thom)과 바이욘 사원(Bayon Temple)은 대표유적이다. 사면불안(四面佛顔)의 주인공은 자야바르만 7세의 얼굴 혹은 관음보살로 알려져 있다. 앙코르는 19세기 프랑스 고고학자 앙리 무어가 탐험 · 발굴 때까지 밀림에 묻혀 있었고, 이후 프랑스가 중심이 되어 복원작업이 이루어졌다.

캄보디아는 고대부터 인도로부터 힌두교와 불교를 받아들였다. 힌두교가 폭넓게 퍼져, 현재의 앙코르 사원에는 힌두양식과 불교양식이 혼재되어 남아 있다. 불교가 처음 소개된 13C 때는 대승불교로 시작하였으나, 지금은 소승불교가 정착되어 있다.

2 말레이 반도와 기타 국가

말레이 반도(Malay Peninsula)는 인도차이나 반도에서 남쪽으로 돌출한 반도이며, 북부는 태국, 남부는 말레이시아와 싱가포르가 위치한다. 태평양과 인도양 사이에 위치하며, 명칭은 원주민어 멜라유(Melaju)에서 유래하였다. 고온다습한 기후이며, 저지대에서 망그로브, 야자 등과 함께 열대림의 목재가 생산된다. 영국 식민시기 때 고무농원에 의한 고무재배가 활발하였고, 현재도 고무의 세계적 산지이다. 이외에 거대한 섬나라 인도네시아와 필리핀, 보르네오 섬에 위치한 브루나이가 포함된다.

■ 표 2.3

국가	국기	개요
말레이시아 (Malaysia)	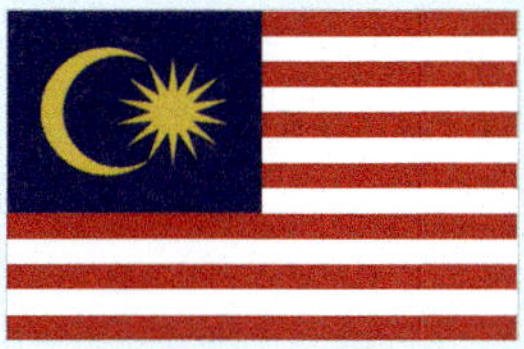	면적 : 329,847㎢ 인구 : 32,365,998명 (2020년) 수도 : 쿠알라 룸푸르(Kuala Lumpur) 정체 : 입헌군주제 언어 : 말레이어 / 통화 : MYR(Ringgit, 링깃) 환율 : 1MYR = 273.74원 (2021년 2월) 1인당 GDP : 11,414.84달러 (2020년) 기후 : 전형적인 열대우림기후(고온다습) 종교 : 이슬람교(국교), 불교, 힌두교
싱가포르 (Singapore)		면적 : 692.7㎢ 인구 : 585,343명 (2020년) 정체 : 공화제 언어 : 말레이어, 중국어, 영어, 타밀어 통화 : SGD(싱가포르 달러) 환율 : 1SGD = 834.94원 (2021년 2월) 1인당 GDP : 65,233.28달러 (2020년) 기후 : 고온다습 열대기후 종교 : 불교(42.5%), 이슬람교(14.9%), 도교(8.5%), 힌두교(4%), 크리스트교(14.6%) 등
인도네시아 (Republic of Indonesia)		면적 : 190만㎢ 인구 : 273,523,621명 (2020년) 수도 : 자카르타(Jakata) 정체 : 대통령중심제 언어 : 인도네시이어 통화 : IDR(루피아) 환율 : 100IDR = 7.94원 (2021년 2월) 1인당 GDP : 4,135.57달러 (2020년) 기후 : 고온다습 열대몬순기후 종교 : 이슬람(87%), 개신교(7%), 가톨릭(3%), 힌두교(2%), 불교(1%)
브루나이 (Brunei Darussalam)		면적 : 5,765㎢ 인구 : 437,483명 (2020년) 수도 : 반다르스리브가완(Bandar Seri Begawan) 정체 : 군주제 언어 : 말레이어, 영어, 중국어 통화 : BND(브루나이 달러) 환율 : 1 BND = 834.94원 (2021년 2월) 1인당 GDP : 31,086.75달러 (2020년) 기후 : 고온다습 열대기후 종교 : 이슬람교(기타 종교 인정, 포교는 금지)

국가	국기	개요
필리핀 (Republic of the Philippines)		면적 : 300,400㎢ 인구 : 109,581,085명 (2020년) 수도 : 마닐라(Manila) 정체 : 대통령제(6년 단임제) 언어 : 타갈로그어, 영어 통화 : PHP(페소) 환율 : 1 PHP = 23.04원 (2021년 2월) 1인당 GDP : 3,485.08달러 (2020년) 기후 : 고온다습 아열대성 기후 종교 : 가톨릭(83%), 개신교(9%), 이슬람교(5%), 불교 및 기타(3%)

1 말레이시아

말레이시아는 말레이반도 남부를 차지하는 서 말레이시아(舊말라야 연방 13만㎢)와 보르네오섬 북서부의 사라와크와 사바로 이루어진 동 말레이시아(북 칼리만탄 20만㎢)로 이루어져 있다. 수리적으로 1°~7°N의 적도 부근, 100°~120°E에 위치하며 말라카해협을 건너 인도네시아 수마트라 섬과 연결되어 인도양과 남지나해 사이에 십자로의 지정학적 위치를 점하고 있어 과거부터 동서양의 무역 상인이 만나는 장소가 되어왔다.

말레이시아 반도는 대부분 산지로 되어 있고 정글이라 부르는 열대우림이 존재한다. 기후는 열대우림형으로 고온다습하며, 스콜형태로 단시간에 집중하기 때문에 토양침식이 진전되어 광범위한 라테라이트 토양이 분포한다. 동물의 종류도 많고, 조류도 종류가 다양하다.

이슬람이 전파되기 전, 힌두와 불교문화가 말레이시아 북서부에 큰 영향을 끼쳤다. 말라카왕국은 15세기 초 수마트라 섬에 있던 왕족이 말레이 반도에 상륙하여 건국하면서 시작되었다. 상업과 이슬람교의 중심지로 황금시기를 맞았으나 1511년 포르투갈이 이곳에 진출하여 아시아무역과 기독교 전파의 전초지가 되었고 서구 열강이 밀려들기 시작하였다. 1786년부터 영국의 지배를 받기 시작해 1957년 싱가포르를 제외한 말레이반도 11개 주가 통합하여 말라야 연방으로 독립하였고, 1963년 싱가포르, 사바, 사라와크를 합쳐 말레이시아가 되었다가 2년 후 싱가포르가 탈퇴, 독립하여 현재에 이른다.

쿠알라룸푸르(Kuala Lumpur)는 말레이어로 '진흙의 하구'를 뜻하며, 1967년 건립된 국립이슬람사원(National Mosque/Majid Negara)은 근대적인 18각 별 모양의 돔과 높이 73m인 첨탑이 특징이다. 페트로나스 쌍둥이 빌딩(Petronas Twin Towers)은 높이 452m, 88층의 쌍둥이 건물로 말레이시아 최대의 정유회사 페트로나스사의 건물이다. 건물 중 하나는 우리나라의 삼성과 극동건설이 시공하였다. 바투동굴은 쿠알라룸푸르에서 북쪽으로 13㎞에 위치한 석회동굴로 힌두교 성지로 숭배되는 동굴로 이어지는 272개 계단이 압권이다.

페낭(Penang)은 서 말레이시아의 서북부에 위치한 동서 15㎞, 남북 24㎞로 작은 섬이지만, 18세기 영국 동인도회사의 전략적 요충지가 되어 '동양의 진주', '인도양의 에메랄드' 의 애칭이 붙었다. 페낭 섬과 본토는 1985년 건립된 페낭대교(13.5㎞)에 의해 연결되어 있다.

믈라카

말레이 반도의 남서부에 있는 항구도시 믈라카(Melaka)와 조지타운(George Town)은 말라카 해협에 면한 지리적 조건과 16세기 들어 포르투갈, 네덜란드, 영국 등 유럽 여러 나라의 지배로 인해 500년 이상 동양과 서양 간의 무역 · 문화 교류의 중계지로 번창하였다. 두 도시는 아시아와 유럽의 영향으로 타 지역에서 볼 수 없는 독특한 건축과 문화도시경관을 지닌 점을 인정받아 2008년 유네스코 세계유산에 등재되었다.

조호바루(Johor Bahru)는 말레이시아 반도의 최남단에 있는 도시이자 조호르주의 주도(Capital City)로서 인접국 싱가포르와 총길이 약 1,050m의 코즈웨이(The Cause Way) 다리로 연결되어 있다. 싱가포르에 인접해 있어서 말레이시아의 타 도시에 비해 번화하지만 말레이시아 민속의상 사롱을 걸친 여성이나 조호르바루 역사 등 이슬람양식의 건물을 보면 이슬람국가 말레이시아에 왔음을 실감한다. 1855년 술탄 아부 바카루에 의해 건설이 시작된 도시이며, 왕궁과 회교사원, 아름다운 정원, 큰 열대나무가 줄지어 있다.

동 말레이시아에는 2개 주(사바, 사라와크)가 있다. 코타키나발루(Kota Kinabalu)는 사바의 주도이며, 키나발루산(Mount Kinabalu, 4,102m)과 해변리조트를 중심지로 관광지로 거듭나고 있는 지역이다. 쿠칭(Kuching)은 사라와크의 주도이자 항구도시로 19세기 사라와크

왕국의 건설과 더불어 발전하였다. 도시 이름은 말레이어로 '고양이' 를 뜻하며 시내에는 고양이와 관련된 조각상과 박물관이 있다.

말레이시아의 공식 종교는 이슬람교이지만 불교, 도교, 힌두교, 크리스트교 등이 공존하고 있고, 종교의 자유가 보장되어 있다. 경제적으로 화교에 의존하고 있으나, 이슬람교도가 정치적으로 큰 권한을 가지고 있다.

2 싱가포르

싱가포르(Singapore)는 '그린 & 크린시티' 혹은 '사자의 도시'로 불리며, 작은 도시국가답지 않게 독특한 문화감각을 지니고 있다. 이곳은 12세기 수마트라 섬 출신의 왕족에 의하여 건설되었고, 해상권을 장악, 왕래하는 선박을 제압하며 상업적인 번영을 누렸다. 14세기 무렵 스리비얀(Sri Vijayan) 제국의 일부가 되면서 '해상도시', 즉 테마색(Temasek)으로 알려졌다. 15세기 초 말라카제국 일부가 되었고, 16세기 포르투갈과 17세기 네덜란드인에게 지배를 받았고, 1819년 영국령 동인도회사의 행정관 스탬포드 래플즈(Stamford Raffles)경이 싱가포르 무역항을 개발하여 영국의 동남아시아 식민 활동 중심 역할을 담당한다. 1832년 영국령 말라카해협 식민지의 행정중심지가 되었다. 1945년까지 일본이 지배하다가 1945년 영국이 재점령하였다. 1957년 말레이시아 연방으로 독립하였고, 1959년 리칸유(李光耀, Lee Kuan Yew)를 초대 총리로 말레이시아 자치주의 지위를 얻게 됨으로써 140년 동안의 영국지배에서 벗어났다. 싱가포르는 1965년 8월 9일 말레이시아로부터 독립하였다.

14세기경 수마트라 섬의 한 왕자가 이곳을 방문하였다가 이상한 동물을 보고 사자로 오인하면서 '싱가푸라'(Singa Pura), 사자의 도시로 불리게 됐다는 전설이 있고, 이후 영국인이 '싱가포르'로 발음하여 오늘날 지명으로 정착했다. 라이언(Merlion)은 사자 머리에 물고기 몸통을 하고 있는 싱가포르의 상징물인데, 싱가포르의 발전과 성장을 의미하는 상징으로 머라이언 공원과 센토사 섬을 비롯하여 여러 곳에서 세워져 있다. 머라이언은 프레이저 브루너(Fraser Brunner)에 의해 디자인되어 1972년 9월 리칸유 총리의 동상 제막을 통해 세상에 공개되었다. 이외에 싱가포르 도심 한복판에 있는 싱가포르 식물원(Singapore Botanic Gardens)은 영국점령시기에 만들어진 열대식민지식물원이었는

▲ 센토사섬

데, 역사적 보호수부터 식물, 정원디자인과 건축을 포함하며 식물학과 원예학 발전에 중요 역할을 한치를 인정받아 식물원으로는 드물게 2015년 유네스코 세계유산에 등재되었다.

센토사(Sentosa) 섬은 싱가포르 본섬에서 남쪽으로 약 800m 떨어져 있으며, 동서 4㎞, 남북 1.6㎞에 불과하지만 엔터테인먼트의 천국이다. 말레이어로 '평화와 고요함'을 뜻하고, 1970년대까지 영국의 군사기지였으나 싱가포르정부의 투자로 변모하였다. 머라이언상과 음악분수를 비롯하여 다양한 박물관, 해양수족관 언더워터월드와 유니버설 스튜디오 같은 테마파크가 조성되어 있다. 싱가포르에는 또 하나의 상징이 있다. 마리나베이 샌즈(Marina Bay Sands)라는 새롭게 랜드마크로 자리잡은 복합리조트 건물이며, 배 모양의 수영장을 머리에 얹은 200m 높이의 빌딩 3개로 이루어져 있다. 호텔로 유명해졌지만 프리미엄쇼핑몰, 카지노, 컨벤션을 한 공간에서 즐길 수 있는 복합공간이다.

싱가포르는 1996년 새로운 아시아 싱가포르 'New Asia−Singapore' 라고 하는 슬로건을 개발한 이래 'Uniquely Singapore'를 내세워 비전을 제시하였다. Uniquely 라는 단어는 다양한 인종, 풍경, 지리적 위치, 전통 등을 가장 잘 설명해주는 단어로서 동남아시아의 중심이라는 것과 동과 서를 잇는 가교 역할로서 음식, 문화, 예술, 건축에서 극과 극의 색깔을 가지면서 전통과 현대가 조화된 곳임을 홍보했다. 2017년 8월 24일 'Passion Made Possible'의 새로운 브랜드 슬로건을 만들었다.

SG
SINGAPORE
Passion Made Possible

싱가포르는 다양한 민족이 살고 있고, 인도, 말레이시아 음식 등 아시아의 모든 음식을 맛 볼 수 있을 정도로 다양하다. 차이나타운, 아랍스트리트, 리틀인디아, 말레이 마을은 싱포르만이 지닌 야외 문화전시관으로서 매력이다. 싱가포르는 잘 정돈 되어 있고 깨끗하게 꾸며진 사회로 효율성과 청결한 지역이면서, 관습의 전시장이라고 부를 만큼 법률과 규정이 매우 많고 까다롭다. 이런 배경에서 사회제도와 국민의식이 선진화되어 있다.

3 필리핀

필리핀(Republic of the Philippines)은 7,107개의 크고 작은 섬들로 구성된다. 마욘 활화산과 세계에서 가장 작은 타할 화산 등 여러 화산을 가진 산지와 미국의 2배가 넘는 복잡한 해안선이 특징이며, 환태평양 조산대가 지나가기 때문에 화산활동과 지진이 빈번하다. 국기에 있는 삼각형 안의 황색 태양은 자유를 뜻하며, 그 8갈래의 빛은 스페인에 대해 최초로 대항 · 궐기한 8개주를 의미한다. 3개의 별은 세 지역 루존(Luzon, 104,688㎢), 비자야(Visayas, 93,713㎢), 민다나오(Mindanao, 101,999㎢)를, 흰색은 평등을, 파란 색은 평화 · 성실 · 정의를, 붉은 색은 애국심과 용기를 상징한다.

필리핀의 역사는 스페인 식민시기(1571~1898년), 미국 식민시기(1898~1946년), 일본군 점령(1942~1945년)과 필리핀 공화국(1946년~)으로 구분된다. 1521년 3월 17일 마젤란이 세부 섬에 상륙하였고, 1543년 스페인 황태자 펠리페(필립 2세) 이름을 따서 '펠리피나스' 라고 명명한 것에서 국명의 기원이 이루어졌다. 스페인은 1571년 필리핀을 정복한 후 약 330년간 지배하였다. 19세기 들어 호세 리잘(Jose Rizal)을 중심으로 독립운동 기반이 마련되어 1860년 스페인내란이 발생하자 대 스페인 저항운동이 시작되었고, 1896년의 필리핀혁명을 거쳐 1898년 6월 에밀리오 아귀날도(Emilio F Aguinaldo) 장군이 독립을 선언하고 초대 대통령으로 취임하였다. 1898년 12월 미국과 스페인의 강화조약으로 스페인이 2천만 달러의 대가를 받고 필리핀을 미국에 이양함으로써 독립은 무산되고 미국통치가 시작되었다. 이어 일본군 점령 시기를 거쳐 1946년 7월 4일 미국으로부터 정식으로 독립하였다.

▲ 메트로 마닐라

메트로 마닐라(Metro Manila)는 필리핀 루손 섬 중남부의 수도 지방이다. 일반적으로 마닐라라고 하는 도시는 메트로 마닐라 내의 마닐라를 의미한다. 명칭 유래는 마닐라 중심을 동서로 흐르는 파시그 강(Pasig River)에 '니라' 라고 하는 식물이 많이 있어 '니라가 있는 곳' 이란 의미의 '마이 니라' 가 '마닐라' 로 되었다. 필리핀 통치를 위해 스페인이 1571년 축조한 성벽도시 인트라무로스(Intramuros)와 스페인군대의 사령부이자 감옥으로 사용된 곳으로 인트라무로스 북서쪽에 있는 산티아고 요새(Fort Santiago), 독립 영웅 호세 리잘(Jose Rizal)이 처형되었던 모습을 생생히 재현해 놓은 리잘 공원(Rizal Park)이 유명하다. 또한 도시 가까운 곳에서 따가이따이(Tagaytay)와 따알화산(Taal Vocano) 같은 자연화산을 조망할 수 있다. 따가이따이는 마닐라 남쪽으로 약 64㎞ 떨어져 있으며, 해발 700m에 위치하여 다른 곳에 비해 덜 습하고, 서늘한 기후를 보여 필리핀 사람이 선호하는 방문지로 꼽힌다. 이곳은 칼데라호 따알 호수(Taal Lake)와 그 한가운데 떠있는 따알 화산이 있다. 따알 분화구는 세계에서 가장 작은 활화산이며 1965년 폭발 당시 2,000여명의 희생자가 발생하였다. 팍상한 폭포(Pagsanjan Falls)는 세계 7대 절경의 하나로 꼽힌 필리핀을 대표하는 관광지이며, 마닐라에서 동남쪽 105㎞에 위치한다. 급류를 올라가 낙차가 100m에 이르는 폭포를 볼 수 있는 곳으로 영화 〈지옥의 묵시록〉과 〈플래툰〉의 촬영지로 유명하다.

필피핀은 자연이 아름답다. 팔라완(Palawan)은 민다나오 섬과 보르네오 북부에 위치하고 있으며 이사벨(Isabelle)과 엘니도(El-Nido)를 비롯하여 인적이 거의 드문 작은 군도로 이루어져 있다. 비자야 제도는 필리핀 중부 에메랄드와 같이 빛나는 바다, 사빈이 뚜렷한 곳이다. 특히 필리핀의 현재와 과거가 혼재하는 곳인데, 세부(Sebu)는 스페인 통치기 역사의 발자취를 느낄 수 있는 곳이다. 1521년 마젤란에 의해 발견된 이래 마젤란의 십자가(Magellan's Cross)와 산 페드로 요새 등의 유적 및 막탄(Mactan)과 바디안(Badian) 섬 등 비치리조트로 유명하다. 민다나오(Mindanao)는 필리핀에서 2번째 큰 군도로서 우뚝 솟은 이슬람사원, 마롱(Malong)을 입은 여인들, 수상가옥을 볼 수 있고, 빈타스(Vintas)라는 큰 줄무늬 돛단배가 왕복한다.

필리핀은 아시아에서 유일한 크리스트교 국가로 총인구의 90%인 4/5 이상이 크리스트교를 신앙으로 삼고 있으며, 80%가 가톨릭신자들이다. 낙후된 사회간접자본과 불안한 정치구조로 인해 국가의 매력이 다소 줄어든 점이 있지만, 국가 자체가 갖고 있는 기본적인 매력만 잃지 않는다면 '동남아시아의 진주' 로서 손색없다. 특히 오래전 스페인과 미국의 영향을 받아 서양식 예절 문화가 잘 갖추어져 있다.

03 남부아시아

남부아시아는 북서쪽 술라이만산맥, 북쪽 파미르 고원 · 히말라야산맥과 경계하고, 동쪽 인도차이나 반도, 서쪽 이란 · 아프가니스탄과 접하며, 남서쪽 아라비아해, 남쪽 인도양, 남동쪽 벵골만으로 둘러싸여 있다. 일반적으로 아시아 남부 일대를 지칭하는 말로 특정한 지역명이 아니며, 범위와 경계 등이 명확히 구분되어 있지 않다. 인도, 파키스탄, 네팔, 부탄, 방글라데시, 스리랑카 등이 속한다.

문화적으로 힌두교, 이슬람교, 불교, 라마교 등 여러 가지 종교가 있으나 힌두교와 이슬람교가 지배적이어서 주민의 일상생활을 종교의 힘으로 엄하게 규제한다. 제2차 세계대전 후 국가독립에도 종교가 강하게 작용하였다. 이곳은 자연적으로 습윤아시아와 건조아시아의 점이지대이며, 자연환경의 지역 차가 크다. 힌두문명의 전통과 특이한 풍속습관, 보수적인 사회제도가 폭넓게 뿌리를 내리고 있고, 경제 측면에서 상대적으로 낙후되었다. 산업은 일반적으로 농업 중심의 저개발지역이 많으나, 인도를 중심으로 근대공업이 발전되었다.

1 인도(India)

- **위치:** 남부아시아 인도 아대륙
- **면적:** 3,287,263㎢
- **인구:** 13억 8천만 명 (2020년)
- **수도:** 뉴델리(New Delhi)
- **정체:** 연방공화제 / 의원내각제
- **언어:** 힌디어(40%)외 14개 공용어, 영어(상용어)
- **통화:** INR(루피, Indian Rupee)
- **환율:** 1 INR = 15.19원 (2021년 2월)
- **종교:** 힌두교(80.5%), 이슬람교(13.4%), 기독교(2.3%), 기타(3.8%)
- **민족:** 인도 아리아인(72%), 드라비다족(25%), 몽고족 및 기타(3%)
- **1인당 GDP:** 2,104.15달러 (2020년)

인도의 정식 국명은 인도공화국(Republic of India)이며, 힌디어로 바라트(Bharat)라고 한다. 서쪽은 파키스탄, 북동쪽은 중국, 네팔, 부탄, 동쪽은 방글라데시, 미얀마와 국경을 접한다. 1914년 맥마흔(McMahon) 선언에 따라 영국령인 인도와 중국의 국경이 히말라야 산맥 분수령에 설정된 이후 중국과 국경분쟁이 이어졌고 1962년 전쟁까지 치렀다. 파키스탄과는 독립 당시부터 카슈미르 지역을 둘러싼 영토분쟁을 벌여왔다. 아시아 문명의 원천으로 불교가 발상한 곳이며, 옛 천축(天竺)이란 이름으로 예부터 알려진 곳이다. 국명은 산스크리트어로 된 인더스 강(江)의 이름에서 유래했다. 국토면적은 세계 7위이며, 인구는 세계 2위이다. 행정구역은 28개주(state)와 7개 연합주(union territory)로 되어 있다.

1 역사배경

인도는 고대 인더스문명 발상지다. 기원전 1500~1200년경 아리아인이 페르시아고원을 넘어 인도로 들어온 후 아리아인의 도시가 건설되기 시작해 오늘날 델리 근처를 중심으로 세력이 형성되었다. 아리아인은 갠지스 강 유역에 정착하여 도시를 건설하기 시작했고, 오늘날 델리 근처를 중심으로 세력을 형성해 나갔다. 베다신앙에서 힌두교가 파생되었고, 산스크리트어가 발전되었으며, 카스트제도를 도입하였고, 토착민과의 혼혈을 통해 문화를 형성하였다. 불교와 자이나교가 이보다 늦은 기원전 6세기에 출현하였고, 북부 인도는 찬드라 굽타(기원전 321~기원전 185년)에 의해 힌두왕조 마우리아왕조로 통합되었고, 아쇼카 대왕(기원전 273~235년) 때 인도반도 대부분을 장악한 대제국이 형성되었다. 그 후 소왕국들로 분열되었다가 굽타 왕조(AD 320~480년) 때 재통일되었다. 서기 1000년경 이슬람교도의 침입이 시작되었고, 북부 인도에서의 이슬람지배는 16세기 초까지 계속되었다. 남부 인도에서도 역시 1347년 이슬람계 바만 왕조가 성립되어 1527년까지 명맥을 유지했고, 힌두 왕국 비자야나가르(1336~1556년)가 남부지방을 양분하며 통치했다. 16세기 초 바바아낙에 의해 이슬람과 힌두교의 절충형인 시크교가 탄생하였다.

16세기부터 18세기는 무굴제국(1526~1858년) 전성기다. 무굴제국은 터키계 족장 자히루딘 바부르(Babur)를 시작으로 16세기 초부터 19세기 중반까지 인도를 통치한 이슬람왕조다. 17세기 영국동인도회사는 경쟁관계에 있던 식민세력을 몰아내고 영국의 식민지 진출이 본격화되었고, 식민지화가 추진되어 무굴제국은 델리부근 소왕국으로 전락하였다. 1857년 세포이 항쟁에 따라 무굴왕조는 멸망하였고, 동인도회사를 통한 통치는 영국정부가 인도를 직접 통치하는 형태로 바뀌었다. 무굴제국 때 델리는 문화의 중심지였고 후마윤 묘, 붉은 요새 복합단지, 자마 마스지드 등 여러 기념물을 도시에 남겼다. 또한 아그라에는 샤자 한(Taj Mahal)에 의해 타지마할이 건설되었다.

1945년 제2차 대전 종결로 영국은 인도독립을 공식적으로 약속하였다. 1947년 8월 15일 독립하였으나 힌두교와 이슬람교도 간 통합은 실패하였다. 이런 분열은 힌두교의 인도와 이슬람교도 대다수인 파키스탄의 분열을 일으켰다. 펀자브 지방과 벵골지방은 주민들의 종교성향에 의해 2개로 분해되어 양국에 포함되었으며 카슈미르는 분쟁이 계속된다. 1971년 파키스탄은 국경 전쟁이 일어났고, 동파키스탄이 방글라데시로 독립을 하였다.

2 자연환경

인도는 남북 길이가 3,219㎞에 달해 다양한 지형이 형성되어있다. 북부 히말라야 산맥지대와 중부 인더스 강과 갠지스 강 유역의 인도평원, 남부 반도부이다. 북부의 산악지대는 표고 8,000m에 달하는 고봉을 포함하며, 중국 티베트와 경계를 이루며 북부인도와 파키스탄을 흐르는 갠지스 강과 인더스 강의 발원지가 된다. 인도는 위도로 볼 때 기후가 아열대에서 온대에 위치하지만, 히말라야산맥이 장벽을 루어 열대몬순기후를 나타낸다. 기후는 지역별로 차이가 있고, 11~3월의 건기, 4~6월의 혹서기, 6~10월의 우기(몬순)로 나눈다.

그림 2-3 인도의 지역구분

출처: https: //en.wikipedia.org/wiki/Administrative_divisions_of_India

3 지역정보

인도는 6개 지역, 북부(Northern Zone), 북동부(North-Eastern Zone), 중부(Central Zone), 동부(Eastern Zone), 서부(Western Zone), 남부(Southern Zone)로 나뉘며, 행정구역은 28개 주(State)와 9개 연방직할지(Union Territories)로 구성되고, 주 아래에 현(District)을 두고 있다. 4대 도시는 북부경제권의 델리, 서부경제권의 뭄바이, 동부경제권의 콜카타, 남부 경제권의 첸나이다.

❶ 델리

델리(Delhi)는 인도 북부에 있는 도시 및 연방직할지이다. 델리는 올드델리로 알려진 델리와 새로 생긴 뉴델리와 그 주변지역으로 이루어진다. 델리는 12세기말 무슬림 구르왕조, 13세기 초 술탄지배, 무굴제국에 이르기까지 터키와 아프가니스탄계 이슬람 세력이 근거지를 삼아 7개의 도성을 건설하였다. 샤자하나바드는 무굴제국 때 도성이다. 샤자하나바드는 1648년 무굴제국 때 재건된 이래 '올드델리' 로 지칭된다. 북쪽은 갠지스 강지류 야무나 강이 흐른다. 인도 최대모스크 자미 마스지드(1656년 축조)와 붉은 요새 복합단지가 위치해 있다. 후마윤 묘는 1570년 세워진 인도 최초의 정원식 무덤이며, 무굴건축 초기단계를 보여준다. 후마윤 사후 14년 뒤(1569~1570년) 아크바르 때 조성되었고, 무덤에 딸린 정원 제작의 출발점이자 타지마할의 최초 모델이라고 할 수 있다. 이외에도 12세기말 인도 최초의 이슬람 왕조의 술탄 쿠트브 웃 딘 아이바크가 델리의 마지막 힌두왕국 정복을 기념해 세운 거대한 승전탑 쿠트브 미나르가 위용을 자랑한다.

❷ 아그라

아그라는 아그라성과 이슬람 건축물의 걸작으로 전 세계에서 방문하는 타지마할로 유명한 곳이다. 이곳은 인도북부 우타르프라데시주의 서부에 위치하며 델리에서 남쪽으로 204km 떨어져 있다. 무굴제국은 1558년 수도를 델리에서 아그라로 옮겼고, 10년(1564~1574년)에 걸쳐 아그라 성(Agra Fort)을 건축하였다. 이곳은 1658년 수도를 다시 델리로 옮길 때까지 약 100 년간 수도 역할을 하였다. 타지마할은 '마할의 왕관(선택받은 궁전)'이라는 뜻이며, 무굴제국 5대 황제 샤자한(Shah Jahan, 1592~1666)이 14번째 아

▲ 타지마할

들을 출산한 후 1629년 38세 나이로 세상을 떠난 왕비 뭄타즈 마할(Mumtaz Mahal)을 위하여 1632년부터 22년 동안 국가재정이 기울어질 정도의 거액을 들여 완성한 궁전형식의 능묘이다. 샤 자한은 타지마할을 바라볼 수 있도록 건너편에 본인의 무덤인 검은 타지마할을 계획하였으나 막대한 국가재정을 탕진한 대가로 인해 왕자 아우랑제브(Aurangzeb, 1658~1707)에 의하여 아그라 성에 유폐되었고, 아그라성에서 멀리 타지마할묘를 바라보며 생을 마치게 되었고, 사후에 타지마할의 가장 중앙에 있는 뭄타즈의 오른쪽 무덤에 안치되었다.

❸ 자이푸르

자이푸르(Jaipur)는 인도 서북부 라자스탄 주의 주도이다. 지역 지명은 '자이 왕의 마을' 이라는 뜻으로 18세기 건설된 사각형의 계획도시로 거리 전체가 분홍색이라' 핑크시티' 로도 알려져 있다. 구시가는 성벽으로 둘러싸여 있고, 내부는 바둑판 모양의 넓은 거리로 구획되어 있다. 하와마할(Hawa Mahal)은 '바람의 궁전'이란 의미를 지니며, 시내의 중심가가 내려다보이는 5층짜리 성이다. 1799년 스와이 프라탑 싱(Sawai Pratap Singh)이 건축하고 라찬드 우스타(Lachand Usta)가 설계를 맡았고, 세상 밖으로의 출입이 제한된 왕궁여인이 도시생활을 엿볼 수 있도록 건축되었다. 시내를 관망할 수 있는 바람이 잘 통하는 격자형 창문이 벌집처럼 많아 '바람의 궁전' 이라고 불린다.

❹ 카주라호

카주라호(Khajuraho)는 마디아프라데시 주 북부에 있는 도시이자 10~11세기 찬델라 왕조의 고도(古都)이다. 이곳은 델리에서 약 400km 떨어진 곳에 있고, 많은 힌두교와 자이나교사원이 있는 순례지로 유명한 관광지다. 처마 끝을 여러 층으로 높이 쌓아올린 지붕이 특징이며, 붉은 사암으로 된 벽면에 중세 인도의 부조를 대표하는 많은 형상, 여인상 그리고 관능적인 표현을 강조한 조상이 새겨진 것이 많다.

❺ 뭄바이

뭄바이(Mumbai)는 마하라슈트라 주의 주도이자 인도 최대의 도시이다. 1995년 11월에 봄베이(Bombay)를 뭄바이로 개칭하였다. 뭄바이 항은 1869년 수에즈 운하가 개통됨에 따라 인도에서 유럽에 이르는 최단거리에 위치해 중요성을 더하게 되었다. 도시의 상징 게이트웨이오브 인디아(Gateway of India), 인도 최대의 공동빨래터 도비가트(Dhobi Ghat), 뭄바이의 시장 크로포드 마켓(Crawford Market) 등은 이색적인 볼거리다.

▲ 뭄바이

❻ 콜카타

콜카타(Kolkata)는 동부 서벵골 주의 주도이다. 옛 명칭은 캘커타(Calcutta)이다. 1995년 전통명칭 콜카타로 개명했으나, 여전히 캘커타라는 명칭으로 더 유명하다. 17세기까지 작은 어촌에 불과하였으나, 인도가 영국 동인도회사에 의하여 식민지화되는 동안 수도였고, 영국 본국의 직할식민지가 된 후도 델리 건설(1912) 때까지 수도로 있었다. 여행자의 거리 서더 스트리트(Sudder Street), 콜카타에서 옛 영국을 만날 수 있는 빅토리아 메모리얼 궁전, 도시의 랜드마크 하우라 다리(Howrah Bridge)가 있다.

❼ 첸나이

첸나이(Chennai)는 타밀나두 주의 주도이다. 벵골 만에 면한 항구도시로 남부 최대의 도시이자 정치, 경제, 문화의 중심지이다. 원래 이름은 마드라스(Madras)였으나, 1996년 첸나이로 변경되었다. 1640년 영국 동인도회사가 이곳에 세인트조지 성채를 구축하고 동방무역과 교역기지로 삼은 것이 발전의 시작이다. 성조지 요새(Fort St. George)에 있는 동양에서 가장 오래된 성메리 교회, 예수의 12제자 중 하나인 도마(Thomas)의 무덤 위에 세운 성 토마스 성당(St. Thomas Cathedral), 끝없이 펼쳐진 5㎞의 황금빛 모래해변에서 인도 같지 않은 인도를 느낄 수 있다.

4 문화

❶ 민족과 언어

오늘날 인도는 아리아인이 중앙아시아로부터 침입해오기 전까지 드라비다어족의 언어를 사용하는 드라비다인이 지배하였다. 아리아인 인도-유럽어족에 속하는 언어를 사용하였고, 히말라야산맥 북쪽 고개를 넘어 인도 북부에 있는 평원으로 이주해왔다. 반대로 드라비다인은 아리아인에 밀려 남쪽으로 내려가다가 데칸고원과 남부 해안에 정착했다. 이때부터 인도북부는 인도-유럽어족에 해당하는 아리아인의 언어가 자리 잡았다. 8~12세기 이슬람교도가 인도북부를 침입하였고, 우르두어를 만들었고, 이것은 아리아인 언어에 아랍어, 페르시아어, 터키어의 단어가 첨가된 것이다. 우르두어는 현재 인도북부 일부와 파키스탄에서 여전히 공식 언어로 남아있다. 영어는 17세기 영국인에 의해 도입된 후 식민정부의 공식언어로 사용되어 상류층에서 인정받았다. 인도가 영국으로 부터 독립하고 1950년 헌법에서 공식 언어로 북부에서 통용되던 힌디어를 채택하였으나, 남부를 중심으로 한 지역과의 언어 차이는 심각한 갈등과 대립을 불어 왔다. 현재 영어 이외에 14개 언어가 사용된다. 이중 사용자수가 가장 많은 언어는 인도 북부의 힌디어, 힌두스탄어(서부 힌디어), 우르두어 등이다.

❷ 종교

힌두교

힌두교(Hinduism)는 가장 많은 인도인이 믿는다. 카스트제도는 조상과 직업을 기준으로 사람을 엄격하게 계급화 하는 것으로 힌두교와도 관련되었다. 힌두교는 소에 대한 숭배와 금기가 있다. 이것은 인간과 다른 생명체들이 동일하다고 하는 종교의 교리에 근거를 둔다. 소를 식용으로 금기하는 사회풍습은 힌두교 교리의 맹목적인 실천인 동시에 역사적으로 내려온 실제 생활과 밀접하게 관련되어 있다. 인도에서 소를 보호하여 얻어지는 실질적인 혜택은 전통적인 농업부문에 집중되었다. 소는 일시에 많은 노동력이 소요되는 여름 몬순기후에 있어서 필수적이었고, 쟁기를 끄는 짐승으로 절대적 존재였다. 소의 수적 감소를 방지하기 위해 소에 대한 보호가 자연스럽게 이어졌다고 보는 주장이 있다.

자이나교와 시크교

자이나교(Jainism)와 시크교(Sikhism)는 힌두교와 전혀 다른 종교로 독자적 성격이 강한 종교의식이다. 자이나교는 약 2500년 전 고대 인도에서 제사 중심의 베다 브라마니즘에 대한 반동이자 개혁으로 발생하여 지금까지 존속하고 있는 종교이자 철학이다. 시크교는 115세기 후부터 18세기 초에 걸쳐 인도 북서부 펀자브 주를 중심으로 발전하였다. 특히 하나의 신을 인정하며, 펀자브 주의 암리차르에 있는 황금사원은 최고의 성지로 숭배되고, 고유의 성서 아디그란트(Adi Granth)를 갖고 있다.

❸ 갠지스 강(Ganga)

인도의 종교에서 순리에 따라 자연은 성소로서 알려져 왔다. 인도의 힌두교도들은 바라나시에 있는 신성한 갠지스 강(Ganga) 언덕의 계단 가트(Ghat)를 찾아 종교의식으로 목욕과 기도를 하며, 이것은 갠지스 강이 힌두교도들에게 자양분을 공급해주고 이들의 영혼을 정화시켜 주므로, 이를 통해 신비로운 에너지를 받는 숭배의식의 사례로 알려져 있다.

▲ 갠지스 강

5 기타

❶ 요가

요가(Yoga)는 인도에서 마음의 통일 등을 위해서 널리 이용된 수행 법. 기원전 3,000년 경 인더스문명 하라파(Harappa) 유적에서 요가자세(결가부좌)를 취한 유물이 발견되었다. 특히 출토된 인장 중에는 수주(獸主)로서 시바신의 전신을 생각하게 하는 인물이 책상다리를 하고 앉아있는 모습을 새긴 것이 있다. 요가는 산스크리트 동사 Yug(단단히 묶다. 멍에를 씌우다)에서 파생된 명사로 결합, 집중, 별들의 결합, 문법적 규칙, 노력, 점유, 단체, 장비, 수단, 트릭, 마술, 집합, 합계 등 많은 다른 의미를 함축하고 있다.

❷ 전통스포츠

카바디(Kabaddi)는 일종의 격투기와 술래잡기를 결합한 경기다. 수세기 전부터 인도 펀자브 지방에서 생겨나 인도아대륙과 동남아시아 등지에서 성행하는 스포츠로 인도와 방글라데시의 국기이다. 카바디는 '숨을 참는다.'는 뜻이며 이 말이 경기명칭이 되었다. 인도 고대 서사시 '바가바드기타'에 등장하는 두 부족 간 전쟁에서 유래되었고, 판바다 족의 왕자 아비마뉴가 상대 부족 카우라바스 영내로 침투했지만, 7명의 적에게 포위돼 전사했는데, 이를 기리어 고대 인디아 병법으로 기원을 두게 되었다.

크리켓(Cricket)은 영국 식민지 시절을 건너온 최고의 스포츠이다. 야구와 비슷한 룰을 가지고 있으나, 전혀 다른 스포츠로 영국과 과거 영국 식민지였던 국가들을 중심으로 활성화 되어 있는 구기종목이다. 프로크리켓리그 인디언프리미어리그(Indian Premier League) 규모와 시장성은 세계적인 규모이며, 영국에서도 이 시장에 스폰서로 참여하고 있다.

❸ 세계유산

인도는 세계유산목록 38건(문화유산 30건, 자연유산 7건, 복합유산 1건)을 갖고 있는 풍부한 문화유산 보유국이다. 아래는 문화유산(복합유산 포함)의 지역별 분포를 확인할 수 있다.

■ 표 2.4 인도의 세계문화유산

구분	지역	유산 명칭	시기
북부	Delhi	Humayun's Tomb, Delhi (1993)	16세기
		Qutb Minar and its Monuments, Delhi (1993)	12세기
		Red Fort Complex (2007)	17세기
	Rajasthan	Hill Forts of Rajasthan (2013)	7-16세기
		Jaipur City, Rajasthan (2019)	1727
		The Jantar Mantar, Jaipur (2010)	1727-1734
	Chandigarh	The Architectural Work of Le Corbusier, an Outstanding Contribution to the Modern Movement (2016)	20세기
	Himachal Pradesh	Mountain Railways of India (1999/2005/2008)*	19-20세기
중부	Uttar Pradesh	Agra Fort (1983)	16세기
		Fatehpur Sikri (1986)	16세기
		Taj Mahal (1983)	17세기
	Madhya Pradesh	Buddhist Monuments at Sanchi (1989)	BC2-12세기
		Khajuraho Group of Monuments (1986)	950-1050년
		Rock Shelters of Bhimbetka (2003)	3만년

구분	지역	유산 명칭	시기
동부	Bihar	Archaeological Site of Nalanda Mahavihara at Nalanda, Bihar (2016)	5-12세기
		Mahabodhi Temple Complex at Bodh Gaya (2002)	BC3-6세기
	West Bengal	Mountain Railways of India (1999/2005/2008)*	19-20세기
	Orissa	Sun Temple, Konârak (1984)	13세기
서부	Maharashtra	Ajanta Caves (1983)	BC2-6세기
		Chhatrapati Shivaji Terminus (2004)	1887-1888
		Elephanta Caves (1987)	5-8세기
		Ellora Caves (1983)	600-1000년
		Victorian Gothic and Art Deco Ensembles of Mumbai (2018)	1862년
	Gujarat	Champaner-Pavagadh Archaeological Park (2004)	선사-14세기
		Historic City of Ahmadabad (2017)	15세기
		Rani-ki-Vav (Queen's Stepwell) at Patan, Gujarat (2014)	11세기
	Goa	Churches and Convents of Goa (1986)	16-18세기
남부	Tamil Nadu	Great Living Chola Temples (1987/2004)	11-12세기
		Group of Monuments at Mahabalipuram (1984)	7-8세기
		Mountain Railways of India (1999/2005/2008)*	19-20세기
	Karnataka	Group of Monuments at Hampi (1986)	14-16세기
		Group of Monuments at Pattadakal (1987)	8세기

* Mountain Railways of India (1999/2005/2008)은 3개 지역에 걸친 연속 유산임.

출처: https://www.holidify.com/pages/world-heritage-sites-in-india-1629.html

2 인도 이외의 나라들

■ 표 2.5

국가	국기	개요
네팔 (Nepal)		면적 : 143,351㎢ 인구 : 29,136,808명 (2020년) 수도 : 카트만두(Katmandu) 정체 : 공화제(의원내각제, 단원제) 언어 : 네팔어 통화 : NPR (네팔 루피, NRs) 환율 : 1 NPR = 9.48원 (2021년 2월) 1인당 GDP : 1,071.05달러 (2020년) 기후 : 아열대성 기후 (일부 극한기후) 불교 : 힌두교(87%), 불교(8%), 이슬람교(4%)
부탄 (Kingdom of Bhutan)		면적 : 38,394㎢ 인구 : 771,612명 (2020년) 수도 : 팀부(Thimphu) 정체 : 입헌군주제 언어 : 종카어, 영어 통화 : BTN(Ngultrum) 환율 : 1 BTN = 15.28원 (2021년 2월) 1인당 GDP : 3,446.528달러 (2020년) 기후 : 아열대기후(고산기후) 종교 : 라마교(75%), 힌두교(25%)
방글라데시 (Bangla-desh)		면적 : 143,998㎢ 인구 : 164,689,383명 (2020년) 수도 : 다카(Dhaka) 정체 : 의원내각제 언어 : 벵골어 통화 : BDT(타카, Bangladesh Taka, TK) 환율 : 1 BDT = 13.06원 (2021년 2월) 1인당 GDP : 1,855.74달러 (2020년) 기후 : 아열대 몬순 기후 종교 : 이슬람교(89.5%), 힌두교(9.6%), 기타(0.9%)

국가	국기	개요
파키스탄 (Pakistan)		면적 : 796,095㎢ 인구 : 220,892,331명 (2020년) 수도 : 이슬라마바드(Islamabad) 정체 : 의회제와 대통령제 혼합 연방공화국체제 언어 : 우르두어, 펀자브어, 신디어, 푸쉬트어, 영어 통화 : PKR(루피, Pakistan rupee, PRs) 환율 : 1 PKR= 6.91원 (2021년 2월) 1인당 GDP : 1,284.7달러 (2020년) 기후 : 고산기후(북부), 스텝 온대하우기후(중앙 펀자브), 건조기수(남부) 종교 : 이슬람교(국교) 97%(수니파 77%, 시아파 20%)
스리랑카 (Sri Lanka)		면적 : 65,610㎢ 인구 : 21,413,250명 (2020년) 수도 : 콜롬보, 스리자야와르데네푸라코테 정체 : 대통령 중심 공화제 언어 : 신할리어, 타밀어, 영어 통화 : LKR(루피, Sri Lanka rupee) 환율 : 1 LKR = 5.6904원 (2021년 2월) 1인당 GDP : 3,853.08달러 (2020년) 기후 : 고온다습 열대기후 종교 : 불교(69.1%), 이슬람교(7.6%), 힌두교(7.1%), 기독교(6.2%), 기타(10%)

04 서남아시아

서남아시아는 인도와 중앙아시아를 제외한 아시아 남서부를 가리킨다. 동쪽 파키스탄 술라이만산맥, 서쪽 지중해의 다르다넬스 해협에 이르며, 남쪽 수에즈 지협과 홍해, 아라비아해, 북쪽 중앙아시아 5개국과 분리되는 지역으로 이슬람, 유목, 오아시스, 사막, 석유가 특징이다. 아프가니스탄, 이란, 이라크, 쿠웨이트, 사우디아라비아, 레바논, 아랍에미리트, 바레인, 카타르, 오만, 예멘, 시리아, 요르단, 이스라엘 및 터키(일부) 등이 속한다. 이곳은 지중해 연안의 좁은 지대를 제외하면 대부분이 사막지대에 속한다. 선사시대 이래 문명지대로서 이슬람교 성역의 핵심을 이루고 있다. 이곳을 '근동' 혹은 '중동'으로 부르기도 한다.

1 아랍에미리트

- **위치 :** 아라비아반도 동부 걸프만
- **면적 :** 83,600㎢
- **인구 :** 9,890,400명 (2020년)
- **수도 :** 아부다비(Abu Dhabi)
- **정체 :** 연방의회를 갖춘 군주제
- **언어 :** 아랍어(영어도 널리 쓰임)
- **통화 :** AED(디르함, Dirham)
- **환율 :** 1 AED = 301.38원 (2021년 2월)
- **종교 :** 이슬람교(수니파 85%, 시아파 15%)
- **민족 :** 남아시아인(50%), 아랍인 및 이란인(23%), 에미리아인(19%), 기타(8%)
- **1인당 GDP :** 43,103.32달러 (2020년)

아랍에미리트(UAE, United Arab Emirates)는 아라비아반도 동부에 있는 아부다비(Abu Dhabi), 두바이(Dubai), 샤자(Sharjah), 라스 알 카이마(Ras Al Khaimah), 움 알 콰인(Umm al-Qawain), 아즈만(Ajman), 후자이라(Fujairah) 7개 에미리트(토후)가 연합된 연방국가다. 1853년 실질적인 영국의 보호국이 된 이래 여러 토후국이 흥망과 집산을 반복하다가 1971년 카타르과 바레인을 제외한 토후국이 에미리트연합으로 독립하였다. 1970년대 석유가 발견되면서 세계의 주목을 받게 되었다. 빈국에서 석유수출국이 되었고, 특히 두바이는 세계 최첨단시설을 갖춘 현대도시로 변모하였다.

1 역사배경

16세기 포르투갈이 해안에 첫 발을 내딛었고, 1853년 영국과 영구해상평화조약이 체결되고, 1892년 영국과 배타협정(Exclusive Agreement)을 체결해 영국의 보호령이 되었다. 1958년 아부다비 석유발견(1962년부터 채굴)과 1966년 두바이 석유발견(1969년부터 채굴)으로 석유에 얽힌 영토분쟁이 지속되었고, 바레인과 카타르를 포함한 연합국을 구상하였다. 1968년 9개 토후국 수장이 참석한 첫 번째 회의가 개최되었으나 상호불신과 대립으로 인하여 원활한 교섭 진전이 없자 1971년 여름 바레인과 카타르는 단독으로 독립을 선언하였다. 11월 말 영국군이 철수하자 라스 알 카이마를 제외한 6개 토후국로 구성된 아랍에미리트가 1971년 12월 탄생했고, 라스 알 카이마가 1972년 2월 연합국 일원으로 합류하였다.

2 자연환경

아랍에미리트의 대부분은 세계에서 가장 큰 모래사막 엠티 쿼터(Empty Quarter)의 끝자락에 위치한 사막지대이다. 전 국토 중 초원이 2%일 뿐이고 산림지대나 경지는 거의 없다. 후자이라와 라스 알 카이마의 산악지역 외에 대부분의 초원은 정부의 녹원정책의 결과이다. 아부다비가 전체의 85%를 차지하지만 아즈만은 250㎢로 매우 작다. 아랍에미리트의 자연은 열대기루는 아니지만 11월부터 이듬해 3월까지를 제외하고는 고온다습하며, 여름과 겨울 온도차가 심하다. 두바이는 아열대의 건조한 기후이며 연중 온도는 섭씨 13~45℃ 정도로 한여름(7~8월)은 50℃까지 기온이 오를 때도 있으며 겨울철에 가끔 비도 내린다.

3 지역정보

❶ 두바이

두바이(Dubai)는 아랍어로 '작은 메뚜기'라는 뜻이며, 과거 아랍일대 대상이 모여드는 중계 무역기지였다. 막대한 오일달러를 앞세워 적극적으로 투자되면서 중동의 금융중심지로 발전하였고, 세계 각 대륙과 나라를 연결한 허브공항 위치를 차지한다. 황량한 사막을 일궈 만든 녹지위의 골프장과 실내스키장 그리고 최고의 명품으로 꼽히는 버즈 알 아랍(Burj Al Arab)과 버즈 두바이(Burj Dubai)가 잘 알려져 있다. 세계 최고 7성급 호텔 버즈 알 아랍호텔은 배 돛을 형상화 한 디자인으로 유명하고, 밤이 되면 대 돛에 해당하는 패블릭 벽이 영롱한 빛을 내어 사람들을 유혹한다. 석유고갈 시대를 대비하여 금융허브, 첨단관광, 컨벤션, 쇼핑, 물류도시를 꿈꾸는 두바이는 상상의 한계를 넘어 경이로운 상상력의 중심이다.

두바이 버즈 알 아랍

❷ 아부다비

아부다비(Abu Dhabi)는 아랍에미리트 및 아부다비토후국의 수도이다. 걸프만에 면한 아부다비 섬 대부분을 차지하며, 본토와는 인공제방에 의해 연결되었다. 1958년 대규모 유전이 발굴되면서 정치적, 경제적 지위가 높아졌다. 아부다비 국제공항은 세계에서 가장 빨리 성장하는 공항 중 하나이다. 루브르 아부다비(Louvre Abu Dhabi)는 아부다비 사디야트 섬에 위치한 국립박물관이다. 2007년 10월 프랑스 정부와 30년 협약을 맺어 프랑스의회로부터 박물관 설립허가를 받아 2017년 11월 8일 개관하였다. 아부다비 정부는 프랑스정부에 5억2천500만 달러 상당을 지불해 '루브르' 이름 사용을 허가받고 추가로 7억4천7백만 달러를 지불하여 프랑스 루브르박물관으로부터 소장품대여, 특별전, 관리교육협약을 맺었다.

4 문화

❶ 민족과 언어

아랍에미리트는 카와심족에 속하는 아랍인이 주민의 대부분을 이루지만, 파키스탄인, 인도인의 이민과 흑인이 섞여 있다. 언어는 아랍어를 공용어, 영어를 통용어로 하고 있다. 아랍에미리트의 여성은 검은 망토 모양의 의상 아바야(Abaya)를 입고, 머리에 Shayala(Veil)를 쓰고 있다. 외지인의 시각에서 볼 때, 외형적으로 남자와 여자를 차별하는 모습으로 각인될 수 있지만, 여성을 보호하고 여성들의 삶을 자유롭게 해주는 배려에서 출발했다. 검은 색은 자외선을 차단하고 체온을 보호하고 속 피부가 외부로 반사되지 않게 함으로써 여성을 보호하고 혹독한 사막기후에 적응한 그들만의 문화이다.

아바야

❷ 종교

아랍에미리트인 대부분은 수니파 무슬림(Sunni Muslims) 중 와하비파(Wahhabis)이지만, 사우디아라비아보다는 덜 엄격하며, 덜 금욕적이다. 이슬람교를 믿고 철저히 코란의 율법에 따르며 생활하며 머리와 마음과 말이 일치되는 행동하는 것을 진정한 무슬림으로 생각한다. 이슬람국가이므로 휴일은 금요일이고, 일주일은 토요일부터 시작된다. 이슬람 특성상 현지인, 현지여성 앞에서 사진촬영을 할 때에 동의를 구해야 하며, 공공건물은 사진촬영이 제한된 곳이 있다. 종교행사는 이슬람력으로 행해지며, 이슬람력은 태음력으로 1년이 354일, 태양력과 1년에 11일 차이가 생기어, 이슬람력의 라마단(회교금식) 기간은 매년 11일씩 당겨진다. 라마단 기간 동안 호텔을 포함한 대부분 식당이 일몰이전까지 문을 닫고 있다.

❸ 음식

아랍에미리트 요리는 풀(Fuul, 파바콩, 마늘, 레몬으로 만든 반죽), 펠라펠(Felafel, 이집트콩 반죽을 공 모양으로 튀긴 것이 아랍의 납작한 빵조각에 제공됨), 후모스(Houmos, 마늘, 레몬과 제공되는 익힌 이집트콩 반죽), 슈와르마(보통 납작한 빵이나 피타에 제공되는 양이나 닭고기) 같은 중동의 음식이 풍부하다. 일반적인 범위의 비알콜음료를 다양하게 마실 수 있으나, 술은 허가를 받은 바에서만 판매하기 때문에 가격도 비싸다.

5 기타

❶ 원유매장과 개발

아랍에미리트는 전형적인 아랍 산유국형의 경제구조였기 때문에, 원유생산과 수출에 많은 부분을 의지하고 있다. 원유매장량은 전세계 매장량의 11%(세계 3위), 천연가스는 전 세계 매장량의 5%를 점해 세계 4위 매장국가에 꼽혔다. 석유매장량은 타 지역에 비하면 적은 편이며, 석유 고갈에 대비하여 도시 발전의 키워드를 '관광산업' 으로 정하였고, 두바이는 '기적의 나라', '세계 최고', '세계 최대', '혁신의 현장', '세계가 주목하는 꿈의 도시' 같은 수식어가 따라다니며 인간의 개발 한계가 어디까지인가를 확인해볼 수 있는 곳이다.

아랍에미리트 할리바 광구

❷ 지역성

아랍에미리트는 전통과 현대적 도시 문화가 잘 조화된 역동적인 지역이다. 오일달러의 고갈에 대비하여 무역, 관광, 리조트, 컨벤션을 주축으로 하여 새로운 성장 모델을 모색하였고, 전통보다는 현대, 보존보다는 변화, 자연보다는 인공·복합을 키워드로 하여 지역성을 과감하게 바꾸었다. 무에서 유를 창조하는 나라로서 사막 한가운데 실내스키장을 만들고 인공 섬을 만드는 등 기타 중동국가와는 다른 특성을 확인할 수 있다.

2 기타 중동 국가

■ 표 2.6

국가	국기	개요
아프가니스탄 (Afghanistan)		면적 : 652,230㎢ 인구 : 38,928,341명 (2020년) 수도 : 카불(Kabul) 언어 : 파슈토어, 다리어, 터키어 종교 : 이슬람교(수니파 80%, 시아파 19%)
이란(Iran)		면적 : 1,648,195㎢ 인구 : 83,992,953명 (2020년) 수도 : 테헤란(Teheran) 언어 : 페르시아어 종교 : 이슬람교(시아파 94%, 수니파 4%)
이라크(Iraq)		면적 : 438,317㎢ 인구 : 40,222,503명 (2020년) 수도 : 바그다드(Baghdad) 언어 : 아랍어 종교 : 이슬람교(수니파 32–37%, 시아파 60–65%)
쿠웨이트 (Kuwait)		면적 : 17,818㎢ 인구 : 4,270,563명 (2020년) 수도 : 쿠웨이트(Kuwait) 언어 : 아랍어 종교 : 이슬람교(수니파 70%, 시아파 30%)

국가	국기	개요
사우디 아라비아 (Saudi Arabia)		면적 : 2,149,690㎢ 인구 : 34,813,867명 (2020년) 수도 : 리야드(Riyadh) 언어 : 아랍어 종교 : 이슬람교(수니파 90%, 시아파 10%)
레바논 (Lebanon)		면적 : 10,400㎢ 인구 : 6,825,442명 (2020년) 수도 : 베이루트(Beirut) 언어 : 아랍어, 프랑스어, 영어, 아르메니아어 종교 : 이슬람 54%, 기독교 40.5%, 기타 5%
바레인 (Bahrain)		면적 : 760㎢ 인구 : 6,825,442명 (2020년) 수도 : 마나마(Manama) 언어 : 아랍어, 영어 종교 : 이슬람교 70%(수니파 40%, 시아파 60%), 기타 17%
카타르 (Qatar)		면적 : 11,581㎢ 인구 : 2,881,060명 (2020년) 수도 : 도하(Doha) 언어 : 아랍어 종교 : 이슬람교(대부분 수니파)
오만(Oman)	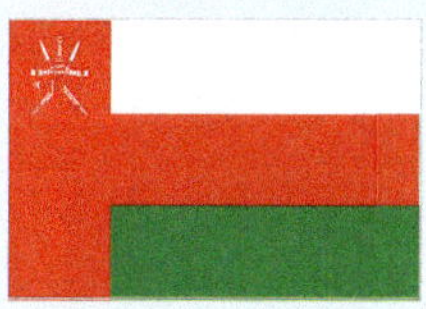	면적 : 309,500㎢ 인구 : 5,106,622명 (2020년) 수도 : 무스카트(Muscat) 언어 : 아랍어 종교 : 이슬람교 (수니파의 한 갈래 이바디파)
예멘(Yemen)		면적 : 530,000㎢ 인구 : 29,825,968명 (2020년) 수도 : 사나(Sana) 언어 : 아랍어 종교 : 이슬람교(수니파 65%, 시아파 35%)
시리아(Syria)		면적 : 185,180㎢ 인구 : 17,500,657명 (2020년) 수도 : 다마스커스(Damascus) 언어 : 아랍어 종교 : 이슬람(87%, 수니 72%, 시아, 알라위, 이스마일 13%)

국가	국기	개요
요르단 (Jordan)		면적 : 89,342㎢ 인구 : 10,203,140명 (2020년) 수도 : 암만(Amman) 언어 : 아랍어 종교 : 이슬람 92%(수니파), 기독교 6%
이스라엘 (Israel)		면적 : 20,325㎢ 인구 : 8,655,541명 (2020년) 수도 : 예루살렘(Jerusalem) / 텔아비브(Tel Aviv) 언어 : 히브리어(공용어), 아랍어(공용어), 영어 종교 : 유대교(74.8%), 이슬람교(17.6%), 기독교(2.0%), 드루즈(1.6%), 기타(4%)

3 터키

- **위치 :** 아시아 서남쪽 (97%), 유럽(3%)
- **면적 :** 779,452㎢
- **인구 :** 84,339,067명 (2020년)
- **수도 :** 앙카라(Ankara)
- **정체 :** 공화제(대통령 중심제)
- **언어 :** 터키어(Turkish, 90%), 쿠르드어(Kurdish) 및 아랍어(Arabic, 10%)
- **통화 :** TRY(터키리라, TL)
- **환율 :** 1TRY = 157.06원 (2021년 2월)
- **종교 :** 이슬람교 99%, 크리스트교, 유대교 등 헌법상 정교분리
- **민족 :** 터키족, 쿠르드족, 아랍인 등
- **1인당 GDP :** 9,042.49달러 (2020년)

터키는 아시아 유럽의 교차로에 위치해 있으며, 삼면이 흑해와 에게 해 그리고 지중해로 둘러싸인 아름다운 반도국가이다. 특히 터키는 고대 히타이트 문명을 시작으로 그리스, 페르시아, 알렉산더대왕의 마케도니아, 로마, 비잔틴 및 오스만제국의 문명이 명멸했던 곳으로 많은 고대유적이 분포한다. 제1차 대전 후 오스만투르크 왕정이 종식되었고, 터키혁명의 지도자 초대 대통령 무스타파 케말 아타튀르크가 광범위한 제도를 개혁했고, 이 개혁은 20세기 터키를 근대화 그룹에 속하게 하는 계기를 마련했다.

터키는 한국전쟁 참전 인연으로 인해 한국인을 '코렐리(Koreli)' 라고 부르는 '형제의 나라'로 기억하고 있는 나라이며, 문화뿐 아니라 천혜의 자연환경을 가지고 있다.

1 역사배경

기원전 2000년 중앙아시아 남부에서 기원한 터키인의 조상은 중국 고전에 나오는 훈족(혹은 돌궐족)이며, 기원전 220년 수립된 터키의 왕국을 중국인들은 흉노라고 불렀다. 터키 인은 아랍지역을 횡단해 서쪽으로 이동하였다. 아나톨리아 반도는 유라시아 대륙을 동서남북으로 연계한 교통과 문화의 중심 역할을 하였는데, 기원전 5000~기원전 1500년(청동기)에 도시국가가 형성되었고, 기원전 1500~기원전 1200년(히타이트시대), 기원전 1200~기원전 220년(동부 우라르트 왕조와 서부 프리지아 왕조의 융합시기)를 거쳐 동로마제국(비잔틴 제국)이 융성하였다. 서기 10~11세기경 아나톨리아 반도에 셀주크제국이 건설되었다.

술탄 메흐메트 2세

오스만제국(1281~1922년)은 1281년 성립 이후 1354년 유럽에 진출하여 여러 지역을 정복하였고, 술탄 메흐메트(Sultan Mehmet)가 1453년 콘스탄티노플을 정복함으로써 오스만제국 팽창 절정기를 만들었다. 16세기 에게해 와 흑해가 오스만제국의 내해로 이디오피아, 중앙아프리카, 예멘, 크림반도까지 국경이 되었고, 유럽 비엔나까지 영토를 확장시켰다. 오스만제국은 17세기부터 쇠퇴하기 시작, 1912~1913년 발칸전쟁으로 영토가 그리스의 마리차 강까지 축소하였다. 제1차 대전 때 패전국 독일 측에 가담하여 1920년 8월 연합국 측과 체결한 세브르 강화조약에 의해 콘스탄티노플의 배후지와 아나톨리아 고원만을 영토로 보유하게 되었다. 무스타파 케말 아타튀르크(Mustafa Kemal)의 지휘로 영토회복을 성공적으로 완수한 후, 1923년 7월 연합국 측과 로잔느(Lausanne) 조약을을 체결함에 따라, 현재 영토를 보유하게 되었다. 1923년부터 현재까지 공화국 시대이며, 무스타파 케말 아타튀르크는 1923년 10월 29일 터키공화국을 건국해 안정을 꾀하고 경제발전과 근대화를 시작하였다.

2 자연환경

터키는 수리적으로 36°~42°N 사이에 위치하고 있고, 보스포루스 해협, 마르마라 해, 다르다넬스 해협을 경계로 아시아지역 아나톨리아와 유럽지역 트라케로 구분되어 진다. 북쪽 러시아, 남쪽 시리아, 그리고 서쪽 그리스와 불가리아, 동쪽은 이란, 이라크와 접경을 이루고 있다. 지역구분은 흑해, 마르마라, 에게 해, 지중해, 중앙 아나톨리아, 동쪽 아나톨리아, 남동 아나톨리아의 7개 지역으로 나눈다. 아나톨리아는 동부에 펼쳐진 고원지대로 디즐레(Dicle, 티그리스 강)와 프라트(유프라테스 강)를 시작으로 15개 강이 흐른다. 자연호수가 많고, 북부는 흑해와 평행을 이루고 뻗은 산맥이 있고, 남부는 토로스산맥(Taurus Mountains)이 해안을 따라 비옥한 평지로 연결되어 있다.

기후는 지중해 연안과 흑해연안은 지중해성 기후, 내륙은 건조기후로 인해 건조하고 일교차가 심하다. 봄과 가을이 짧지만, 10월이 우기에 해당하고 평균기온 11.8℃ (최저 : −24.9℃, 최고 : 40.0℃), 연평균 강우량 367㎜이지만, 대부분지역이 연 강수량 500㎜ 미만이고, 증발량이 많고 반건조 초원과 사막지역이 많다. 연강수량은 지역에 따라 큰 차이를 보이며, 내륙지방은 해안지방 절반에 미치지 못한다. 강수량이 가장 많은 계절은 겨울이며, 중부 아나톨리아는 봄에, 지중해, 에게 해, 마르마라 해 지역은 가을에 우기가 시작해 봄까지 계속되며, 흑해지역은 연중 비가 내린다.

블루 모스크(술탄 아흐멧 모스크)

3 지역정보

❶ 이스탄불

이스탄불은 보스포루스 해협을 경계로 동서양으로 나뉜다. 과거 콘스탄티노플에서 1453년 오스만 정복 이후 이스탄불로 변경되었다. 17세기 러시아 표트르대제는 '이스탄불을 지배하는 것은 세계의 반을 차지하는 것' 이라고 했고, 18세기 프랑스의 나폴레옹도 '자연의 축복 받은 선물이요, 역사적 유적을 동시에 간직한 곳이 이스탄불

말고 또 있겠는가!' 라고 극찬하였다. 성소피아 대성당(Hagia Sopha, Aya Sophia)은 6세기 중반 유스티니아누스 황제 때 건립된 것이며, 현존하는 교회 중 가장 오래된 건축 중 하나이다. 1453년 오스만의 콘스탄티노플 점령이후 모스크로 변형되었다. 이 시기 성모 마리아가 예수를 안고 있는 찬란한 모자이크 그리고 천장 가운데 있는 예수의 성스러운 모자이크 등이 회칠로 인해 사라져 버렸다. 과거 원형 보존을 결정한 후 성당 벽에 예수와 성모마리아의 성화가 복원되었다. 지하저수지는 '지하궁전' 이라고 불리는 곳으로 532년 비잔틴제국 황제 유스티니아누스 집권 때 만들어졌다. 성소피아 대성당 근처에 위치한다.

블루 모스크(Sultan Ahmet Mosque)는 성소피아 대성당과 함께 이스탄불을 상징한다. '술탄 아흐멧 모스크'라고 하며, 오스만시대에 만들어졌다. 성소피아 대성당과 비교하여 이슬람의 우위를 상징하기 위해 양식을 모방, 발전시켜 만든 터키 최대의 이슬람사원이다. 내부의 벽과 기둥이 푸른색 타일로 장식되어 있어 '블루 모스크'로 불린다. 그랑 바자르는 비잔틴 때부터 만들어진 좁은 골목이 미로처럼 되어 있는 곳으로 방문자로 붐비는 명소이다.

쿠사다시

❷ 에게 해 지역

에게 해는 터키 서쪽에 위치한다. 쿠사다시(Kuşadasi)는 에게 해의 푸른 휴양지이자 고대유적과 성지순례지다. 히에라폴리스(Hierapolis)는 기원전 190년 페르가몬(Pergamon) 왕조의 유메네스 2세 때 만들어진 로마제국 온천지로 기원후 2~3세기 번영했다. 히에라폴리스 유적은 원형극장의 아폴로의 부조를 감상할 수 있다. 파묵깔레(Pamukkale)는 히에라폴리스의 남쪽 경사부분으로 유명한 온천지대를 의미하는데, 온천물에 다량으로 포함된 칼슘의 축적으로 멀리서 보면 마치 만개한 목화송이가 뒤덮인 성과 같이 보인다. 온천수는 35℃ 정도로 심장병, 소화기 장애, 신경통에 특효가 있다. 히에라폴리스와

카파도키아

파묵깔레는 1988년 유네스코 세계유산목록에 등재되었다. 트로이(Troy)는 터키 서쪽에 있는 고대도시유적으로 에게 해에서 6㎞ 정도 떨어져 있다. 호메로스의 〈일리아드〉와 〈오디세이〉에서는 '일리오스'라고 불렸고, 1870년 독일 고고학자 슐리만이 발굴하면서 유적이 밝혀졌다. 유적은 기원전 3000년 청동기 시대부터 로마시대까지로 다양하다.

❸ 앙카라와 중앙 아나톨리아(Anatolia) 지역

앙카라(Ankara)는 터키의 수도로 옛 이름은 앙고라(Angora)로 불렸다. 소아시아반도의 동서와 남북을 연결하는 교차점에 위치하고 있다. 앙카라는 초대 대통령 아타튀르크의 정치적 중심지로, 1923년 오스만제국이 멸망하고 터키공화국이 세워지자 이스탄불을 대신해 수도로 지정됐다. 앙카라는 유명한 대학과 국립예술학교, 국립교향악단, 국립극장, 오페라극장 같은 문화 활동이 많은 도시이자 도로와 철도교통의 중심지다.

❹ 카파도키아

카파도티아(Cappadocia)는 앙카라에서 남쪽으로 300㎞ 떨어진 곳에 위치한 동화 속에서나 볼 수 있음직한 다양한 버섯모양의 기암괴석으로 이루어진 경관이다. 카파도키아의 형성 원인은 수백만 년 전, 활화산이었던 예르지예스산(3917m)에서 분출된 용암으로 인해 형성된 응회암 지형이 오랜 세월을 걸쳐 풍화와 침식 작용을 일으켜 부드럽고 쉽게 깎인 지형경관을 형성하였다. 바위를 깎아 만든 이들의 거주 공간은 덥고 건조한 기후를 피할 수 있을 뿐 아니라 지하도시를 형성하여 적에게 노출되지 않아 600여개 교회를 형성하였고, 종교탄압 때는 크리스트교인의 피난처였다. 열기구투어는 바람에 평화롭게 떠가면서 멋진 풍경을 볼 수 있다. 카파도키아는 1985년 유네스코 세계유산에 등재되었다.

4 문화

❶ 민족과 언어

터키어는 한국어, 몽골어와 함께 알타이어군에 속해, 우리말과 어순이 같고 문법적으로 많이 비슷하다. 모음조화, 어미활용 등에 있어서 동일한 법칙을 따르고 있는 점이 특징이다. 고유문자 없이 오랜 세월 아랍문자를 빌어 기록했고, 알파벳을 사용하고 있다. 터키인은 제스처를 즐겨 사용하며, 머리를 약간 쳐들면서 쯧 하고 소리를 내면 '아니오', 고개를 좌우로 흔들면 '잘 모르겠다' 그리고 손등을 아래로 손가락을 모두 모으면 '참 좋다'는 의미이다.

❷ 종교

터키인의 대부분은 이슬람교(수니파)이다. 비무슬림 소수민족은 크리스트교인과 유대인으로 구분되고, 이들의 대부분은 조상으로 부터 물려받은 종교를 믿고 있고, 이스탄불, 앙카라, 이즈미르 등지에 거주한다. 이슬람국가이기 때문에 문화, 종교적인 차이로 여행이나 생활하는데 여러 가지 불편이 있다고 생각하지만 의외로 외국인들에게 관대하다.

❸ 음식

터키 음식은 중국, 프랑스 요리와 함께 세계 3대 요리로 손꼽힌다. 아시아와 유럽 사이에 위치한 지리적인 영향으로 음식이 다양하며, 오스만제국 궁중요리의 세련미가 더해져 세계적인 명성을 얻었다. 터키 음식은 우리나라에도 많이 보급되어 있다. 가장 유명한 것은 고기구이 요리 케밥(Kebab)이다. 꼬치에 끼워서 만든 쉬시 케밥, 고기 반죽 덩어리를 쇠기둥에 끼워 돌리면서 구워 먹는 되네르 케밥 등 다양하다. 터키인 식탁에 자주 오르는 빵은 에크멕이 있고, 얇고 납작하게 구운 터키식 피자 피데도 많이 먹는다.

케밥

5 기타

❶ 지역성

터키는 아시아, 유럽, 아프리카를 연결하는 위치에 있고, 지리, 종교, 지정학적으로 중요한 역할을 담당해 왔다. 면적의 3%는 유럽, 97%는 아시아에 속해 있으며, 이스탄불은 세계에서 유일하게 두 대륙이 같은 도시 안에 있다. 터키는 97%의 아시아보다 3%의 유럽에 관심을 갖고 있지만, 그로 인해 만들어진 분위기는 서양의 것도, 동양의 것도 아닌 터키만의 특성이다. 크리스트교 문화파괴에 따라 묻혔던 덧칠한 회벽에서 다시 드러난 성화처럼 전혀 다른 색의 문화를 동시에 느낄 수 있는 터키의 모습은 바로 동서양의 만남 자체이다.

그림 2-4

❷ 오스만제국의 목욕문화

하맘(Hamam)은 중동 전역에서 널리 볼 수 있는 전통공중목욕탕이다. 터키는 이슬람 영향으로 자신의 몸을 닦는 것을 중요하게 생각하여 목욕문화가 발달하였다. 각 집마다 욕실을 잘 갖춘 것은 물론, 전국에 온천탕이 300여 개 이상 있으며 공중목욕탕 하맘도 많이 발달해 있다. 하맘은 로마제국의 목욕문화를 이어받아 오스만제국 때 생긴 것이며, 몸을 씻는 공간이 아니라 사교와 교제의 장소이다. 하맘 입장 시 수영복 같은 것을 입고 페슈테말 천을 두르며, 대리석 바닥이 미끄럽기 때문에 날린(나막신)을 신는다. 목욕탕 중앙에는 귀벡타쉬(뜨겁고 넓은 대리석의 침상)가 있어 누워 휴식을 취할 수 있다.

❸ 세계유산

터키는 고대에서부터 중세, 현대에 이르기까지 동서양을 넘나드는 다양한 문화유산이 넘쳐난다. 지역 전체가 인류문명 살아있는 거대한 옥외박물관이라고 할 수 있고, 16건의 문화유산과 2건의 복합유산을 보유하고 있다.

■ 표 2.7

구분	명칭	위치	연도
문화	이스탄불 역사지구(Historic Areas of Istanbul)	이스탄불주	1985
	디브리이의 대 모스크와 병원 (Great Mosque and Hospital of Divriği)	시바스주	1985
	히타이트의 수도 하투샤(Hattusha : the Hittite Capital)	초룸주	1986
	넴루트산(Nemrut Dağ)	아디야만주	1987
	크산토스 – 레툰(Xanthos–Letoon)	안탈리아–물라주	1988
	사프란볼루(City of Safranbolu)	카라뷔크주	1994
	트로이의 고고 유적(Archaeological Site of Troy)	차나칼레주	1998
	셀리미예 사원 복합 유적 (Selimiye Mosque and its Social Complex)	에디르네주	2011
	차탈회위크 신석기 유적지(Neolithic Site of Çatalhöyük)	코니아주	2012
	부르사와 주말르크즈크 : 오스만제국의 탄생 (Bursa and Cumalıkızık : the Birth of the Ottoman Empire)	부르사주	2014
	페르가몬과 다층적 문화경관(Pergamon and its Multi–Layered Cultural Landscape)	이즈미르주	2014
	디야르바키르 요새 및 헤브셀 정원 문화경관 (Diyarbakır Fortress and Hevsel Gardens Cultural Landscape)	디야르바키르주	2015
	에페수스(Ephesus)	이즈미르주	2015
	아니 고고학 유적지(Archaeological Site of Ani)	카르스주	2016
	아프로디시아스(Aphrodisias)	아이든주	2017
	괴베클리 테페(Göbekli Tepe)	샨르우르파주	2018
복합	괴레메 국립공원과 카파도키아 바위 유적 (Göreme National Park and the Rock Sites of Cappadocia)	카이세리주 외	1985
	히에라폴리스 · 파묵칼레(Hierapolis–Pamukkale)	데니즐리주	1988

05 중앙아시아

중앙아시아는 아시아 대륙 중앙부의 광대한 지역이다. 이곳은 몽골 고원, 중가리아 분지(準噶爾盆地) · 티베트 고원 · 카자흐스탄 평원을 합한 아시아 건조지대의 동반부에 해당한다. 북쪽 시베리아, 남쪽 이란과 아프가니스탄, 인도 아대륙(亞大陸)에 접하고, 동쪽으로 중국 평야지역에, 서쪽은 카스피해에 이르는 지역이다. 이곳은 몽골과 중국의 네이멍구(內蒙古) 자치구 · 신장 웨이우얼 자치구 등 시베이(西北) 지구, 티베트고원, 투르크메니스탄, 우즈베키스탄, 타지키스탄, 키르기스스탄, 카자흐스탄의 5개 공화국이 포함된다. 이곳은 이슬람 · 투르크족, 대초원, 건조지대, 농경, 유목이 특징이다.

■ 표 2.8

국가	국기	개요
카자흐스탄 (Kazakhsta)		면적 : 2,724,900㎢ 인구 : 18,776,707명 (2020년) 수도 : 누르술탄(Nur-Sultan) 정체 : 공화제 언어 : 카자흐어, 러시아어 통화 : KZT (텡게, Tenge) 환율 : 1 KZT= 2.65원 (2021년 2월) 1인당 GDP : 9,731.15달러 (2020년) 기후 : 대륙성(덥고 건조한 여름, 비교적 따뜻한 겨울) 불교 : 이슬람교(73%), 러시아정교(20%), 개신교(2%)
우즈베키스탄 (Uzbekistan)		면적 : 447,400㎢ 인구 : 33,469,199명 (2020년) 수도 : 타슈켄트(Tashkent) 정체 : 공화제 언어 : 우즈베크어 통화 : UZS (숨, soum) 환율 : 1 UZS = 0.11원 (2021년 2월) 1인당 GDP : 1,762.86달러 (2020년) 기후 : 대륙성기후 불교 : 이슬람교(88% 수니파 70%), 러시아정교(9%)

국가	국기	개요
투르크메니스탄 (Turk-menistan)		면적 : 488,100㎢ 인구 : 6,031,187명 (2020년) 수도 : 아슈하바트(Ashkhabad) 정체 : 공화제 언어 : 투르크멘어 통화 : TKT (마나트, Manat) 환율 : 1 TKT = 319.23원 (2021년 2월) 1인당 GDP : 8,074달러 (2020년) 기후 : 대륙성 건조기후 불교 : 이슬람교(수니파 89%), 동방정교(9%), 기타(2%)
타지키스탄 (Tajikistan)		면적 : 143,100㎢ 인구 : 9,537,642명 (2020년) 수도 : 두샨베(Dushanbe) 정체 : 공화제 언어 : 타지크어 통화 : TJS (소모니, somoni) 환율 : 1 TJS = 108.02원 (2021년 2월) 1인당 GDP : 877달러 (2019년) 기후 : 대륙성 건조기후 불교 : 이슬람교(수니파 85%, 시아파 5%), 기타(10%)
키르기스스탄 (Kyrgyzstan)		면적 : 199,951㎢ 인구 : 6,524,191명 (2020년) 수도 : 비슈케크(Bishkek) 정체 : 공화제(의원내각제) 언어 : 키르기스어, 러시아어 통화 : KGS (솜, Som, KS) 환율 : 1 KGS = 13.88원 (2021년 2월) 1인당 GDP : 1,309.39달러 (2020년) 기후 : 산악 고산기후 불교 : 이슬람교(80%), 러시아정교(15%), 기타(5%)

Chapter

03

세계문화와 환경

• 유럽

WORLD GEOGRAPHY AND CULTURE

01 서부 유럽

서부 유럽(Western Europe)은 지리적 분류보다 정치 · 역사 · 문화적으로 동유럽과 구분하기 위해 사용된 경우가 많다. 서유럽은 제1차 대전까지는 프랑스와 브리튼 제도의 영국과 아일랜드, 베네룩스 3국을 포함하는 범위로 간주되었다. 냉전 때 계획 경제하의 동유럽에 대비해 시장 경제를 쓰는 서구 진영의 의미로 많이 사용되었다. 현재의 범위는 네덜란드, 독일, 룩셈부르크, 리히텐슈타인, 모나코, 벨기에, 스위스, 오스트리아, 영국(그레이트 브리튼 섬과 북아일랜드), 프랑스 및 아일랜드를 포함한다.

1 영국

- **위치**: 그레이트 브리튼 섬과 아일랜드 섬 북부
- **면적**: 243,610㎢
- **인구**: 67,886,000명 (2020년)
- **수도**: 런던(London)
- **정체**: 입헌군주제(의원내각제)
- **언어**: 영어
- **통화**: GBP(파운드, £)
- **환율**: 1 GBP = 1,532.53원 (2021년 2월)
- **종교**: 영국성공회(국교)
- **민족**: 앵글로색슨계(웨일즈와 스코틀랜드 켈트계)
- **1인당 GDP**: 42,300.27달러 (2020년)

영국의 정식 국명은 '그레이트 브리튼과 북아일랜드 연합왕국'(United Kingdom of Great Britain and Northern Ireland)이다. 영국은 잉글랜드(England), 스코틀랜드(Scotland), 웨일즈(Wales) 및 북아일랜드(Northern Ireland) 등 4개 지역으로 구분된다. 과거 가장 강력한 영향력을 가진 잉글랜드에 의해 통일이 되었으며, 아직까지 4대 구분의 지역 성향이 매우 강하다. 세계 민주주의의 발생국인 동시에, 제국주의 아성을 쌓아 '해가 지지 않는 나라'라는 별칭을 얻을 정도로 많은 식민지를 가지고 있었다. 제2차 대전 후 식민지의 잇따른 독립으로 대영제국 면모는 사라졌고, 1997년 7월 1일 홍콩도 중국에 반환되었다.

백년 전쟁: 크레시 전투
잉글랜드의 에드워드 3세가 1346년 8월 26일 프랑스의 필립 6세를 물리 친 크레시 전투를 묘사한 그림

1 역사배경

기원전 6세기경 청동기 시대에서 철기시대 초기에 대륙의 켈트족이 이주해 영국역사가 시작되었다. 1~4세기 경 브리타니아로 불렸고 로마의 속주였다. 5~6세기경 게르만계의 앵글로 색슨족이 잉글랜드에 침입해 9세기경 잉글랜드 통일왕국을 수립한 것에서 찾아 볼 수 있으며, 앵글로 색슨족과 켈트족간 갈등은 지금도 남아 있다. 11세기 윌리엄 1세가 통일국가를 형성하였다. 15세기에 백년전쟁(1337~1453)의 패배와 장미전쟁(1455~1485)으로 봉건제도가 약화되었으나 1485년 헨리 7세의 즉위와 더불어 국왕의 권력이 강화되었다. 엘리자베스 1세는 중세와 근대 가교 역할을 한 것으로 알려져 있고, 1588년 스페인세력을 격파, 해상지배권을 확립하였고, 문화적으로 셰익스피

어나 베이컨 같은 문인을 배출해 문예부흥시대를 맞이한다. 17세기 초 스튜어트왕조 때 명예혁명에 성공하여 근대화를 최초의 국가가 되었다. 전 세계에 걸친 식민지경영, 산업혁명 수행, 의회정치 확립 등으로 초기자본주의의 전형을 대표하는 최고의 모범국이었다.

영국은 제1차 대전(1914~1918년)과 제2차 대전(1939~1945년)으로 많은 국력을 소모하여 국내외적 위기에 직면하였으나, 1950년대와 1960년대 초 경제성장으로 다시 번영을 누렸다. 정치적인 변동 속에서 왕실의 전통은 변함없이 이어지고 있고, EU(유럽연합)에 참여하면서도 자국화폐 파운드를 고집하였다. 1975년부터 북해유전에서 원유를 생산해 온 산유국의 지위와 더불어, 금융과 무역, IT 소프트웨어를 중심으로 한 경제 활성화를 통해 대영제국 영광을 재현하고자 한다. 1993년 11월 1일 창립된 EU(유럽연합) 회원국이었으나, 2016년 국민투표를 거쳐 브렉시트를 선언하였고, 2021년 탈퇴하였다.

2 자연환경

잉글랜드는 전 국토의 반 정도를 차지하고 있고, 평야가 많아 농업과 목축이 행해졌다. 중부 잉글랜드 평원은 유럽 대평원의 연속으로 볼 수 있는 평야이며, 템스 강 하류의 런던 분지가 중심이다. 남서부 웨일스 산지는 캠브리아 산맥(최고봉 스노든산 1,085m)을 제외하면 대부분이 준평원화한 구릉성 산지이다. 북부스코틀랜드 산지는 칼레도니아 산맥에 연하여 빙식작용을 받아 빙하호가 많고, 해안은 빙식의 피오르드가 발달하였다. 북아일랜드는 대개 구릉과 호수가 많다. 영국의 기후는 멕시코 난류와 편서풍의 영향으로 온난한 서안해양성기후이다. 강수량은 연중 거의 변화가 없고, 연강수량은 1,000㎜가 넘는데, 북동부 산간지방 1600mm 이상, 중동부 저지대 800mm 이하이다. 런던은 50°N에 위치하고 있지만, 비교적 온난하며 여름(7~9월) 평균기온 17℃ 전후, 겨울(11~2월) 평균기온 5℃ 안팎이다.

3 지역정보

❶ 런던

대영박물관

런던(London) 은 2천년의 유구한 역사를 자랑하는 영국의 수도이자 문화와 무역중심지이다. 웨스트민스터 궁, 사원과 세인트 마거릿 교회는 영국의 상징이다. 웨스트민스터 궁전은 템스강변에 면해 있는 신고딕양식 건물로 궁전이라는 명칭보다는 실제 용도인 국회의 사당으로 널리 알려져 있다. 빅벤(Big Ben)이 북쪽 끝에 위치하며 사방을 향한 4개 시계는 각각 직경 8m에 달하고, 98m 높이의 시계탑 끝에 도달하려면 334개 계단을 올라야 한다. 웨스트민스터사원은 건축 자체가 고딕건축 걸작으로 꼽히며, 왕실결혼식이나 추도식 등 주요 행사가 열리는 곳이자 역대 왕들의 묘가 안치되어 있다. 세인트 마거릿 교회는 웨스트민스터사원 옆에 위치한 작은 건물이지만, 중세고딕 양식의 전형을 보여준다.

버킹검 궁전은 트라팔가 광장의 서남쪽에 위치해 있는 영국 국왕의 런던 공식 거주지이다. 왕실 근위병 교대식으로 유명하다. 대영박물관은 세계 3대 박물관 중의 하나로 손꼽히며, 찬란한 꽃을 피웠던 전성기 때의 그리스와 고대 이집트 문화를 한눈에 볼 수 있는 유일한 곳이기도 하다. 런던 아이(London Eye)는 뉴 밀레니엄을 기념하는 원형 전망대이다. 템즈강변에서 런던의 '랜드마크' 역할을 하고 있으며, 직경 135m, 무게 1,500톤으로 꼭대기에서 360°로 도시 전체를 돌아 볼 수 있는 32개 유리캡슐형으로 만들어졌다.

❷ 옥스퍼드와 캠브리지

옥스퍼드(Oxford)는 세계적인 명성으로 알려진 대학도시이며, 런던 북서쪽 10㎞ 지점, 템즈 강 상류에 위치해 있다. 시내 곳곳에 40여개의 단과대학이 흩어져 있다. 어원적으로 Ox(소)와 ford(개울)이란 말이 합쳐진 것으로 '소들의 개울' 이라는 뜻이다. 12세기부터 영국의 학자들이 이곳에 모여들기 시작했고, 양털의 집산지에 불과했던 옥스퍼드는 13세기 때 최초의 칼리지가 창립됨으로써 대학도시로 발전하는 토대가 되었다.

캠브리지(Cambridge)는 런던 북쪽으로 약 82㎞, 캠 강(Cam River)가에 자리 잡고 있다.

1284년 칼리지 피터하우스가 개교한 이래 현재 3개의 여자 대학교와 2개 대학원을 포함해 32개 칼리지가 각 분야의 최고인재를 배출하고 있다. 각 대학이 모두 독립적으로 운영되고 있고, 아이작 뉴턴(Isaac Newton) 과 존 밀튼(John Milton), 스티븐 호킹(Stephen Hawking) 박사와 같은 최고 인재를 배출하였다.

❸ 스톤헨지

스톤헨지(Stonehenge)는 남부 솔즈베리평야 중앙에 있는 세계적인 거석문화의 표본이 되는 기념물이다. 20세기의 수차례에 걸친 유적발굴 결과, 연대와 구축배경이 밝혀졌다. 한 시기에 세워진 것이 아니라 단계적으로 건설되었고, 생성연대는 기원전 2800~기원전 1100년 무렵으로 추정된다.

❹ 웨일즈

카디프 성

웨일즈(Wales)는 1284년 영국합병 이전까지 독자적인 문화를 유지하였다. 웨일즈에서는 영어와 웨일즈어 모두를 공용어로 하고 있으나, 대부분 영어를 사용한다. 웨일즈에서 웨일즈를 웨일즈어로 '친구' 라는 뜻의 단어 'Cymru' 라고 표기하는 것처럼, 비교적 친절하다. 수도는 카디프(Cardiff)이며, 카디프 역사는 1세기까지 거슬러 올라간다. 카디프 성(Cardiff Castle) 을 비롯하여 남쪽 지방에 자리 잡고 있는 카에르필리 성(Caerpilly Castle), 북웨일즈의 중심부, 해안에 자리잡은 캐나펀 성(Caernarfon Castle), 북웨일즈 콘위마을에 자리 잡고 있는 콘위성(Conwy Castle) 등 성곽이 남아 있다.

❺ 스코틀랜드

에딘버러는 은빛 물결이 현란한 호수, 백 파이프, 고급 스카치 위스키 및 장엄한 절경의 산을 연상시키는 스코틀랜드의 주도이다. 인구 수의 약 30배에 해당하는 연간 관광객 1,300만 명이 찾는 관광도시다. 스코틀랜드 귀족의 고성과 왕조의 유산이 풍부한 곳으로 매년 8월 대축제가 개최된다. 여름축제 기간 동안, 시민을 만나는 것보다 세계 각지에서 온 여행자를 만나는 것이 더 쉽다는 말은 과장이 아니며, 에든버러 구도심의 로얄마일(Royal Mile)에서는 세계 여러 나라에서 모여 든 다양한 국적의 사람을 만날 수 있다.

글래스고(Glasgow)는 어둠의 도시에서 문화도시로 거듭난 도시다. 이곳은 19세기 섬유, 화학, 유리, 종이 등 경공업 발전 뿐 아니라 19세기 후반 조선과 기관차 제조 등 중공업 발달로 대영제국의 제2 도시로서 성장하였다. 1896년 지하철 개통, 1888년, 1901년, 1911년 박람회를 개최하여 당시 '세계 속의 도시' 로서 입지를 다졌다. 그러나 1960년대 이후 조선과 중공업 등 기반산업 쇠퇴를 겪었고, 1972년 '산업폐기도시' 라는 불명예를 받는 부정적 이미지를 얻었다. 빅토리아 시대의 상업건축물을 리모델링하여 도시환경개선에 집중하고, 1990년 유럽문화수도로 선정된 이래, 금융, 관광, 쇼핑산업의 중심지가 되어 영국에서 세 번째로 많은 관광객이 찾는 도시가 되었다.

❻ 북아일랜드 벨파스트

벨파스트(Belfast)는 북아일랜드의 주도로 과거 역사적 분쟁의 유물들이 남아있는 곳이다. 파셋 강(River Farset, 현재 복개되었음)을 가로지르는 여울을 지키기 위해 세워진 요새들이 모여 형성된 도시로 1604년 제임스 1세에 의해 치체스터(Chichester)경이 지배자로 배치되면서 도시모습을 갖추기 시작했다. 버려진 건물과 정치성 짙은 벽화, 차량제한구역, 보안검사와 무장한 순경과 같이, 과거 벨파스트의 거리를 걸었을 때 골칫거리는 현재 찾아볼 수 없다.

4 문화

❶ 민족과 언어

민족은 앵글로-색슨족(Anglo-Saxons)과 켈트족(Celts)이다. 앵글로-색슨(Anglo-Saxons)은 게르만족의 분파로 5세기경 영국을 침입한 앵글족, 주트족, 색슨족을 하나로 일컫는다. 공식 언어는 영어(English language)이다. 웨일스(Wales) 지방 인구의 19%는 웨일스(Wales)어를 사용한다. 영어는 인도유럽어족 게르만어파, 웨일스(Wales)어는 인도유럽어족 켈트어파에 속한다.

❷ 종교

영국은 다른 유럽국가와 마찬가지로 크리스트교 국가이다. 크리스트교가 65.9%이며, 그 중 개신교 53.4%(영국 성공회 43.5 %, 장로교 4.5%, 감리교 2.2%, 기타 3.2%), 가톨릭 9.8%, 정교회 1.0% 및 기타 크리스트교 1.7% 순이다. 이외에 이슬람교 2.6%, 힌두교 0.6%, 시크교0.5%, 유대교 0.5%, 기타 · 무교 29.9% 등이 다양하다.

❸ 음식

영국은 오랜 역사와 전통을 가진 나라이지만 음식 만큼은 유럽의 다른 나라들에 비해 특이하지 못하여, 대표 음식이라 할 만한 것이 적다. 영국 요리는 재료를 삶든가, 오븐에 넣어 익히는 방법을 사용하여 간단하게 하여 음식을 조리해 먹으며, 음식을 만들 때 조미료를 거의 사용하지 않고 먹기 전에 소금, 후추, 향신료를 뿌려 먹는다. 퍼브는 'Public House'의 약칭이며, 일반 시민의 휴식처, 사교클럽으로 1100년부터 전통을 유지하고 있다. 영국의 차 문화는 식민지였던 인도가 차재배지인 영향이 크며, 지금도 인도나 실론(현 스리랑카)의 차를 널리 마신다. 아삼, 다즐링, 우바, 얼그레이, 오렌지페코 등의 차에 우유를 넣어 마신다.

❹ 사회의 신사와 스포츠 훌리건

영국인의 예절은 영국 신사(Gentleman)라는 말로 표현되기도 하지만, 스포츠의 경우 악명 높은 훌리건이 많기로도 유명하다. 오늘날 인기 있는 스포츠는 영국에서 다른 대륙으로 건너간 것이 많고, 축구, 승마, 골프, 크리켓 등 많은 스포츠가 영군을 종주국으로 한다. 특히 훌리건은 축구장에서 난동을 부리는 무리를 말하며, 1960년대 초 실업자와 빈민층이 축구장에서 울분을 풀기 위해 난동을 부리는 일이 잦아지면서 사용되기 시작했다. 훌리건은 자신이 응원하는 팀이 패했을 때 뿐 아니라 승리한 경우에도 난동을 부리기도 한다. 영국인의 양면성은 영국인의 선조가 '호전적인 민족' 이었다는 데서 배경을 찾기도 한다.

5 기타

❶ 영국연방(Commonwealth of Nations)

영국연방은 영국 본국과 함께 캐나다, 오스트레일리아, 뉴질랜드 등 옛 영국식민지였던 54개의 국가(1개국 특별회원)로 구성된 국제기구이다. 줄여 '영연방'이라고 한다. 영국은 16세기 후반 엘리자베스 1세 여왕 치세에 지리상의 발견과 대항해에 동참해 식민지제국을 형성하였다. 18세기 캐나다를 통일해 대영제국의 식민지로 확정했고, 1788년 죄수를 시드니에 유배시켜 오스트레일리아를 식민지화하였다. 1600년 동인도회사를 세운 인도에 1877년 빅토리아 여왕이 인도황제로 즉위해 단순한 식민지가 아닌 연합의 성격을 이루었다. 1867년 캐나다를 자치령으로 승격하고, 오스트레일리아와 뉴질랜드도 자치령이 되어 영국 국왕에 충성한다는 공동취지하에 연방의 윤곽을 잡았다. 1947년 인디아와 파키스탄 등 다른 문화권의 국가가 독립하여 영연방에 가입함으로써 영연방은 문화다원주의로의 체제개혁이 불가피해졌다. 1950년 영연방 총회는 성명을 발표하고 '영국 국왕은 영연방의 수장이며 자유로운 결합의 상징'이라고 공포하였다. 홍콩은 영국식민지였지만 영국연방에 가입하지 않았고, 모잠비크는 영국식민지가 아니었으나(포르투갈 식민지) 영국연방 회원국이 되었다.

- 영국 국왕을 국가원수로 하고 있는 나라 : 영국, 캐나다, 오스트레일리아, 뉴질랜드 등
- 자국 대통령을 원수로 하는 나라(공화국) : 인도, 파키스탄, 가나, 키프로스, 케냐, 나이지리아, 싱가포르, 스리랑카 등
- 자국 국왕을 원수로 하고 있는 나라 : 말레이시아

❷ 영국국기

공식적으로 '유니언 기(Union Flag)'라는 이름으로 사용된다. 깃발은 연합왕국을 형성한 잉글랜드, 스코틀랜드, 아일랜드의 3국의 기를 조합하였다. 3국의 깃발은 모두 크리스트교에서 기원한 십자기이며, 중세 십자군원정 때부터 사용되었다. 잉글랜드 기는 '세인트 조지(Saint George)의 십자기', 스코틀랜드의 기는 '세인트 안드레의 십자기', 아일랜드(지금의 북아일랜드)의 기는 수호성인 '세인트 패트릭의 십자기'이다. 웨일스는 이미 13세기 이른 시기에 잉글랜드에 의해 병합된 상태였으므로 깃발조합에 제외되었다.

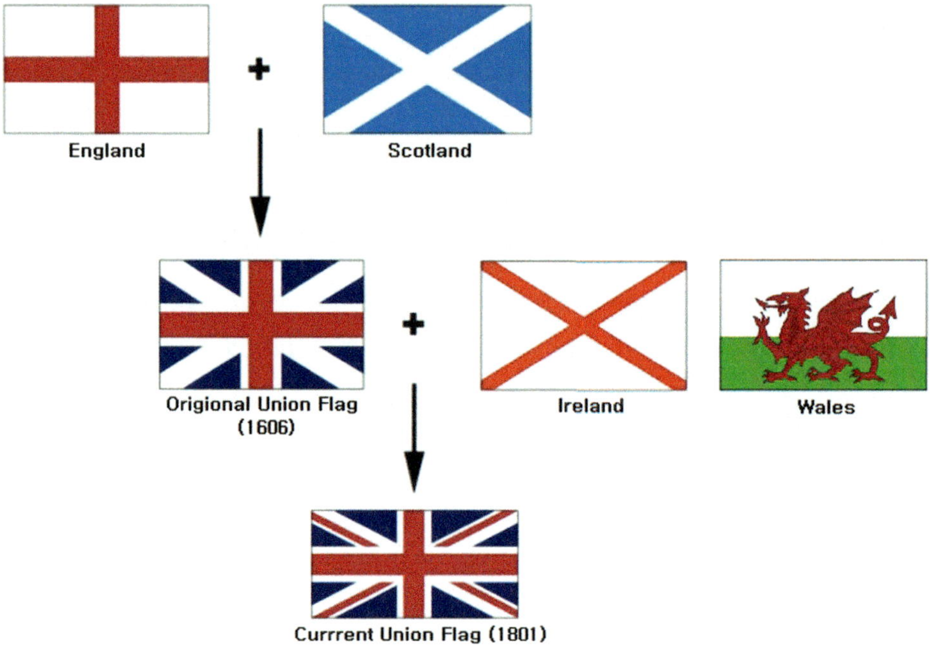

그림 3.1

❸ 세계유산

영국은 27건의 문화유산, 4건의 자연유산, 1건의 복합유산을 보유하고 있다. 수도 런던 주변은 웨스트민스터 궁, 사원과 세인트 마거릿 교회(Palace of Westminster and Westminster Abbey including Saint Margaret's Church, 1987/2008) 이외에도 런던 탑(Tower of London, 1988), 그리니치 해변(Maritime Greenwich, 1997) 및 교외의 스톤헨지와 에이브베리 거석 유적(Stonehenge, Avebury and Associated Sites, 1986) 등의 유산을 포함하고 있다. 또한 로마 제국 국경(Frontiers of the Roman Empire, 1987)은 독일과 영국의 공동유산이며, 베스(City of Bath, 1987)는 로마인들이 건설한 온천 도시의 가치를 지닌다. 목록에는 해외 영국령의 유산도 포함되어 있다. 남태평양의 핏케언 제도 핸더슨 섬(Henderson Island, 1988)과 대서양 남쪽 세인트헬레나, 어센션, 트리스탄다쿠냐(Saint Helena, Ascension and Tristan da Cunha) 제도에 위치한 고프 섬과 이낵세시블 섬(Gough and Inaccessible Islands, 1995)이 해당 사례이다.

2 프랑스

- **위치**: 서부 유럽
- **면적**: 643,801㎢
- **인구**: 66,259,012명 (2020년)
- **수도**: 파리(Paris)
- **정체**: 공화제
- **언어**: 프랑스어
- **통화**: 유로(EUR)
- **환율**: 1유로(EUR) = 1,342.35원 (2021년 2월)
- **종교**: 로마가톨릭교(83–88%), 이슬람교(5–10%), 개신교(2%), 유대교(1%), 무교(4%)
- **민족**: 골족(Gaul)
- **1인당 GDP**: 40,493.93달러 (2020년)

프랑스는 정식 국명은 프랑스공화국(Republique Francaise)이며, 국토는 대략 육각형 모형이며 동서와 남북 약 1000km 사이에 펼쳐진다. 지리적으로 동쪽은 이탈리아, 스위스, 독일, 북동쪽은 룩셈부르크와 벨기에와 접하고, 북서쪽은 영국해협을 건너 영국과 마주하고 있으며, 서쪽은 대서양, 남쪽은 지중해와 스페인(안도라 포함)으로 이어진다. 프랑스는 본토 뿐 아니라, 해외 프랑스령으로 마르티니크, 과들루프, 레위니옹, 프랑스령(領) 기아나 및 마요트가 있고, 그밖에 5개 해외공동체(프랑스령 폴리네시아, 생마르탱, 생바르텔레미, 생피에르 미클롱, 왈리스푸투나제도), 1개 특별 공동체(뉴칼레도니아)가 있다. 중앙아프리카, 콩고, 가봉, 세네갈, 차드 등과 프랑스공동체를 구성하고 있다. 프랑스 행정구역은 5개의 해외 속령(Overseas Regions)을 포함한 주 단위의 27개 레지옹(Regions)과 각 주 아래 101개 데파르트망(Departments)으로 구성된다.

1 역사배경

기원전 8세기경 켈트족(Celt)이 현재의 프랑스 영토에 이주해 정착하였다. 이 지역을 로마인들이 갈리아(Gallia)라고 부르면서 이 지역에 정착한 켈트족(Celt)을 갈리아족(Gallia)이라 불렀다. 갈리아족(Gallia)은 불어 명칭으로 골족(Gaule)이다. 기원전 121년부터 남부 프랑스 해안지역이 로마속령이 되었고, 나머지 골족(Gaule)의 지역은 기원전 58~51년에 걸쳐 시저(Caesar)에 의해 로마에 복속되었다. 이후 골족의 라틴화가 추진되었고, 골족의 고유문화에 로마문화가 이식된 갈로로망(Gallo-Romaine) 문화가 형성되었고, 이 시기 골족에게 보급되어 변형된 라틴어가 불어의 기원이다.

▲ 베르사유 궁전 앞 광장에 있는 루이 14세의 승마 조각상

프랑스 영토 갈리아는 로마가 쇠퇴기로 접어들면서, 게르만족의 침입을 받았고, 8세기 메로빙거(Mrovingiens) 왕조의 왕권이 카롤링거(Carolingiens) 왕조로 이어지면서 중세의 기틀을 마련하였다. 15세기 말, 부르고뉴와 브리타뉴가 발루아(Valois) 가문의 지배하에 오늘날의 영토면적이 만들어진다. 17세기는 '루이 14세의 세기'라 불리며, 부르봉 왕권은 국내외에서 이른바 '빛나는 군림(君臨)의 시대'를 맞이하여 절대왕권의 전성기를 이루었다. 루이 14세는 '태양왕' 으로 불렸고, 프랑스는 유럽 최고의 문화국이었다. 경제개혁 실패, 궁정의 재정낭비, 7년 전쟁(아메리카와 인도에서 일어난 영국과의 식민지 전쟁, 1756~63)에 패배한 결과 식민지를 상실하는 등 국위가 실추되었고, 루이16세와 마리 앙투아네트의 지나친 낭비로 신뢰를 상실하였다. 1789년 왕정을 폐지하고 공화정을 수립하는 프랑스 대혁명을 맞게 되지만, 자코뱅파(Jacobins)와 지롱드파의 암투 속에 암흑정국이 나타난다. 이때 나폴레옹(Napoleon)에게 정권이 이전되었고, 나폴레옹은 최초로 대통령이 되었고, 황제로 프랑스를 지배하였다. 나폴레옹의 군사원정은 1815년 워털루(Waterloo) 전투에서 치명타를 입었고, 헬레나섬에 유배되어 죽는다. 프랑스는 왕정의 반동정책과 신흥계급의 혁명적 열기로 1830년 7월 혁명에서 1848년 2월 혁명 시대로 접어든다. 프랑스는 이 시기에 근대국가의 기초를 확립하였고, 시민들의 봉기에 의한 선거권이 보장되었고, 대통령제를 기본으로 하는 헌법이 성립되었다. 20세기 이후 대통령 샤를르 드골(Charles de Gaulle)의 이른바 드골 헌법을 바탕으로 한 '제5공화국'은 강력한 권력을 장악하였고, 1962년 7월 알제리 독립, EEC(유럽경제공동체)의 중심적 역할을 하였고, 중국과도 외교관계를 수립하였다.

2 자연환경

지형은 산지와 평지로 구분된다. 산지는 이탈리아 · 스위스 국경지대에 높이 솟아 있는 알프스 산맥, 스페인과 국경을 이루는 피레네 산맥의 양대 습곡산맥(알프스 조산운동) 이외에도 마시프상트랄(중앙산지), 북동부의 보주와 아르덴 산맥 등 준평원화한 산지가 있다. 이러한 산악지대는 국경 일부분에 국한되고, 국토 대부분은 평야와 구릉지로 이루어져 있다. 기후는 해양성과 대륙성기후의 중간 형태이며, 사계절이 뚜렷하다. 북부의 겨울은 길며 최저기온은 0℃ 전후, 최고기온이 6~7℃ 정도이므로 겨울 날씨가 다른 유럽 국가에 비해 추운편이 아니다. 여름의 최고기온은 24~25℃ 정도, 7~8월부터 여름이 시작된다. 남부지방은 지중해성 기후이므로, 북부에 비해 겨울은 약 4℃, 여름은 약 3℃ 높다. 대서양 연안은 해양성기후, 알프스지방은 겨울이 긴 대륙성기후, 마르세유는 온난한 지중해성기후이다.

3 지역정보

❶ 파리

파리(Paris)는 '예술과 낭만의 도시' 로 고대의 유적, 중세의 장엄함, 근대, 현대 그리고 미래의 문화가 함께 숨쉬는 곳이다. 파리 방문의 묘미는 파리 센 강변 유명명소를 걸어보는 것, 파리의 유명한 박물관과 건축물을 살펴보는 것, 파리의 유명한 패션이나 명품을 확인해 보는 것, 파리의 먹을거리를 중심으로 체험하는 것 등이다. '파리의 센 강변'은 파리 시내를 관통하는 센 강의 강둑에 산재되어 있는 프랑스의 걸작이 모여 있는 구간을 말하며, 유네스코 세계유산에 등재되어 있다. 파리의 중심 부분에 해당하는 하류의 생루이 섬(Île Saint-Louis)부터 시뉴 섬(Île aux Cygnes) 전까지 구간 주변부에 있는 주요한 건축물로 구성되어 있는데, 노트르담대성당, 생트샤펠성당, 루브르박물관, 콩코르드광장, 에콜 밀리테르(프랑스 육군사관학교), 샹젤리제거리와 그랑팔레, 에펠 탑, 샤요궁 같은 걸작이 분포되어 있다. 노트르담대성당은 프랑스 고딕양식의 걸작이며, 내부는 스테인드글라스로 되어 있고, 색이 아름다워 '장미창'이라고도 부른다. 1789년 프랑스 혁명으로 건물에 파손이 생겨 방치되다가 1831년 빅토르 위고가 소설 〈노트르담 드 파리〉에서 대성당을 주요 배경으로 다루면서 관심을 모았다. 안타깝게도, 2019년 4

▲ 콩코르드광장

월 15일 오후 6시 50분(한국 시간 오전 1시 50분) 화재가 발생되어 지붕과 첨탑이 붕괴되었다.

루브르박물관(Musée du Louvre)은 옛 루브르궁 건물이며, 16세기 초 예술에 관심을 둔 프랑수아 1세가 레오나르도 다 빈치의 〈모나리자〉를 비롯한 이탈리아 거장의 작품과 고대 작품을 수집하여 궁전에 전시하면서 역사가 시작되었고, 왕궁이 베르사유궁전으로 옮겨간 후 왕실미술품을 관리하는 공간이 되었다. 1980년대 루브르 궁전전체를 박물관으로 이용하기 위한 계획의 일환으로 박물관출입구이자 루브르상징이 된 유리피라미드가 세워졌다.

콩코르드광장(Place de la Concorde)은 동서길이 360m, 남북길이 210m. 파리에서 가장 큰 광장으로, 중앙에 이집트로부터 기증받은 룩소르의 오벨리스크(Obelisk)가 서 있고 분수가 있다. 루이 16세와 마리 앙투아네트 등 1,000여 명이 처형된 곳이다. 샹젤리제 거리(des Champs Élysées)는 개선문에서 콩코르드 광장까지 일직선으로 뻗어 있는 거리이며, 프랑스인들이 세계에서 가장 아름다운 거리라고 자부하는 명소이자 파리 시내 최대 번화가다.

개선문(Triumphal Arch)은 파리 시내 북서부, 샤를 드골 광장 중앙에 서있으며 에펠탑과 함께 파리를 상징하는 대표적인 명소다. 개선문이 있는 광장은 방사형으로 뻗은 12개의 도로가 마치 별과 같은 모양을 이루고 있다고 해서 과거 에투알(Etoilé, 별) 광장이라고 불렸다. 그 이름대로, 프랑스군의 승리와 영광을 기념하기 위해 황제 나폴레옹 1세의 명령으로 건립되었다. 나폴레옹 1세는 1821년 세인트 헬레나 섬에서 숨을 거둬 완성된 개선문을 보지 못했지만, 유해는 1840년 개선문을 지나 파리로 귀환해 앵발리드에 매장되었다. 에펠탑(Eiffel Tower)은 1889년 만국박람회장에 세워진 높은 철탑이며, 프랑스의 구스타브 에펠(Gustave Eiffel)의 이름을 따서 명명되었다. 파리의 경치를 해치는 것이라고 해서 완공 당시 모파상과 같은 예술가와 지식인에게 비판을 받았으나 지금까지 상징으로 우뚝 서 있다.

오르세미술관(Orsay Museum)은 1900년 개최된 파리만국박람회를 계기로 파리국립미술학교 건축학 교수 빅토르 랄로에 의하여 만들어진 역사(驛舍)였으나 1939년 문을 닫게 된 이후 방치되었다가 미술관 형태로 내부가 변경되어 1986년 12월 '오르세미술관'으로 개관되었다. 인상파 회화를 비롯한 19세기 미술작품을 주로 전시하고 있다. 밀레의 〈이삭줍기〉와 〈만종〉, 마네의 〈피리부는 소년〉, 로댕의 〈지옥의 문〉, 고흐의 〈화가의 방〉, 세잔의 〈카드놀이를 하는 남자들〉, 고갱의 〈타이티의 여인들〉 등이 유명하다.

❷ 베르사유

베르사유(Versailles)는 찬란했던 절대 왕권 절정기의 상징으로 파리 서남쪽 23㎞에 있는 절대주의 왕권의 영화를 상징하는 대궁전이다. 이곳은 1682년부터 1789년까지 프랑스의 정치적 수도이자 통치 본부였다. 프랑스 역사상 최고의 왕권을 누렸던 '태양왕' 루이 14세는 프롱드의 난 이후, 파리의 루브르궁에 싫증을 느껴 사냥터였던 베르사유에 화려한 궁전을 짓고 방대한 정원을 조성하여 거처를 이곳으로 옮겼다. 베르사유(Palace and Park of Versailles)는 1979년 유네스코 세계문화유산에 등재되었다.

❸ 샤모니 몽블랑(Chamonix Mont-Blanc)

샤모니는 스위스와 이탈리아 국경에 인접한 몽블랑(Mont-Blanc, 해발 4,807m) 기슭 해발 1,038m에 위치한 프랑스 남동부 소도시이다 .이탈리아어로 몬테 비앙코(Monte Bianco)라고 하며, 1924년 제1회 동계올림픽을 계기로 전 세계에 알려지게 되었다. 몽블랑의

에귀 뒤 미디 봉

전망을 즐길 수 있는 에귀 뒤 미디 봉(Aiguille Du Midi, 해발 3842m)까지 올라가는 로프웨이가 있고, 11.5㎞의 몽블랑 터널을 통과하면 이탈리아 쪽으로 갈 수 있다.

④ 니스

니스(Nice)는 남동부 알프마리팀주의 주도로 유럽 제일의 휴양도시다. 모나코에서 마르세이유까지 지중해 연안을 지칭하는 '코트 다쥬르(Cote D'azur)'의 중심도시다. 이곳은 꽃, 향수 및 올리브유가 주산물이며, 연평균 17℃로 온난하고 풍경이 아름다워 방문객이 끊이지 않는다. 니스는 알프스에서의 스키와 여름철 해수욕으로 별장이 많고, 카지노와 호텔리조트 등 위락시설이 잘 정비되어 있다.

⑤ 칸

칸(Cannes)은 '코트 다쥬르' 의 국제관광도시이다. '국제영화제' 가 열리는 도시로 유명하다. 5월마다 열리는 칸 국제영화제는 세계인이 주목하는 영화제로서 많은 영화배우나 스타가 한곳에 모인다. 세계적인 유명 인사의 별장과 요트가 줄지어 있다.

4 문화

① 민족과 언어

프랑스어는 프랑스인의 정신을 담고 있고, 프랑스어에 대한 자존심이 강하다. 프랑스는 표준 프랑스어와 매우 다른 브르타뉴어(웨일스에 가까운 셀틱 언어)와 알자스어(독일어 방언) 같은 언어를 포함하고 있다. 이미 독립한 프랑스 식민지에서도 프랑스어가 대부분 사용되고 있으며, 벨기에 남부, 스위스 서부도 프랑스어권에 속한다. UN(국제연합)을 비롯하여 많은 국제회의에서도 영어와 나란히 공용어로 사용되고 있다.

❷ 종교

프랑스의 종교는 가톨릭교 76.3%, 이슬람교 6.3%, 개신교 2.9%, 기타 14.5%로 구성된다. 과거 '바티칸의 장녀'라고 불릴 정도로 가톨릭 신자가 많았으나, 세계 최초로 국교 제도를 폐지한 나라로 '종교의 자유' 를 인정하는 것이 특징이다. 총인구의 3/4이 가톨릭교도이지만, 개신교의 경우 여러 종파로 나누어져 있고, 유대교도도 주요 도시에 거주한다.

❸ 전통음식과 카페문화

프랑스 음식은 이탈리아 메디치가의 왕녀가 프랑스로 시집오면서 이탈리아의 요리법을 전수 받아 발달하였고 사치스럽다. 서유럽의 음식문화는 중세를 거쳐 르네상스 시기까지 음식문화의 주도권을 잡았던 이탈리아와 프랑스를 중심으로 이뤄졌다고 볼 수 있다. 프랑스는 지중해와 대서양에 면하고 있어서 기후가 온화하며, 농산물, 축산물, 수산물이 모두 풍부하여 요리에 좋은 재료를 제공하고 있다. 프랑스 요리의 특징은 소재를 충분히 살리고 합리적이며 고도의 기술을 구사하여 섬세한 맛을 내는 데 있고, 전통적인 포도주, 향신료, 소스가 역할을 한다. 와인은 요리와 매우 밀접한 관계가 있다. 일반적으로 백포도주는 생선요리, 적포도주는 육류요리, 중간색인분홍색포도주는 양쪽 요리에 적합하다고 한다.

카페 혹은 비스트로(대중음식점)는 프랑스의 명물이다. 프랑스의 문화는 카페에서 탄생했다는 말이 있을 정도로 카페는 토론과 대화의 장소이다. 카페는 루브르 박물관, 프랑스 요리와 더불어 프랑스를 상징하는 3대 문화이기도 하다. 프랑스카페 문화의 정수를 느끼고 싶다면 생 미셸(St-Michel) 거리에서 조금 떨어진 생 제르맹 데 프레 성당(Saint-Germain-des-Prés)이 있는 거리를 찾아간다. 카페 레 되 마고(Cafe Les Deux Magot)는 1885년 오픈 이래, 앙드레 지드나 피카소(Pablo Ruiz Picasso)가 자주 들린 곳이며, 카페 드 플로르(Cafe de flore)는 1880년대 개업한 이래, 유명한 작가와 철학자들이 즐겨 모인 장소이다.

▲ 생 제르맹 데 프레 성당

5 기타

❶ TGV

TGV(테제베, Train à Grande Vitesse)는 고속철도이다. 1964년 개통된 신칸센(新幹線)에 이어 세계에서 두 번째이며 1981년 개통되었다. TGV는 프랑스의 수도 파리를 중심으로 주요 국제도시를 거미줄처럼 연결하고 있고, 스페인, 이탈리아, 독일, 네덜란드 같은 주변국과 연결되고 도버해협의 해저터널도 이용되고 있다. TGV의 순간 최고 속도는 515.3km/h, 영업 속도는 약 300km/h이다. TGV 국제열차는 프랑스에서 벨기에, 룩셈부르크, 독일, 이탈리아 및 스페인까지 운행되고 있고, TGV Lyria는 프랑스에서 스위스로 운행하는 열차이다.

❷ 세계유산

▲ 에펠탑

프랑스는 39건의 문화유산, 5건의 자연유산, 1건의 복합유산을 보유하고 있다. 문화유산으로는 루이 14세와 루이 16세가 거주했던 궁전으로 내부 장식, 조경, 건축미가 탁월한 대표사례로서 베르사유 궁원과 정원(Palace and Park of Versailles, 1979), 12-13세기의 스테인드글라스가 돋보이는 고딕양식의 샤르트르 대성당(Chartres Cathedral, 1979), 루브르, 에펠탑, 콩코드 광장, 그랑팔레 등 파리의 센 강변(Banks of the Seine in Paris, 1991), 프랑스 남부의 아비뇽 역사 지구(Historic Centre of Avignon, 1995), 까르까손느 역사도시(Historic Fortified City of Carcassonne, 1997), 리용 유적지(Historic site of Lyon, 1998), 오스트리아, 독일, 이탈리아, 슬로베니아, 스위스와 공동으로 지정된 알프스주변의 선사시대 호상가옥(Prehistoric Pile dwellings around the Alps, 2011) 등이 있다.

자연유산은 포르토 만 : 피아나의 칼랑슈, 지롤라타 만, 스캉돌라 자연 보호 지역(Gulf of Porto : Calanche of Piana, Gulf of Girolata, Scandola Reserve, 1983), 누벨칼레도니 섬의 석호 : 다양한 산호초와 생태계(Lagoons of New Caledonia : Reef Diversity and Associated Ecosystems, 2008), 레위니옹 섬의 피통, 시르크, 랑파르(Pitons, cirques and remparts of Reunion Island, 2010), 복합유산은 피레네 산맥 - 몽 페르뒤 산(Pyrénées-Mont Perdu, 1997)이 있다.

❸ 소국 – 모나코(Monaco, Principality of Monaco)

유럽 남부 지중해 연안에 있는 공국(公國)으로 정식 명칭은 모나코공국(Principality of Monaco)이다. 지중해 연안의 프랑스와 이탈리아 접경지역에 위치하고, 니스로부터 동쪽으로 약 15km 떨어져 있다. 해안선 길이 4km이며, 면적 1.95㎢, 인구 38,300명이다(2020년 기준), 수도는 모나코(Monaco)이다. 프랑스계 47%, 이탈리아계 16% 모나코인 16%로 구성되어 있다. 프랑스어가 공용어로 지정되어 있고, 가톨릭교를 국교로 신봉하고 있다.

로마시대부터 무역항으로 번영하였고, 1861년 프랑스-모나코조약으로 프랑스 보호 하에 독립하였다. 1856년 모나코의 재원 확보를 위해 카지노가 만들어진 몬테 카를로(Monte Carlo)와 모나코왕궁이 유명하다. 일반 세금이 없이 국가 수입의 대부분을 관광, 카지노, 기념품 판매로 충당하고 있다. 현 국왕은 2005년 7위 즉위한 알베르 2세이다. 전왕과 왕비는 레니에 3세와 그레이스 켈리(Grace Kelly)이다. 그레이스 켈리(Grace Kelly)는 미국 펜실베이니아 필라델피아 출생의 영화배우이자 모나코의 왕비(1929~1982)였다. 영화 〈다이얼 M을 돌려라〉, 〈이창〉, 〈갈채〉 등에서 미모와 연기로 인기를 끌었고, 1954년 아카데미 여우주연상을 수상했다. 1956년 레니에 3세와 결혼하였고, 1982년 교통사고로 사망하였다.

3 벨기에

- **위치 :** 유럽 북서부
- **면적 :** 30,528㎢
- **인구 :** 11,589,616명 (2020년)
- **수도 :** 브뤼셀(Brussel)
- **정체 :** 입헌군주제
- **언어 :** 북부 네덜란드어, 남부 불어, 독일어
- **통화 :** 유로(EUR)
- **환율 :** 1유로(EUR) = 1,342.35원 (2021년 2월)
- **민족 :** 플라망족(55%, 네덜란드어 사용), 왈롱족(41%, 프랑스어 사용)
- **종교 :** 로마가톨릭교(75%)
- **1인당 GDP :** 46,116.7달러 (2020년)

벨기에의 정식 국명은 벨기에왕국(Kingdom of Belgium)이며, 영어로 벨지움(Belgium)이이라고 한다. 북부와 동부는 네덜란드와 독일, 남부는 룩셈부르크, 서부는 프랑스와 접하고 북서부는 북해에 면한다. 네덜란드와는 지형적으로나 정치적으로 관계가 깊어 이 두 나라를 '저지국(The Low Countries)' 이라고 한다. 1948년 네덜란드, 룩셈부르크와 함께 베네룩스(Benelux)를 결성한 것을 비롯하여 북대서양조약기구(NATO)와 EU(유럽연합)에도 가입하였다. 행정구역은 10개주(province), 3개구(region)로 이루어져 있다.

1 역사배경

기원전 57년 로마 시저(Caesar)에 의해 정복되어 로마제국의 속령이 된 이래 로마인의 지배가 5세기 초엽까지 지속되었다. 8~9세기경 벨기에 지역은 샤를마뉴 제국의 일부였으나 여러 제후의 공국으로 바뀌었다. 14세기 후반 프랑스 부르군디(Burgundy) 공국이 이 지역 지배권을 장악했고, 15세기 후반 부르군디 공국의 주변강국과의 혼인정책으로 벨기에와 네덜란드 지역은 18세기 말까지 오스트리아와 스페인 지배를 받았다. 스페인의 왕위계승 전쟁 결과, 벨기에 지역은 프랑스의 지배를 받았다. 나폴레옹의 워털루 패전 후, 벨기에와 네덜란드가 통합된 '저지국' 이 건국되었으나, 벨기에는 네덜란드 왕 윌리암 1세의 지배를 받게 되었다. 신교를 강요한 왕정에 대항하여 구교 중심의 왈롱지역과 플랜더스 자유주의자들이 동맹을 결성하고 1830년 독립을 선포하였다. 독립 때 플랜더스 지방을 포함한 지역 전체가 불어를 공식 언어로 사용한 단일국가를 형성했으나, 19세기 중엽부터 불어의 독점적 지배에 대한 저항이 발생해 제1차 대전 이후 오늘날 같은 언어권(플랜더스 : 네덜란드어, 왈롱 : 불어, 브뤼셀 : 이중 언어)으로 분리됐다. 1940~1945년 동안 나치 독일지배에 있었으며, 1947년 벨기에, 네덜란드, 룩셈부르크 간 관세동맹이 결성되었다. 1970년대 양대 언어권인 불어계와 네덜란드계 주민 간 대립이 첨예화된 불안정한 연정이 계속되었으나, 1993년 헌법 개정을 통해 연방국가로 강화를 도모하여 오늘에 이른다.

2 자연환경

벨기에는 북해에 돌출된 라인 강 삼각주의 남쪽에 위치하며, 지리적으로 북해 연안의 북부저지, 중부저위대지로서 구릉지대, 아르덴 고원 등 3개 지대로 구분된다. 서안

▲ 브뤼셀

해양성 기후를 나타내고 있으나, 지역별로 대륙성 기후를 보이기도 한다. 연중 비가 많이 내리며, 여름은 일교차가 크고 서늘하다. 벨기에 방문 최적기는 6~9월이며, 봄이 시작되는 4~5월도 양호하며, 가을은 단풍이 들면서 쾌적한 드라이브 시즌이 된다.

3 지역정보

❶ 브뤼셀

브뤼셀(Brussel)은 벨기에의 정치, 경제, 문화, 교통의 중심지이다. 브뤼셀은 유럽연합(EU) 본부가 위치한 도시이기도 하다. 지리적으로 런던에서 316km, 파리에서 308km, 암스테르담에서 202km, 쾰른에서 219km, 룩셈부르크에서 213km, 코펜하겐에서 924km의 거리를 두고 주요 유럽국가의 거의 중앙에 자리 잡고 있다. 브뤼셀이 EU와 북대서양조약기구(NATO) 같은 여러 국제기구가 자리 잡은 유럽의 중심도시가 된 것이 지리적 배경에서는 아니었지만, 위치적 이점도 고려되었을 만하다. 도보로 시내 곳곳을 관광할 수 있을 정도이며, 명소도 시내에서 멀리 떨어지지 않은 것이 특징이다. 상점이 즐비한 상업구의 중앙부에 세계에서 가장 아름다운 광장이라는 그랑 플라스가 있고, 근

오줌 누는 소년

처에 유명한 〈오줌 누는 소년((Manneken Pis)〉 청동상이 서 있다. 브뤼셀 그랑 플라스와 주변 건축은 1998년 유네스코 세계유산에 등재되었다. 그랑 플라스(Grand Place)는 장방형의 광장에서 일년 내내 시민의 즐거움이 되는 이벤트가 끊이지 않는 곳이다. 빅토르 위고가 '세계에서 가장 아름다운 광장' 이라는 극찬한 바 있으며, 동서 110m, 남북 70m의 브뤼셀의 핵심이다. 광장을 중심으로 시청사(Hotel de Ville), 왕의 집(Maison du Roi), 길드 하우스가 둘러싸고 있다.

❷ 안트베르펜

안트베르펜(Antwerpen)은 벨기에 북부 플랑드르(플란더스) 지방 안트베르펜 주의 주도이다. 영어 이름은 앤트워프(Antwerp)이며, 15세기 베니스나 플로렌스, 제노바에 버금갈 정도로 발달한 예술도시로 과거의 영화가 남아있는 도시이다. 이곳은 다이아몬드 세공기술에 있어 암스테르담과 같이 세계시장을 독점하며, 제2의 경제적 번영기를 맞이하였다. 제2차 대전 중에 도시가 폐허가 되었으나 대성당과 그랑플라스, 루벤스의 집을 과거 모습으로 완벽히 재현하였다. 1920년 제7회 올림픽경기대회가 개최된 곳이다.

4 문화

❶ 민족과 언어

벨기에 혈통은 게르만 혈통의 네덜란드계 플라망과 라틴계 혈통의 왈롱, 소규모 독일계까지 다양하다. 구성은 플라망족 55%, 왈롱족 41%, 기타 4%이다. 플라망족은 북부에 많이 거주하며 네덜란드어를 사용한다. 왈롱족은 남부에 많이 거주하며 프랑스어를 사용하고 전체 인구 가운데 구성 비율이 약 41% 수준이다. 나머지 기타 민족의 구성비는 4%이다. 언어는 네덜란드어, 프랑스어, 독일어 3개 언어가 공용어이고, 공적 출판물은 네덜란드와 프랑스 2개 언어로 표기된다. 독립 당시 헌법상 네덜란드어(플라망족)와 프랑스어(왈롱족)가 대등하게 인정되었고, 인구와 경제력에서 우세한 남부중심의 프랑스어가 공용어로 부각되었지만, 북부 플라망어 공용화운동에 따라 1898년 네덜란드어(플라망족)도 공용어가 되었다.

❷ 종교

벨기에는 약 75%가 가톨릭을 믿고, 유대교, 개신교, 성공회, 정교, 이슬람교 등 6개 종교가 공식종교로 인정받아 정부지원을 받고 있다. 가톨릭을 믿는 신자 수가 줄고 있지만, 북아프리카와 터키에서 이주해온 수니파 이슬람교도 수는 증가하고 있다.

❸ 음식

벨기에는 북해 해안에 인접해 있기 때문에 해산물 요리가 알려져 있다. 홍합요리는 프랑스와 더불어 많은 방문자가 찾는 요리이다. '리츠' 는 우리가 일반적으로 알고 있는 감자튀김의 일종이며, 우리가 즐겨먹는 '와플' 의 이름이 벨기에서 유래되었다.

5 기타

❶ 초콜릿의 천국, 벨기에 브뤼셀

고디바(Godiva), 노이하우스(Neuhaus), 길리안(Guylian), 레오니다스(Leonidas)는 벨기에의 초콜릿을 유명하게 만든 이름으로 전 세계적인 명성을 자랑하는 초콜릿명품 브랜드이다. 질 좋은 코팅용 초콜릿을 생산하는 깔리보 역시 유명하다. 벨기에 초콜릿의 심벌은 단맛이 강하고 부드러운 질감이 특징인 프랄린(Praline) 초콜릿이다. 프랄린 초콜릿은 안에 프랄랭이나 크림, 견과류 등을 채워 넣고 초콜릿을 씌워 만드는 작은 미니 초콜릿이며, 맛과 아름다운 갖가지 모양으로 전 세계인의 눈과 입맛을 사로잡고 있다.

❷ 플랜더스의 개(A Dog of Flanders)

소년 네로(Nello)와 개 파트라슈(Patrasche)의 이야기를 그린 위다(Ouida)의 소설이다. 1953년 최초 출판되었고, 1975년 일본 쿠로다 요시오 감독이 TV 애니메이션 '플랜더스의 개'로 각색했다. 네로는 벨기에 플랜더스 안트베르펜 근처 작은 마을에서 할아버지 다스와 함께 거주한다. 둘은 주인으로부터 버림받은 개 파트라슈를 발견해 키우게 되고, 네로와 파트라슈는 수레를 끌며 우유를 팔면서 생계를 이어간다. 네로는 화가의 꿈을 갖고 있고, 친구 아로아의 초상화를 그려준다. 부유한 곡물상인 아로아의 아버지는 딸이 네로와 어울리는 것을 반기지 않는다. 할아버지가 돌아가시고, 방화범의 누명이 문제가 되어 네로와 파트라슈는 지역 유지 아로아 아버지에 의해 마을에서 추방당한다. 추운 겨울날, 네로는 보고 싶어 했지만 돈이 없어 볼 수 없던 성당의 루벤스 그

▲ 투르네의 노트르담 대성당

림을 우연히 볼 수 있게 된다. 다음 날 사람들이 성당 그림 앞에 죽어있는 네로와 파트라슈를 발견한다.

❸ 유럽의 수도가 지역 사회에 미치는 영향

국제기구가 벨기에 브뤼셀 경제에 차지하는 비중은 매우 크다. EU관련 국제기구 형성은 임대료와 고용창출을 비롯하여 이사회를 위해 각 회원국 대표단의 방문시의 임대료 수입, EU지역과의 무역을 위한 기업 입주, 외국인 유입에 따른 국제적 인구 증가, 주변 상권형성에 따른 각종 경제효과 유발하면서 브뤼셀 경제에 큰 수익을 가져왔다. 반면 지역사회의 분열을 초래한다는 우려의 시각도 있다. 지가상승과 국제화로 인해 이 지역에 거주하던 브뤼셀 시민을 타지로 몰아냈고, 브뤼셀에서 부유층 외국인만의 장소처럼 변질될 것이라는 우려이다.

❹ 세계유산

벨기에는 브뤼셀의 그랑 플라스(La Grand-Place, Brussels)를 포함하여 12건의 문화유산과 1건의 자연유산(공동등재)을 보유하고 있다.

문화유산

- 브뤼셀의 그랑플라스(La Grand-Place, Brussels, 1998)
- 상트르 운하, 4개의 리프트와 주변 지역(The Four Lifts on the Canal du Centre and their Environs, La Louviere and Le Roeulx(Hainaut), 1998)
- 플랑드르 지방의 베긴회 수녀원(Flemish Beguinages, 1998)

- 벨기에와 프랑스의 종루(Belfries of Belgium and France, 1999/2005)
- 건축가 빅토르 오르타의 저택
  (Major Town Houses of the Architect Victor Horta (Brussels), 2000)
- 브루게 역사지구(Historic Centre of Brugge, 2000)
- 스피엔네스의 신석기시대 플린트 광산(몽스)(Neolithic Flint Mines at Spiennes(Mons), 2000)
- 투르네의 노트르담 대성당([Notre-Dame Cathedral in Tournai, 2000)
- 플랑탱-모레투스 박물관(Plantin-Moretus House-Workshops-Museum Complex, 2005)
- 스토클레 저택(Stoclet House, 2009)
- 왈로니아의 광산 유적(Major Mining Sites of Wallonia, 2012)
- 르코르뷔지에의 건축 작품, 모더니즘 운동에 관한 탁월한 기여(The Architectural Work of Le Corbusier, an Outstanding Contribution to the Modern Movement, 2016, 7개국)

자연유산

- 카르파티아 및 유럽의 기타 지역에 생육하는 고대 및 원시 너도밤나무 숲
  (Ancient and Primeval Beech Forests of the Carpathians and Other Regions of Europe, 2007/2011/2017, 12개국 공동등재)

4 네델란드

- **위치**: 유럽 북서부
- **면적**: 41,543㎢
- **인구**: 17,134,873명 (2020년)
- **수도**: 암스테르담(Amsterdam)
- **정체**: 입헌군주제
- **언어**: 네덜란드어(영어, 불어, 독일어 통용)
- **통화**: 유로(EUR)
- **환율**: 1유로(EUR) = 1,342.35원 (2021년 2월)
- **민족**: 네덜란드 민족(게르만족의 분파)
- **종교**: 가톨릭(31%), 네덜란드 개신교(14%), 칼뱅(Calvin)파(7%), 기타(8%)
- **1인당 GDP**: 52,447.83달러 (2020년)

네덜란드의 정식 국명은 네덜란드 왕국(Kingdom of the Netherlands)이다. 동쪽으로는 독일, 남쪽으로는 벨기에와 접하며, 서쪽과 북쪽은 북해와 접한다. 속령으로 카리브 해에 네덜란드령 앤틸리스제도(5개 섬으로 구성)와 아루바 섬이 있다. 네덜란드는 국토의

25%가 바다보다 낮은 나라로 유럽에서 인구밀도가 높기로 유명하지만, 높은 경제수준의 선진국이다. 일반적으로 'Holland' 로도 하며, 북대서양조약기구(NATO)와 유럽경제공동체(EEC, 현재 EU)의 창립국이다. 행정구역은 12개 주(Provincie)로 이루어져 있다.

1 역사배경

네덜란드는 4세기 경 로마제국 밑에서 프랑크인, 켈트인, 섹슨인이 동남부 지역으로 이주를 하면서 5개 인종 중심의 부족국가를 형성하였다. 6~7세기경 부족공동체 형태의 생활을 영위하였고, 8세기 때 프랑크왕국 점령과 함께 네덜란드지역에 대한 크리스트교 개종 작업이 본격화되었다. 프랑크 왕 카를대제(Charlemagne) 사후, 유럽 영토는 독일, 프랑스 및 이탈리아 등 3개 지역으로 분할되었고, 네덜란드는 독일에 편입되었다. 독일 편입 후에도 중앙정부와 거리가 멀었기 때문에, 중앙간섭 없이 부족공동체 생활을 영위하였고, 15세기까지 발전기틀을 마련하였다. 이후 웨스트팔리아 평화 조약(1648)에 의해 홀랜드, 제이란트, 유트레흐트, 프리슬란트, 흐로닝언, 오버에이썰 및 헬더란트라고 하는 7개의 독립군주로 구성된 지방연합공화국이 독립국가로 인정되었다.

17세기에 '황금기'를 맞이하며, 1602년 동남아와의 교역과 해상운송사업을 위해 설립된 동인도회사가 오랜 기간 동안 세계 최대의 민간 기업이 되었고, 이것은 세계 최초의 다국적 기업이라고 할 수 있다. 1795년 프랑스 혁명군에 의해 점령되어 '바타비안 공화국' 이라는 이름의 속국으로 전락했고, 1806년 나폴레옹이 그의 동생 루이 나폴레옹을 지금 홀랜드 왕국이라고 불리게 된 곳의 왕으로 앉혔다. 네덜란드는 1813년 나폴레옹제국 멸망 후, 재독립했다. 1814년 네덜란드 왕국은 현재의 네덜란드와 벨기에가 합쳐있었다. 헌법 제정을 계기로 하여 의회제도를 갖춘 입헌군주제가 탄생하였고, 1830년 네덜란드 남부를 분리시켜 '벨기에' 라는 국가를 분리하였다. 네덜란드는 제1차 대전(1914~1918) 때 중립을 지켰고, 제2차 대전이 발발한 이후에도 중립정책을 표방하였으나, 1940년 독일 침공을 받아 5년 간 정복당하였다. 네덜란드는 제2차 대전 때까지 다수 식민지를 거느린 국가였으나, 1945년 이후 여러 식민지가 독립하였고, 인도네시아는 네덜란드와의 모든 합법적 관계를 단절하였다. 카리브 해에 위치한 수리남과 네덜란드 앤틸레스 군도는 1954년 왕국헌장에 따라 외교체제와 국방만 네덜란드가 대신해 관장할 뿐 네덜란드와 대등한 지위를 갖고 있다.

암스테르담

2 자연환경

네덜란드는 면적 1/4가 해수면 보다 낮은 곳에 위치해 있다. 국토의 대부분은 신생대 제4기 퇴적물로 뒤덮여 있고, 동부와 남부는 대지(臺地), 서부는 저지가 펼쳐져 있다. 북해 연안은 편서풍에 의해 해안사구가 연속 펼쳐져 천연의 방파제 구실을 하고 있다. 전반적으로 낮고 평평하며, 최고점은 남동쪽 끝 독일과 벨기에의 국경지점으로 겨우 해발고도가 321m에 지나지 않고 최저점은 로테르담 북쪽 교외 폴더((Polder, 제방에 둘러싸인 저지로 그 수위를 조절할 수 있는 간척지)로 해수면 아래 6.7m 이다. 13세기부터 제방 축조에 의한 소규모 간척이 시작되었고 본격적인 폴더의 건설은 16세기 후반이다. 17세기 전반부터 국가의 경제적 번영과 축제(築堤), 풍차 배수기술 완성으로 암스테르담 북방이 집중적으로 간척되었고, 19세기 증기펌프 도입으로 대규모 간척 사업, 20세기 5개의 큰 폴더가 건설되었다.

네덜란드는 고위도에 있지만, 북대서양 난류와 편서풍의 영향으로 인해 온화한 서안해양성기후를 갖는다.

3 지역정보

❶ 암스테르담

암스테르담(Amsterdam)은 네덜란드의 수도이자 165개의 낭만적인 운하와 그 위에 놓여있는 1,281개의 다리, 색다른 밤의 모습과 꽃시장으로 유명하다. 많은 박물관과 화랑, 반 고호와 램브란트의 다수 명작을 볼 수 있다. 암스테르담은 수도 주위를 에워싸고 있는 둘레 약 84마일의 암스테르담 방어선(The Defense Line of Amsterdam)이 구축되어 있고, 이 방어 체계는 1996년 유네스코 세계유산에 등재되었다. 왕궁(Koninklijk Paleis)과 담 광장(Dam Square)을 비롯하여 안네 프랑크의 집(Anne Frank Huis), 렘브란트를 비롯하여 네덜란드 화가의 중요한 그림이 모여 있는 국립미술관(Rijksmuseum), 해바라기

(Sunflowers) 와 자화상 등 익숙한 고흐의 작품이 있는 빈센트 반 고흐 미술관(Rijksmuseum Vincent van Gogh)이 있다.

❷ 헤이그

헤이그(Hague)는 조이트홀란트주의 주도로 정치권력의 중심지다. '세계 법정의 수도' 라고 불리는데, 국왕관저를 비롯하여 주요 정치기관과 외국대사관, 국제사법재판소, 화학무기금지기구 등 많은 국제기구가 자리하고 있다. 상주인구와 유동인구의 절반이 타국의 문화권에서 온 사람들이며, 영어를 제2의 언어로 사용한다. 1907년 6월 대한제국 고종황제의 특명을 받고 세계 2차 만국 평의회 회의에 참석하여 일본에 의해 강제 체결된 을사보호조약의 무효와 대한민국의 독립을 세계에 알리기 위하여 이준, 이상설, 이위종 3인의 열사가 체류하던 집을 수리한 이준열사기념관(1995년 8월 5일 개관)이 있다. 비넨호프 국회의사당(Binnenhof)은 13세기 고딕양식 건물로 국회의사당으로 사용되고, 마두로담(Madurodam)은 네덜란드의 명소를 실물의 1/25로 축소해 놓은 소인국이다.

비넨호프 국회의사당

4 문화

❶ 민족과 언어

네덜란드는 게르만족 계통의 네덜란드 민족으로 구성되어 있다. 네덜란드인은 예술적 재능이 뛰어나 렘브란트, 반 아이크, 고호 등의 유명 화가를 배출하였고, 공예 예술에서 특히 뛰어나다. 천연자원이 부족하고 국토의 25%가 해수면보다 낮은 곳에 위치한 국토의 지형적 제약이 이런 문화적 특성을 만들어냈다. 네덜란드어를 사용하며, EU(유럽연합)의 11개 공식 언어에 속한다. 프랑스 서북부에 있는 6만 여 명의 사람은 네덜란드 방언을 사용한다. 네덜란드왕국 일부로 되어 있는 네덜란드 앤틸리스 군도와 아루바, 네덜란드어가 행정과 교육언어로 되어 있는 수리남이 네덜란드어를 사용한다. 네덜란드어는 해운, 수리공학 및 농업 분야 언어에 적지 않은 영향을 미쳤다. 우리에게는 더치 페이(Dutch Pay)가 잘 알려져 있다.

❷ 종교

네덜란드는 가톨릭(31%), 네덜란드 개신교(14%), 칼뱅파(7%), 기타 종교(8%), 비종교(40%) 등의 종교분포를 나타낸다. 네덜란드는 중세 이후부터 크리스트교 신자가 압도적인 수를 차지하여 기독교 국가로 간주되고 있으나, 헌법상 종교자유가 보장되어 있다.

❸ 음식

전통요리는 스프와 스튜를 곁들인 스테이크, 치킨, 생선이 주 메뉴이며 특히 다양한 치즈가 특색이다. 바다와 인접해 있는 관계로 어패류가 맛이 있고, 레이스타펠도 명물요리 중에 하나이다. 하이네켄은 세계적인 맥주 브랜드이다. 하이네켄 맥주공장(Heineken Brewery)은 전 세계적으로 유명한 맥주박물관이다. 가이드투어를 이용해 하이네켄 맥주 회사의 역사와 제조과정을 견학할 수 있고, 견학이 끝나면 방문자에게 맥주 시음기회가 제공된다.

5 기타

❶ 네덜란드 암스테르담의 I amsterdam

네덜란드보다 더 유명한 시티레터(City Lette)이자 포토존이다. I amsterdam 은 수도 암스테르담을 도시브랜드를 통해 공동체 결속을 강화한 대표적인 사례로 꼽힌다. 인구의 절반이 외국인에 행하는 암스테르담은 '나는 암스테르담 시민'이라는 뜻을 가진 I amsterdam 이라는 도시슬로건을 개발하여 외국인들이 자신을 이방인이 아닌 암스테르담의 시민이라고 인식하였다. 이를 통해 암스테르담은 다인종과 다문화가 빚어내는 문화적 유연성을 지닌 도시의 이미지를 갖게 되었다. 2004년 암스테르담 시 주도로 설치되었다. 조형물은 2018년 12월 3일까지 국립미술관 앞에서 세운 명소였으나, 광장의 혼잡화와 '분별없는 대중관광' 으로 많은 관광객이 몰려들어 시민 불편이 가중되었다는 정치를 구실로 하여 사라지게 되었다. 현재는 네덜란드의 관문 스키폴공항의 광장에서 I amsterdam 조형물을 볼 수 있다.

안네 프랑크 기념동상, 암스테르담

❷ 안네의 일기

안네의 일기(The Diary of a Young Girl Anne Frank)는 독일 출신의 유대인 소녀 안네 프랑크(1929~1945년)의 일기이다. 1940년 독일군 점령 때 암스테르담에 거주한 프랑크 일가는 나치 박해를 피하며 아버지 오토 프랑크 사무실 뒤 은신처에서 생활한다. 이 일기는 안네가 부모와 언니, 그리고 다른 4인 가족의 유대인과 은신처에서 함께 사는 동안(1942년 6월~1944년 8월) 작성된 것이다. 사춘기 소녀의 마음의 성장과정, 성인 세계에 대한 비판, 곤경 속에서도 용기를 잃지 않은 소녀로서는 표현하기 어려운 격조 높은 문장을 확인할 수 있다. 안네는 유대인 수용소에서 언니와 함께 장티푸스에 걸려 짧은 일생을 끝마쳤으나, 이 일기는 가족 중 유일한 생존자 아버지 손에 들어가게 되었고, 1947년 네덜란드어로 출판된 후 각국 언어로 번역되어 전 세계의 관심의 대상이 되었다.

❸ 풍차와 풍차마을 잔세스칸스(De Zaanse Schans)

풍차는 바람의 힘을 이용해 동력을 얻는 기계이며, 과거 네덜란드는 '풍차의 나라'로 알려졌다. 풍차마을 잔세스칸스는 암스테르담 북쪽 약 15km 지점에 위치하고 있다. 동화나라 같은 분위기를 자아내는 17~18세기 목조가옥과 잔 강변을 끼고 풍차들이 흩어져 돌고 있다. 차 외에도 나막신과 치즈를 만드는 곳이 있어 방문자가 모여드는 곳이다.

❹ 세계유산

네덜란드는 암스테르담 방어선((Defence Line of Amsterdam, 1996)을 포함하여 9건의 문화유산, 1건의 자연유산을 보유하고 있다. 8건은 네덜란드 본토, 1건은 카리브해 퀴라소 섬, 그리고 나머지 1건은 네덜란드와 독일, 덴마크에 걸쳐 있다

문화유산

- 쇼클란트와 그 주변지역(Schokland and Surroundings, 1995)
- 암스테르담 방어선(Defence Line of Amsterdam, 1996)
- 빌렘스타트 내륙지방 역사지구와 항구
(Historic Area of Willemstad, Inner City and Harbour, Curacao, 1997)
- 킨더데이크 엘샤우트 풍차망(Mill Network at Kinderdijk–Elshout, 1997)
- 디에프 보우다 증기기관 양수장(D.F. Wouda Steam Pumping Station, 1998)
- 베임스터르 간척지(Droogmakerij de Beemster(Beemster Polder), 1999)
- 리트펠트 슈뢰더 하위스(Rietveld Schroderhuis(Rietveld Schroder House), 2000)
- 싱겔운하 내 암스테르담의 17세기 원형 운하 지역
(Seventeenth–Century Canal Ring Area of Amsterdam inside the Singelgracht, 2010)
- 판넬레 공장(Van Nellefabriek, 2014)

자연유산

- 바덴해(Wadden Sea, 2009/2014, 독일, 네덜란드, 덴마크 3국 공동)

❺ 소국– 룩셈부르크

룩셈부르크(Luxembourg)는 정식 국명은 룩셈부르크 대공국(Grand Duchy of Luxembourg)이며, 동쪽 독일, 북쪽과 서쪽은 벨기에, 남쪽은 프랑스에 둘러싸여 있다. 역사적으로 합스부르크가, 프랑스, 네덜란드, 프로이센지배를 차례로 받았고, 1839년 네덜란드로부터 독립했다. 수도는 룩셈부르크(Luxembourg)이며, 행정구역은 3개 시(district)로 이루어져 있다.

룩셈부르크는 룩셈부르크인(63.1%), 포르투갈인(13.3%), 프랑스인(4.5%), 이탈리아인(4.3%), 독일인(2.3%), 기타 유럽인(7.3%), 기타(5.2%)로 구성되어 있고, 공용어는 룩셈부르크어, 프랑스어, 독일어이다. 종교는 가톨릭(87%)이 지배적이다. 총면적 2,586㎢, 인구 625,976명(2020년)으로 1인당 GDP는 11만 4,704.59달러로 세계 최고 수준이다(2020년).

베네룩스(Benelux) 3국은 벨기에, 네덜란드, 룩셈부르크를 총칭하며 1944년 동맹을 맺었다. 벨기에왕국(Koninkrijk Belgie, Kingdom of Belgium), 네덜란드왕국(The Kingdom of the Netherlands) 그리고 룩셈부르크대공국(Grand Duchy of Luxembourg)을 의미한다.

5 독일

- **위치**: 서부 유럽
- **면적**: 357,022㎢
- **인구**: 83,783,945명 (2020년)
- **수도**: 베를린(Berlin)
- **정체**: 연방공화국
- **언어**: 독일어
- **통화**: 유로(EUR)
- **환율**: 1유로(EUR) = 1,342.35원 (2021년 2월)
- **민족**: 게르만족(99%)
- **종교**: 개신교(36.4%), 가톨릭(34.6%), 기타(29%)
- **1인당 GDP**: 46,258.88달러 (2020년)

독일의 정식 국명은 독일연방공화국(Federal Republic of Germany)이다. 지리적으로 북쪽은 북해와 발트해에 면하고 덴마크와 접하며, 동쪽 폴란드와 체코, 남쪽 오스트리아와 스위스, 서쪽 프랑스, 룩셈부르크, 벨기에 및 네덜란드와 접한다. 국경선 안쪽으로 알프스산맥, 라인강, 도나우강, 슈바르츠발트산맥이 자리하고 있다. 독일의 행정구역은 16개주(Land, 구동독지역 5개주 포함)로 되어 있다. 바덴-뷔르템베르크(슈투트가르트), 바이에른(뮌헨), 베를린, 브란덴부르크(포츠담), 브레멘, 함부르크, 헤센(비즈바덴), 멕클렌부르크-포어폼머른(슈베린), 니더작센(하노버), 노르트라인-베스트팔렌(뒤셀도르프), 라인란츠-팔츠(마인츠), 자르란트(자르브뤼켄), 작센(드레스덴), 작센-안할트(마그데부르크), 슐레스비히-홀슈타인(키일)과 튀링엔(에르푸르트)의 16개 연방주로 구성되어 있다. 맥주의 나라로 잘 알려있지만 장난감처럼 예쁜 도시와 오래된 역사를 간직한 고성으로도 유명하다.

1 역사배경

게르만족이 현재의 독일영토에 정착하게 된 것은 기원전 기원전 500~서기 500년 사이로 알려져 있다. 1세기경 게르만족이 현재의 라인 강과 도나우 강 유역에 퍼져 있었으나, 로마제국과 충돌이 잦았고 375년 게르만 대이동이 시작되었다. 서로마제국 멸망 후 게르만족은 486년 프랑크왕국을 세워 현재의 프랑스와 독일 서부지역을 지배하였다. 8세기에 들어, 카를 대제 때 유럽 중앙부를 장악하는 거대한 왕국으로 성장했으나 911년 멸망했고, 963년 오토 1세가 로마교황으로부터 황제의 대관을 받아 신성로마제국이 탄생하였다. 이때부터 독일 지배자는 전 유럽 지배자로 군림한다. 신성로마제국은 1517년 종교개혁과 1618년부터 시작된 30년 전쟁을 겪었고, 1806년 나폴레옹에 의해 신성로마제국은 붕괴되었다. 독일통일운동의 주도권을 장악했던 신흥왕국 프로이센은 제상 비스마르크의 지휘 하에 1866년 오스트리아를 장악했고, 1870년 나폴레옹 3세 휘하의 프랑스군을 무찔러 기반을 굳혔다. 1871년 독일제국이 결성되었고, 프로이센 국왕 빌헤름 1세가 황제 자리에 올랐다.

▲ 베를린 장벽

독일은 1918년 제1차 대전(동맹군 : 독일, 오스트리아, 오스만투르크, 불가리아 / 연합군 : 영국, 프랑스, 러시아, 이탈리아, 일본)에서 항복해 황제가 퇴위되었고, 바이마르공화국(Weimar, Die Republik von)이 성립했다. 그러나 1933년 A. 히틀러가 제2차 대전을 일으켰고, 1945년 패전으로 분단역사를 걷게 되었다. 동서로 분열된 역사를 겪었으며, 마침내 1989년 11월 베를린 장벽이 무너지고 1990년 10월 3일을 45년 동안의 동서 분단을 청산하고 통일국가가 되었다. 독일은 현재 대외적으로 EU(유럽연합)의 통합과정에서 주도적 역할을 하고 있다. 독일연방공화국의 특이한 정치형태를 갖고 있다.

2 자연환경

지형은 평원지대로서 북부 독일평야, 그 남쪽으로 이어지는 고도 200~1,000m의 구릉성 산지로서 중앙고지, 다시 그 남쪽에 펼쳐지는 구릉, 대지 및 평탄지로 된 남부 독일 및 독일 알프스 등 4개 지역으로 나누어진다. 독일은 남북의 길이가 876㎞에 이르며, 전체 지형은 남쪽의 알프스에서 북쪽의 북해로 경사져 있기 때문에 라인 강과 같은 주요 하천이 북쪽으로 흐르고 있다. 기후는 북서부지역은 해양성기후, 남동부 지역은 대륙성기후가 강하다. 전반적으로 겨울은 한랭하며, 여름은 무덥다. 지역 차이가 있으나 12월부터 3월까지의 겨울은 라인 강이 얼어붙을 정도로 추위가 혹독하다. 여름은 최난월 평균기온은 북부의 경우 17~18℃로 남부 25℃에 비해 서늘하다. 햇빛을 볼 수 있는 기간이 짧아 유럽 대부분 사람 처럼 일광욕에 관심이 많다.

3 지역정보

❶ 베를린

베를린(Berlin)은 1991년 7월 새로 구성된 독일의회에서 통일독일의 수도로 결정되었고, 북동부 슈프레 강과 하펠 강 연안에 있다. 독일의 브란덴부르크 주에 둘러싸여 있으며 베를린 자체도 연방주이다. 한자로는 '백림(柏林)' 이라고 표기한다. 역사적으로 15세기 브란덴부르크제국의 수도, 18세기 초 프로이센왕국, 19세기 후반 비스마르크의 제2 독일제국의 수도였다. 제2차 대전 후 폐허가 된 베를린은 르 꼬르뷔지에(Le Corbusier) 같은 유명 건축가에 의해 현대도시로서 면모를 갖추었고, 20세기 들어 학문예술의 전성기를 맞아 유럽 최대도시로 성장하였다. 브란덴부르크 문(Brandenburger Tor)은 1789년 파르테논 신전의 프로필라이아를 본 떠 세운 것으로 도시의 영광을 상징하는 승리의 표지였으나 동서독 분단시기에 동서분할의 상징이었다. 카이저빌헬름 교회(Kaiser Wilhelm Gedaechtniskirche)는 빌헬름 1세를 기념하기 위해 1891~1895년에 걸쳐 세워졌으나, 제2차 대전의 파괴성을 알리기 위해 방치된 탑과 새로 지어진 다각형의 교회건물이 조화를 이룬다. 샤를로텐부르크 궁전(Schloss Charlottenburg)은 프리드리히 1세의 부인 소피 샤를로테 왕비의 여름별장으로 건축되었고, 1695년 이후 100여년에 걸쳐 증축되었다. 특히 보데박물관과 페르가모박물관 등 명소가 모여 있는 베를린 박물관

삼위일체대성당

섬(Museum Island)과 베를린과 포츠담의 궁전과 공원(Palaces and Parks of Potsdam and Berlin)은 대표적인 세계유산이다.

❷드레스덴

드레스덴(Dresden)은 옛 작센왕국의 수도였으며, 18세기 전성기를 구가한 아우구스트 1세 때 호화롭고 웅장한 건축물로 가득 찬 도시였다. '엘베의 피렌체' 로 칭송되기도 했던 예술과 문화의 도시이다. 제2차 대전 중 대공습으로 모든 것이 잿더미로 변했으나 전후 재건되어 작센왕국 수도의 위용을 되찾았다. 독일에서 동유럽 국가 체코로 넘어가는 길목에 위치하고 있다. 독일 바로크양식의 최고 걸작 츠빙거 궁전(Zwinger), 바로크양식의 교회 삼위일체대성당(Hofkirche), 19세기 말 젬퍼가 설계한 르네상스 양식의 건축물 젬퍼 오페라(Semper Oper), 작센 군주의 거주지 레지덴츠 궁전(Residenzs Chloss)가 있다. 드레스덴 중심부를 20㎞에 걸쳐 가로지르는 엘베강 일대는 16~20세기에 걸친 다양한 유산이 자리 잡아 2004년 세계유산에 등재되었으나, 2006년 엘베 강의 현대적 다리 건설 등을 이유로 위험유산에 올랐고, 이후 교량건설이 문화유산의 역사적 가치를 훼손했다는 이유에서 세계유산목록에서 삭제되었다.

❸ 쾰른(Cologne)

쾰른(Cologne)은 노르트라인베스트팔렌주에 위치하고 있는 도시다. 쾰른이란 이름은 로마명 '콜로니아' 에서 유래한다. 795년 카를대제가 대주교구를 설치한 후 역대 대주교의 힘에 의해 10~15세기 독일 최대도시로 번창하였다. 중세 때 북서유럽 수륙교통과 상업중심지로서 번영해 한자동맹에 소속되었고, 현재는 교통(철도, 라인강 수운, 고속도로)의 요지로서 경제와 문화의 중심을 이룬다. 구시가의 쾰른대성당(Cologne Cathedral)은 1248년부터 약 600년에 걸쳐 건축된 독일 고딕 건축의 걸작이며, 동방박사의 유골함이 전해진다.

❹ 프랑크푸르트 암 마인(Frankfurt Am Main)

프랑크푸르트는 독일 헤센주에 있는 상업중심 도시로서 '뱅크푸르트(Bankfurt)' 라고 불리는 금융과 상업의 도시이다. 독일 최대공항이 있고 현대적인 건물들이 즐비하다. 8세기 카를대제 때 많은 건물이 세워지기 시작하여 12세기 들어 유럽 각국의 상인이 모여들어 견본시장을 세우기에 이르렀다. 뢰머 광장(Roemerplatz)은 프랑크푸르트의 역사와 전통을 자랑하는 곳이며, 괴테하우스(Goethehaus)는 '프랑크푸르트 시민의 위대한 아들'이라는 호칭을 얻은 대문호 괴테가 1749년 태어나 대학 입학까지 16년을 거주한 집으로 제2차 대전 때 파괴된 것을 복원하였다. 세계최대 프랑크푸르트 도서전(Book Fair)이 열린다.

❺ 하이델베르그

하이델베르그(Heidelberg)는 짙은 녹색의 숲을 배경으로 고풍스러운 옛 성들의 모습이 인상적인 낭만주의의 중심지이다. 하이델베르그 성(Schloss Heidelberg)이 도실, mf 상징하고 있고, 독일의 서남부에 위치한다. 1386년 하이델베르크 대학(Ruprecht Karl Universitaet)이 만들어지면서 독일의 대표적인 대학도시로 성장하게 되었다.

▼ 하이델베르그 성

❻ 로텐부르크

로텐부르크(Rothenburg)는 로맨틱가도의 하이라이트의 하나이며, 산 위에 성벽으로 둘러싸인 거리가 즐비해 마치 중세로 타임머신을 타고 온 것 같은 착각에 빠져들게 한다. 마르크트 광장과 시청사(Rathaus und Marktplatz), 슈피탈 성문(Spitaltor), 12세기에 세워진 마르쿠스탑(Markusturm), 중세풍의 정원 부르크가르텐(Burggarten) 등이 볼 만 하다.

❼ 퓌센

퓌센(Fuessen)은 로맨틱 가도의 남단에 위치한 700년 고도로 작지만 매력적인 도시다. 웅장한 산봉우리와 아름다운 호수를 끼고 있고, 해발 800~1200m의 고지대에 위치한다. 중세도시로 레히강(River Lech) 유역에 당당히 그 모습을 드러내고 있다. 호엔슈반가우 성(Hohenschwangau)은 낡은 슈반스타인(Schwanstein) 성을 바이에른 왕가의 황태자이며 루드비히 2세의 아버지 막시밀리안 2세가 1832~1836년에 걸쳐 신고딕 양식으로 재건축한 성이다.

노이슈반슈타인 성

노란색을 띄고 있고 언덕 위에 세워져 있다. 노이슈반슈타인 성 아래에 있으며 알프스 호수가 내려다보인다. 노이슈반슈타인 성(Neuschwanstein Castle)은 퓌센에서 약 4km 떨어져 있으며, 슈반가우 숲의 한 자락에 월트 디즈니가 디즈니랜드의 성을 건축할 때 모델로 삼았다고 하는 일명 '백조의 성(Neuschwanstein Castle, New Swan Castle)' 이다. 이 성은 바그너의 오페라 '로엔그린'에 매료된 바이에른 국왕 루드비히 2세에 의해 1869년부터 1886년에 건축되었다. 왕은 17년 동안 짓고 102일 밖에 이곳에서 살지 못했다.

❽ 뮌헨

뮌헨(Muenchen)은 독일 제 3의 도시이자, 남부 독일의 중심도시이다. 12세기 이래 700년 동안 독일에서 가장 화려한 궁정문화를 꽃피운 바이에른 왕국 수도이자 16세기 이후 번성한 르네상스와 바로크, 로코코양식의 문화유산이 곳곳에 남아있다. 마리엔 광장(Marienplatz)의 문화적, 역사적 유산과 슈바빙(Schwabing)의 레오폴트 거리 등은 방문자를 끌어들이고 있다. 이외 BMW (Bayerische Motoren Werke) 박물관은 세계 명차 BMW의 역사를 한 눈에 볼 수 있는 곳이다.

4 문화

❶ 민족과 언어

민족 구성은 게르만족 91.5%, 터키계 2.4%, 이탈리아계 0.7% 및 기타로 구성되어 있다. 게르만족을 중심으로 한 독일인은 질서를 잘 지키며, 한번 정해 놓은 원칙은 반드시 지키는 습성을 가진 원칙에 철저한 국민으로 알려져 있다. 자부심이 강하고, 세계적인 명성을 얻고 있는 기술과 풍부한 장인정신을 보유하고 있다. 이론적, 합리적 그리고 과학적 성향이 강하여 독일은 자연과학에서 최고 위치를 점하고 있다. 독일어를 공식 언어로 사용한다.

❷ 종교

독일은 1919년 바이마르 헌법에 의해 정교분리가 이루어져 국교가 없다. 프로테스탄트(36.4%)는 북부와 북동부(구동독) 지역에서 강세이며, 가톨릭(34.6%)은 남부와 서부에서 강세이다. 상공업이 발달한 지역은 프로테스탄트가 우월하고, 농촌지역은 가톨릭이 우세하다. 독일은 종파가 양분되어 있지만, 다른 국가와 달리 신 · 구교 간 협력이 잘 이루어져 있다.

❸ 음식

독일 소시지와 맥주

음식은 각 지방마다 특색 있는 요리로 이루어져 있다. 라인 강을 경계로 구분하여 보면, 북부 독일은 바다에 가깝기 때문에 어패류의 요리가 풍부하고, 남부 독일은 전반적으로 기름기 많은 육류 요리가 발달하였다. 독일 대표음식은 소시지와 전통맥주가 있다. 소시지는 독일어로 '부르스트(Wurst)' 라고 하고, 종류가 300여 종이 넘는다. 맥주는 독일인의 취향, 기후와 지형 조건, 지방축제나 풍속 관련 행사에 잘 적합하여 독일인이 가장 즐겨 마시는 주류이다. 또한 독일인의 식탁에서 빼놓을 수 없는 것이 감자이며, 독일요리에서 감자는 야채라고 하기보다 우리나라의 밥과 같은 주식이다.

▲ 로텐부르크

5 기타정보

❶ 로맨틱가도(Romantische Strasse)

로맨틱가도는 중남부 뷔르츠부르크(Wuerzburg)부터 남쪽 오스트리아 국경 근처 퓌센까지 약 360㎞에 이르는 휴양도로이다. 제2차 대전 후 관광객 유치를 위해 전략적으로 개발되었고, 이 길을 따라 로텐부르크(Rothenburg)와 뇌르트링겐을 비롯한 중세모습이 남아 있는 소도시가 이어져 있다. 중세 때 무역로이자 성지순례의 길이었고, 바로크와 르네상스양식의 중세모습이 남아 있는 소도시가 방문자에게 중세로 돌아간 느낌을 불러일으킨다.

❷ 아우토반

아우토반(Autobahn)은 독일고속도로 이름이며 정식 명칭은 '라이히스 아우토반'(Reichs Autobahn)이다. 히틀러가 지대한 공헌을 한 독일의 전국 고속도로망이다. 이곳은 무제한 속도의 고속도로로 유명하나 속도위반이 있다. 그 이유는 차선별 최저속도가 제한되어 있다.

❸ 로렐라이

로렐라이(Lorelei)는 독일 장크트고아르스하우젠(St. Goarhousen) 부근 라인 강 기슭에 솟아 있는 높이 132m의 커다란 바위다. 라인 명승지의 하나로 로렐라이는 '기다림의 바위' 를 뜻한다. 이 바위 위에서 물의 요정이 쉬면서 노래를 부르면 그 메아리가 아름답고 신비로워 뱃사공들이 넋을 잃고 바라 보다가 난파당했다는 전설이 유명하다. 이야기는 작가 C. 브렌타노(1778~1842)의 소설 고트비(Godwi)에서 알려졌고, 노랫소리로 뱃사람을 유혹한다는 물의 요정 '로렐라이' 의 전설은 시인의 공상이 전설화한 것으로 남자들을 매혹해 파멸시키는 아름다운 여자에게 이름을 붙여준 이래, 여러 시인들이 발전시켜 나갔다. 하이네(Heinrich Heine)의 시 '로렐라이'는 질허(F. Silcher) 작곡에 의해 민요처럼 불리고 있다.

옛날부터 전해오는 쓸쓸한 이 말이 / 가슴속에 그립게도 끝없이 떠오른다.
구름걷힌 하늘 아래 고요한 라인강 / 저녁빛이 찬란하다 로렐라이 언덕
저편언덕 바위 위에 어여쁜 그 아가씨 / 황금빛이 빛나는 옷 보기에도 황홀해
고운머리 빗으면서 부르는 그 노래 / 마음 끄는 이상한 힘 로렐라이 언덕
로렐라이~ 언덕

❹ 옥토버페스트

옥토버페스트(Oktoberfest)는 뮌헨의 맥주축제이며, '10월의 축제'라는 뜻이다. 이 축제는 9월 둘째 토요일부터 10월 첫째 일요일까지 열리며, 기원은 1810년 황태자 루트비히와 작센의 테레사 공주와의 결혼식을 축복한 축하행사에서 비롯되었다. 축제의 시작을 알리는 시를 상징하는 '뮌헨의 아이(Münchner Kindl)'와 뮌헨 시장을 태운 마차가 행렬을 이끄는 퍼레이드, 맥주통 개봉, 그리고 민속의상 퍼레이드 등으로 구성된다. 옥토버페스트는 축제가 시작된 이래 전란(제1, 제2차 대전)과 경제악화(인프레이션) 등으로 인해 열리지 못하였고, 코로나(COVID-19)로 인해서도 취소된 바 있다.

❺ 독일 국기

독일 국기는 1832년 전제군주에 항거해 시위에서 사용한 깃발에서 유래하였다. 독일연방기(Bundesflagge)는 위에서부터 검정, 빨강, 노랑으로 구성된 3색 깃발이며, 세 차례 제정되었다. 흑색은 근면, 적색은 정열, 황색은 명예를 의미한다. 3색 깃발은 1848년 최초 사용되다가 1852년 폐지되었다. 1867년에서

1945년까지 흑색, 백색, 적색의 삼색기가 채택되었다가 1919년 바이바르공화국이 수립되면서 흑색, 적색, 환색의 삼색기가 다시 채택되었다. 그러나 1933년 히틀러 나치정권이 수립되면서 적색 배경에 '하켄크로이츠(Hakenkreuz)' 라는 문자를 새긴 나치독일 국기를 채택해 1945년까지 사용하였다. 제2차 대전에서 패한 후 서독이 헌법을 새로 제정하면서 바이마르공화국의 삼색기가 부활되었다.

❻ 세계유산

독일은 43건의 문화유산과 3건의 자연유산 목록을 보유하고 있다. 목록 순위에서 유럽에서는 이탈리아와 스페인에 이어 세 번째이다. 독일의 세계문화유산은 궁전, 중세 시대의 구시가지, 산업유산, 교회, 자연유산 등 다양하다. 무엇보다도 연간 600만 명의 관광객이 찾는 쾰른대성당(Cologne Cathedral, 1996)은 가장 잘 알려진 고딕양식의 성당이며, 이외에도 아헨대성당(Aachen Cathedral, 1981), 슈파이어 대성당(Speyer Cathedral, 1983), 비스 순례성당(Pilgrimage Church of Wies, 1983), 힐데스하임 성 마리아 성당과 성 미샤엘 교회(St Mary's Cathedral and St Michael's Church at Hildesheim, 1985), 트리어 로마 유적, 성 베드로 성당과 성모 마리아 성당(Roman Monuments, Cathedral of St Peter and Church of Our Lady in Trier, 1986), 나움부르크 대성당(Naumburg Cathedral, 2918) 같은 성당 건축을 포함하고 있다. 포츠담 · 베를린의 궁전과 정원(Palaces and Parks of Potsdam and Berlin, 1990/1992/199)은 타 유럽에 비해 규모는 작지만 의미 있는 왕궁과 정원을 대표하며, 베를린 모더니즘 주택단지(Berlin Modernism Housing Estates, 208) 역시 특색있는 문화유산이다. 가장 현대적인 유산으로는 프랑스의 건축가 르코르뷔지에의 건축작품, 모더니즘 운동에 관한 탁월한 기여(The Architectural Work of Le Corbusier, an Outstanding Contribution to the Modern Movement, 2016)가 포함되어 있다.

자연유산은 메셀 화석 유적(Messel Pit Fossil Site, 1995)과 카르파티아 및 유럽의 기타 지역에 생육하는 고대 및 원시 너도밤나무숲(Primeval Beech Forests of the Carpathians and the Ancient Beech Forests of Germany, 2007/211) 그리고 독일, 네덜란드, 덴마크 3국의 공동유산으로서 바덴해(Wadden Sea, 2009/2011/2014)가 포함되어 있다.

6 스위스

- **위치** : 유럽중부 내륙
- **면적** : 41,285㎢
- **인구** : 8,061,516명 (2020년)
- **수도** : 베른(Bern)
- **정체** : 연방공화제
- **언어** : 독일어(65%), 프랑스어(18%), 이태리어(10%), 로망슈어(1%)
- **통화** : 프랑(CHF)
- **환율** : 1프랑(CHF) = 1,242.56원 (2021년 2월)
- **민족** : 독일인, 프랑스인, 이태리인
- **종교** : 가톨릭(48%), 개신교(44%), 기타(8%)
- **1인당 GDP** : 81,993.73달러 (2020년)

스위스 공식 국명은 스위스 연방(Swiss Confederation)이며, 나라 전체가 꽃으로 둘러싸여 있는 아름다운 자연환경 뿐 아니라 중세의 아름다움을 그대로 간직한 국가다. 스위스는 주요 도시 곳곳을 장식한 발코니의 꽃과 알프스에서 볼 수 있는 고산지대의 꽃, 만년설이 뒤덮인 유럽의 지붕 융프라우(Jungfrau, 4,158m)와 3대 명산, 필라투스(Pilatus), 티틀리스(Titlis), 리기(Rigi), 전 세계적으로 유명한 시계공업 등 이름 자체만으로 매력적이다.

1 역사배경

스위스 지역은 로마의 지배이후 4세기경 크리스트교가 전해졌고, 게르만족이 중심이 된 프랑크 왕국이 5세기 말 스위스를 병합하였고, 10세기부터 11세기에 걸쳐 신성로마제국의 일부가 되어 지배를 받아오다가 13세기 들어 독립운동이 본격화되었다. 이후 합스부르크 왕가의 지배이후 1648년 빈 회의를 거쳐 영세중립국으로 승인되었다.

19세기 들어 스위스는 미국과 유사한 연방체제를 확립하고, 국민투표제를 도입하는 민주적인 정치체제를 도입하였다. 19세기 유럽전역에서 산업혁명이 일어나 인구가 증가하였고, 스위스도 영향 받아 1848년 연방헌법을 제정하였다. 근세이후 앙리 뒤낭(Henri Dunant)이 프랑스와 오스트리아의 전쟁 중 1859년 솔페리노 전투에서 부상당한 군인들을 보고 전쟁의 희생자를 지원하는 국제적십자를 제네바에 설립하였다. 제1차 대전에서도 중립을 지켰고, 연합군승리 이후 유럽의 새로운 형성과정에서 국제연맹이 결성되었고, 그 중심에 있는 제네바가 소재지가 되었다. 제2차 대전 때도 중립을 유지하였고 그 후에도 계속 중립정책을 폈다. 스위스는 20세기 중반 이후 유럽에서 진행된 경제통합은 참여하였지만 중립국 지위 유지를 위해 EU(유럽연합)에 가입하지 않았다. UN 가입을 고려치 않다가 2002년 공식적으로 UN 회원국이 되었다. 23개주로 이루어진 연방공화국이며, 수도 베른에 연방정부가 있다.

2 자연환경

쥐라 산 근처의 유채밭

지형에 따라 북동에서 남서 방향으로 쥐라산맥 지역, 중앙저지(스위스고원) 지역, 알프스산맥 지역의 세 지역으로 나눈다. 쥐라산맥은 남쪽의 알프스산맥에 비해 해발고도가 낮으며, 주로 중생대의 석회암으로 되어 있는 전형적인 습곡산지이다. 쥐라산맥 지역은 과거 농업과 임업이 활발한 지역이었고, 겨울철의 노동력을 이용하여 시작된 시계공업도 이곳에서 비롯되었다. 북쪽의 쥐라와 남쪽의 알프스의 두 산지에 있는 중앙저지는 해발고도 300~800m의 완만한 구릉지로 취리히와 같은 대도시가 형성되었다. 중앙저지 남부는 스위스 국토의 1/2 이상을 차지하는 알프스산맥 지역이며, 여기서 발원한 라인 강은 북해, 론강은 지중해, 인강은 도나우강에 유입해 흑해로 흘러간다. 알프스는 융프라우를 포함한 북 알프스와 프랑스와 이탈리아 국경의 몽블랑(4,807m)과 마터호른(4,478m)을 포함한 남 알프스로 양분한다.

알프스산맥은 지역에 따른 다양한 기후를 만들어 낸다. 동서로 뻗은 알프스산맥 남쪽의 티치노 주는 온난한 지중해성기후의 영향을 받고, 북쪽은 기온차가 적은 온난다우의 서안해양성기후와 기온차가 큰 대륙성기후가 서로 영향을 주고받는 변덕스러운 중간형 기후이다. 고도에 따른 기후변화가 크며, 해발 3,000m 이상은 만년설을 볼 수 있다. 강수량은 여름에 많고, 강수량이 가장 많은 달과 가장 적은 달 비율은 약 2:1이다. 연간강수량은 산지일수록 많고, 융프라우 정상은 4,000㎜ 이상이지만, 도시가 많은 중앙저지는 1,000㎜ 안팎이다.

3 지역정보

❶ 베른

베른의 아레 강

베른(Bern)은 연방수도지만 아담함이 느껴지는 도시다. 베른이란 이름은 곰이란 뜻으로 '이 지방에서 곰 사냥을 많이 한다.'는 것에서 유래되었고, 알프스에서 흘러나온 에메랄드 빛 아레 강(Aare R.)이 도시를 휘감고 지나는 도시입지로 인해 나폴레옹도 영주와 협상해 그대로 통과하였을 정도의 난공불락의 요새이다. 시가지는 중세모습을 간직하였고, 구시가지 중심부 시계탑(Zeitglockenturm), 시청사(Rathaus), 연방의회의사당(Bundeshaus) 등 외관이 변하지 않아 도시 전체가 1983년 유네스코 세계유산에 등재되었다.

❷ 취리히

취리히(Zurich)는 스위스에서 가장 큰 도시로 국제금융, 경제, 상업중심지다. 취리히 호수와 리마트 강 주위에 위치한 프라우뮌스터 성당(Fraumunster) 같은 잘 보존된 중세 건축, 호숫가에 위치해 있는 반호프 스트라세(Bahnhofstrasse) 거리가 독특한 분위기를 연출한다. 박물관과 미술관, 오페라하우스 극장과 더불어 음악회 및 국제행사에 익숙한 도시이다.

❸ 제네바

제네바(Geneva)는 레만 호 서쪽 끝, 프랑스와 가까운 곳에 위치하며, UN(국제연합)의 유럽본부와 국제적십자위원회(IRC), 세계보건기구(WHO), 국제노동기구(ILO) 등 많은 국제기구 본부가 있는 도시다. 프랑스어로 '주네브(Geneve)'라고 불릴 만큼 프랑스와 인접해 있어 프랑스적인 분위기가 강하다. 과거부터 시계제조업, 보석세공, 정밀기계, 의료기계공업이 발달하였다. 레만 호수(Lac Leman)는 깊이 310m, 넓이 58,000ha에 달하는 빙하호로 알프스가 융기하면서 계곡이 내려앉아 산맥 안쪽 끝으로 호수가 생성되었다. 유람선은 스위스와 프랑스 간을 운항하는 노선과 호수 일주 유람 노선 등 다양하게 개발되어 있다.

❹ 루체른

루체른(Luzern)은 알프스 산록의 피어발트 슈테터 호수를 배경으로 자리 잡고 있고, 중세문화와 알프스경관미가 잘 결합되어 있다. 로이스 강을 경계로 남북으로 구분되어 북쪽에 중앙역이 위치하고 남쪽에 구시가가 펼쳐진다. 카펠교(Kapellbruecke)는 1333년 완성된 유럽에서 가장 오래된 다리이다. 기와지붕이 있는 목조건물과 함께 도시의 상징이다. 길이가 200m에 달하며 지붕을 받치고 있는 기둥에 모두 112장의 삼각형 널빤지 그림이 걸려 있고, 당시 중요한 사건이나 루체른의 수호성인의 생애 등이 그려져 있다. 빈사의 사자상(Lowendenkmal)은 자연석에 새긴 특이한 조각상이며, 1792년 프랑스 혁명 때 루이 16세와 베르사유 궁전을 지키다 전멸한 800명의 스위스 용병을 기리며 만들어졌다. 스위스인의 충성심과 과거 가난해 용병으로 팔려간 스위스인의 역사를 웅변해 주고 있다. 루체른은 알프스를 조망할 수 필라투스(Pilatus, 2,132m), 빙하천국 티틀리스(Titlis, 3,020m), 리기 산(Rigi, 1,800m) 방문을 위한 출발점이기도 하다.

❺ 인터라켄

인터라켄(Interlaken)은 '아름다운 호수의 도시' 로서 이름에서 알 수 있듯이, 툰(Thun)과 브리엔츠(Brienz) 호수 사이에 자리한다. 호수가 주위를 둘러싼 오스트역(Ost)과 서역(West) 사이 전형적인 산골마을이지만, 휴양지의 빼어난 아름다움과 자연의 위대함을 느낄 수 있다. 이곳은 스위스 최고의 관광지이자 알프스의 3봉 아이거(Eiger), 몽크(Monch), 융프라우(Jungfrau)가 나란히 있는 베르너 오버란트(Berner Oberland)로 올라가는 관문이다.

❻ 융프라우

융프라우

융프라우(Jungfrau, Top of Europe)는 해발고도 4,158m로 아이거와 몽크와 함께 알프스의 3대 명산으로 꼽힌다. 융프라우 요흐'(Jungfraujoch)는 처녀를 뜻하는 'Jungfrau' 와 봉우리를 뜻하는 'Joch' 의 합성어이다. 융프라우 요흐는 높이 3,454m에 이르며, 이곳을 오르는 톱니바퀴 열차는 14년에 걸쳐 아이거와 몽크를 관통하는 터널작업으로 완성되었다. 유럽 최정상에 위치한 레스토랑에서 멋진 식사를 즐길 수 있고, 얼음궁전과 스핑크스 테라스를 관람할 수 있다. 전망대 스핑크스 테라스 밖으로 나오면 웅장히 자태를 드러내는 융프라우 봉우리와 알레치 빙하(Aletsch Glacier)를 전면에 볼 수 있다.

4 문화

❶ 민족과 언어

스위스인은 게르만족의 한 줄기 켈트족에 속하는 '헬베티아 족' 이며, 라틴족과 융화되었다. 스위스인의 성향은 언어권과 지역별로 상이하다. 그 이유는 산악지역이라는 지리환경과 유럽 강대국 사이에 위치한 지정학적 영향을 크게 받았기 때문이다. 스위스인의 기질은 정직하고 융통성이 없으며, 사고방식이 규범적이다. 스위스인의 신중함은 기업제품에 잘 나타나 높은 품질로 명성이 높다. 스위스에서 사용하는 언어는 독일어(65%), 프랑스어(18%), 이탈리아어(10%), 로망슈어(고대 로마어의 잔재어, 1%) 및 기타 언어이다. 스위스는 각 주마다 표준언어가 다르다. 상당수가 영어를 비롯하여 프랑스어, 독일어, 이탈리아어가 가능하다. TV 채널은 각 주가 정한 외국어로 방영되며, 다국적 환경에 쉽게 노출이 되어 있다.

❷ 종교

스위스는 연방 차원에서 정해진 국교가 없고, 종교의 자유가 보장되어 있다. 국기에 십자가가 그려져 있는 것과 같이 국민은 가톨릭(48%)과 개신교(44%)를 믿는다. 가톨릭은 중부와 중남부 지역에 밀집되어 있고, 프로테스탄트는 16세기 울리히 츠빙글리(Huldrych Zwingli)와 장 칼뱅(Jean Calvin)의 종교개혁 영향을 받아 서부와 북서부에 분포되어 있다.

❸ 음식

스위스의 음식은 각 언어권에 따라 해당 국가의 식문화를 반영한다. 프랑스어권 지역은 프렌치 스타일 음식을 만들어 먹고, 독일어권 지역은 독일과 오스트리아의 전통을 공유하며, 스위스 남부 요리는 국경을 맞대고 있는 이탈리아 북부의 요리와 닮아 있다. 독일어, 이탈리아어 외에 로만슈어까지 통용되는 지방인 그라우뷘덴(Graubünden)

퐁듀

주의 요리는 독창적이며, 스위스 중부 지방은 새콤달콤한 맛이 주를 이루는 고대의 레시피가 보존되어 있다. 스위스는 주변 국가에 비해 음식 값은 비싼 편이다. 요리에는 흔히 치즈와 초콜릿이 따라온다. 유명한 치즈 요리는 퐁뒤(Fondue)와 라클레트(Raclette)가 있다. 퐁듀는 원래 프랑스계의 요리였으나, 현재 스위스 요리로 널리 알려졌다. 라클렛은 스위스 발레지역의 치즈를 녹여 감자, 피클과 함께 먹는 스위스 전통요리이다.

5 기타

❶ 세계유산

스위스는 베른 옛 시가지(Old City of Berne)를 비롯하여 2009년 지정된 라쇼드퐁 · 르로클 시계도시(La Chaux-de-Fonds / Le Locle, Watchmaking Town Planning) 등 12건의 세계유산이 있다.

문화유산

- 베른 옛 시가지(Old City of Berne, 1983)
- 뮈스타이어의 성요한 베네딕트수녀원(Benedictine Convent of St John at Mustair, 1983)
- 생갈수도원(Abbey of St Gall, 1983)
- 벨린초나의 3개의 성과 성곽
(Three Castles, Defensive Wall and Ramparts of the Market-Town of Bellinzona, 1994)
- 라보의 포도원 테라스(Lavaux, Vineyard Terraces, 1996)
- 알불라 · 베르니나 지역의 래티셰 철로
(Rhaetian Railway in the Albula / Bernina Landscapes, 1998, 이탈리아와 공동 등재)
- 라쇼드퐁 · 르로클 시계 제조 계획도시
(La Chaux-de-Fonds / Le Locle, Watchmaking Town Planning, 1999)
- 알프스 주변의 선사시대 호상가옥
(Prehistoric Pile dwellings around the Alps, 2000/2006, 6개국 공동 등재)
- 르코르뷔지에의 건축 작품, 모더니즘 운동에 관한 탁월한 기여(The Architectural Work of Le Corbusier, an Outstanding Contribution to the Modern Movement, 2010, 7개국 공동 등재)

자연유산

- 알프스 융프라우 알레치(Swiss Alps Jungfrau-Aletsch, 1994)
- 성조르조산(Monte San Giorgio, 1995, 이탈리아와 공동 등재)
- 스위스 사르도나 지각 표층 지역(Swiss Tectonic Arena Sardona, 1996)

❷ 소국 – 리히텐슈타인

리히텐슈타인(Liechtenstein)은 유럽 중부 스위스와 오스트리아 사이에 위치(9° 32' E, 47° 16' N)하고 있는 입헌군주국이다. 정식 명칭은 리히텐슈타인공국(Principality of Liechtenstein)이다. 동쪽과 북쪽은 오스트리아와, 북쪽, 서쪽, 남쪽은 스위스와 접해 있다. 바티칸시티, 산마리노, 모나코공국 등과 함께 유럽소국에 속한다. 면적 160㎢, 인구 38,749명(2020년)이다. 1719년 셸렌베르크(Schellenberg)공국과 파두츠(Vaduz)공국이 리히텐슈타인이 되었고, 1806년 신성로마제국으로부터 분리되어 1815년 독일연방으로 있다가 1866년 독립하였다. 1867년부터 영세중립국으로 있으며, 납세와 병역의 의무가 없고, 왕족 이외에는 빈부의 차가 거의 없다. UN(국제연합)과 스위스, 오스트리아, 유럽평의회, 벨기에 외의 국가에서는 스위스가 외교관계를 대신한다. 행정구역은 11개 주민자치제로 구성되어 있다.

7 오스트리아

- **위치 :** 유럽 중남부
- **면적 :** 83,858㎢
- **인구 :** 9,006,400명 (2020년)
- **수도 :** 빈(Wien, Vienna)
- **정체 :** 연방공화국(내각책임제)
- **언어 :** 독일어
- **통화 :** 유로(EUR)
- **환율 :** 1유로(EUR) = 1,342.35원 (2021년 2월)
- **민족 :** 게르만족
- **종교 :** 가톨릭(90%), 개신교(6%)
- **1인당 GDP :** 50,277.28달러 (2020년)

오스트리아의 정식 명칭은 오스트리아공화국(Republic of Austria)이다. 지리적으로 북쪽 독일과 체코, 동쪽 헝가리와 슬로바키아, 남쪽 슬로베니아와 이탈리아, 서쪽 스위스와 리히텐슈타인에 접한다. 국명은 동쪽제국(Eastern Empire)을 뜻하는 독일어의 'Österreich', 'Old German Ostarrichi' 에서 유래했다. 행정구역은 9개 연방자치주로 되어 있다.

1 역사배경

오스트리아 지역은 서기 원년 경부터 로마제국 지배를 받았고, 알프스와 다뉴브연안 지역의 전략적 요충성이 인정되어 경제와 문화가 발전되었고, 2세기경 크리스트교가 전파되었다. 5세기 게르만족 이동 때 오스트리아는 훈(Hun), 아바르(Avar), 슬라브(Slav) 및 마자르족(Magyar)에 의해 차례로 점령되었고, 500~700년경 게르만계 바바리아족(Bavaria)이 정착하였다. 8세기 말 카를대제의 프랑크제국에 편입되었고, 880년 마자르족이 침략해 약 70년간 지배당했으나 955년 오토대제가 격퇴함으로써 게르만족이 재정착한다.

중세 때 976년부터 270년 동안 바벤베르그(Babenberg) 왕조, 1273년부터 640년 동안 합스부르크(Habsburg) 왕조의 지배를 받았다. 1273년 합스부르크가의 루돌프(Rudolf)가 신성로마제국에 의해 독일 왕으로 임명됨으로써 합스부르크 왕조가 시작되었고, 640년 동안 황제 20명이 왕위를 계승하였다. 마리아 테레지아(Maria Theresa)는 1740년부터 80년간 통치하면서 행정제도, 교육, 문화개혁을 단행하였고, 고전음악 중흥 토대를 구축했다.

1867년 오스트로-헝가리 2원 왕국이 성립되었고 입헌군주제의 헌정질서가 도입되었다. 1870년대 이후 독일과의 우호동맹 관계구축과 터키 쇠퇴로 힘의 공백상태에 놓인 발칸 진출을 시도했으며, 그 지역 내 슬라브 민족세력 및 러시아와 대립하였다. 1914년 6월 28일 오스트리아 페르디난드(Ferdinand) 황태자가 슬라브 민족주의자에 의해 암살되는 사건이 발생해 제1차 대전이 일어났다. 제1차 대전 패전 후, 1918년 11월 12일 제1공화국이 수립되었고, 신생 오스트리아 공화국은 과거 오스트로-헝가리왕국의 영토 중 약 27% 만을 점유하고, 나머지 73%는 분할되어 각각 폴란드, 체코, 헝가리, 유고 등 새로운 공화국 탄생을 가져왔다. 1933년 독일에서 나치가 정권을 획득한 이래 독일군이 진주하였고, 1938년 3월 13일 독일과 오스트리아 양 정부에 의해서 양국의 완전한 통합이 선언되었다. 독립국존재를 상실하고 독일 제3제국의 영토가 된 오스트리아는 1939년 9월 제2차 대전에 돌입하였으나 1945년 4월 13일 소련군에게 빈을 점령당하고 4국(미국, 영국, 프랑스, 소련) 관리 아래 정부가 재건되었다. 1955년 9월 27일 17년 만에 중립체제를 전제조건으로 독립주권이 회복되었다. 같은해 10월 26일 영세중립을 규정한 헌법이 선포되었고, 12월 14일 UN(국제연합)에 가입하였다. 1995년 EU(유럽연합)에 가입해 회원국이 되었다.

2 자연환경

오스트리아 지형은 전국토가 바다가 없는 육지로 둘러싸여 있고, 국토의 2/3는 알프스 산지로 이루어져 있다. 서쪽은 산지의 골짜기의 깊이가 450~750m, 해발고도 2,400~3,600m 의 산악지대이다. 동쪽도 산의 해발고도가 1,600~2,400m로서 산맥을 이루고 있으며, 산맥을 기점으로 남북으로 구릉지가 형성되어 있다. 제일 낮은 곳은 도나우 골짜기이며, 인구의 상당수는 동쪽 저지대에 거주하고 있다. 기후는 대륙성 기후이며, 여름은 따뜻하지만 밤에는 서늘하고, 소나기가 내리기도 한다. 겨울은 저지대는 비가 자주 내리고, 고지대는 눈이 많이 내린다. 고도에 따른 기온차가 심하며, 여름 평균기온 17~20℃, 겨울 평균기온 -5℃ 정도이다. 오스트리아 방문 선호 시기는 하계(5~10월)과 동계 스키시즌(12~4월)이다.

3 지역정보

❶ 빈

빈은 오스트리아 수도이자 최대도시이며, 영어 명칭 비엔나(Vienna)로 잘 알려져 있다. 도심을 걷다보면 느낄 수 있는 전형적인 중세경관, 고딕양식을 대표하는 성 슈테판 성당(Stephansdom)과 호프부르크 왕궁(Hofburg Palace), 시립공원(Wien Stadtpark) 및 도나우강 등 랜드마크를 통해 국제도시 명성을 얻었다. 빈 역사지구와 쉔부룬 궁전과 정원(Palace and Gardens of Schonbrunn)은 중세와 바로크건축을 대표하여 각각 2001년과 1996년 유네스코 세계유산에 등재되었다. 성 슈테판 성당(Stephan Cathedral)은 도시 중심부에

▲ 성 슈테판 성당

우뚝 솟은 고딕양식의 걸작이며, 호프부르크 왕궁은 13세기부터 600여 년 동안 합스부르크 왕가가 거주한 곳이다. 쉔부른 궁전과 정원은 단두대의 이슬로 사라진 마리 앙투아네트(Marie′ Antoinette)의 어머니 '마리아 테레지아 여제(Maria Theresia)' 의 궁전이었고, 규모는 프랑스의 베르사유 보다는 작지만 화려함과 정원의 아름다움은 베르사유를 능가한다.

빈이 '예술의 고향, 예술의 도시'로 자리매김할 수 있게 된 원동력은 합스부르크왕가에서 비롯되며, 음빈 시내 곳곳에서 음악가들에 관한 스토리를 간직한 장소를 만날 수 있다. 방문자들은 음악가의 기념관, 기념명판, 동상 등을 찾아다니며 음악세계에 빠져든다 시립공원(Wien Stadtpark)은 1862년 개장한 빈 시민의 휴식처이지만 여러 음악가들의 동상이 모여 있는 곳으로 특히 요한 슈트라우스 동상이 유명하다. 중앙묘지는 1874년 11월 새롭게 조성된 이래, 음악을 사랑하는 여행자의 발길이 이어지는 곳인데, 베토벤, 슈베르트, 주페, 요한 슈트라우스 1세와 2세, 브람스 등이 잠들어 있다. 빈은 동유럽으로 항하는 여행의 출발점이 되며 '세계 음악의 수도' 라고 하는 호칭을 갖는 중심도시이다.

빈은 유럽에서 대표적인 환경을 지향하는 건축이 돋보이며, 도심 한복판에 세워진 슈피텔라우 쓰레기 소각장(Spittelau District Heating Plant)은 대표 사례다. 화가이자 건축자였던 훈데르트바서(Friedensreich Hundertwasser)는 '아파트 건물에 자연을 심고, 공유와 소통의 공간을 중시하며 외형뿐 아니라 기능도 친환경이어야 한다' 는 철학을 도시에 구현하였고, 인간과 자연의 공존을 주장하며 환경친화적 건축을 만든 대표적인 인물이다.

❷ 잘츠부르크

잘츠부르크(Salzburg)는 서부 잘츠부르크주 주도이자 문화도시로 알려져 있다. 잘츠부르크는 Salz(소금)와 Burg(城)의 합성어이며, '소금의 성' 이란 뜻을 갖고 출발했다. 과거부터 가톨릭 중심지로 발전하였고, 제2차 대전 중 폭격으로 도시일부가 파괴되었으나, 중세 때부터 19세기까지 발달한 도시구조가 보존되어 있다. 잘츠부르크 역사지구(Historic Centre of the City of Salzburg)는 1996년 세계유산에 등재되어 가치와 진정성을 인정받았다. 도시의 문화유산은 구시가지 전체가 내려다 보이는 남쪽 호엔잘츠부르크 성성(Festung Hohensalzburg)에서 시작하여 구시가 레지덴츠광장(Residenzplatz)과 성당, 모차르트생가(Mozart Geburtshaus)가 위치한 게트라이데거리(Getreidegasse), 사운드 오브 뮤직의 배경이 된 바로크양식의 미라벨 정원(Mirabell Palace)을 중심으로 하며, 이곳 동쪽에 위치한 잘츠캄머구트 지방의 할슈타트-다흐슈타인 문화경관의 아름다운 호수지대와 장크트길겐을 포함할 수 있다. 잘츠부르크는 옛 것과 새 것이 조화로운 화합의 도시로 음악가 모차르트의 탄생도시이며, 영화 '사운드 오브 뮤직(Sound of Music)' 의 무대로 유명하다.

❸ 인스부르크

인스부르크(Innsbruck)는 1964년과 1976년 두 차례 동계올림픽을 개최한 유럽을 대표하는 동계스포츠의 중심지다. 서부 티롤 주의 주도로 표고 574m 고원에 자리 잡고 있다. 인스부르크란 '인(Inn)강에 걸린 다리' 라는 뜻이며, 도시 이름 그대로 시내 한복판에 인 강이 멀리 노르트케테(Nordkette, 2274M)를 바라보며 흐르고 있다. 왕궁(Hofburg)은

18세기 마리아 테레지아 여왕이 아들 요세프 2세의 결혼식 때 유럽왕가의 하객들을 맞이하기 위해 왕궁을 로코코 스타일의 화려한 호텔식 건물로 개조한 것이다. 마리아 테레지아 거리(Maria Theresiastrasse)는 인스부르크의 중심 거리이며 기념탑과 파리 개선문을 축소해 만든 개선문이 특징이다. 황금지붕(Golden Dachl)은 16세기 막시밀리안 1세 때 발코니 위에 설치한 것이며, 궁전건물 5층에 내민 지붕은 금박 입힌 동판으로 덮여 있다. 발코니에는 여덟 영지의 문장과 황제, 왕비상이 부조되어 있고, 벽은 프레스코화로 장식되어 있다.

4 문화

❶ 민족과 언어

오스트리아의 옛 제국시대 때 다민족국가였으며, 현재 인구의 97%가 독일계 오스트리아인이다. 그밖에 헝가리와의 국경 지방은 크로아티아인과 마자르인, 케른텐 및 슈타이어마르크 지방은 슬로바키아인, 빈에는 체코인이 소수 거주하고 있다. 특히 수도인 빈 시민이 갖고 있는 로마적 정서와 발칸적 격렬성은 같은 독일어를 모국어로 사용하는 독일인과 상이한 성격이다. 오스트리아 생활을 강하게 지배하고 있는 가톨릭의 영향이 강하여 풍습이나 축제도 구교적인 것이 많다. 자국 문화와 예술을 사랑하는 국민적 정서가 강하다. 공용어는 독일어다. 독일어는 영어나 네덜란드어와 함께 인도유럽어족의 한 분파이며, 제1차 대전 이후 국민 대다수에서 모국어로 사용하고 있다. 일부 소수민족은 각각 민족 언어를 사용한다.

❷ 종교

오스트리아는 다종교 사회이지만, 주요 종교는 가톨릭이 90%를 차지한다. 이외에 개신교와 이슬람교, 유대교를 믿는 사람도 있다.

❸ 음식

오스트리아는 역사적으로 독일과 헝가리 요리가 섞이게 되어 독특한 맛이 강하다. 육류를 좋아하는 오스트리아인은 햄과 소시지를 주재료로 하여 여러 종류의 재료를 첨가하면서 다양한 요리를 만들어냈다. 비너 슈니첼(Wiener Schnitzel)은 빵가루를 입힌 송아지 고기 요리이다. 바다가 없기 때문에 해산물 요리 발달이 미약하다.

5 기타

❶ 모차르트 가치를 창조하는 도시브랜딩

모차르트(W. A. Mozart)는 1756년 잘츠부르크에서 태어나 25세 때인 1781년까지 활동하였고, 이후 빈에서 음악을 완성하였다. 모차르트생가는 1981년 6월 12일 모차르트 기념관으로 지정되었고, 잘츠부르크 게트라이데거리(9번지)에 위치해 있다. 시내 곳곳에 모차르트동상이 세워져 있고, 모차르트음악을 비롯하여 초콜릿, 레스토랑, 카페에 이르기까지 거의 모든 것이 관련이 되어 있다. 초콜릿을 시작으로 소시지, 맥주잔, 손목시계, 요구르트, 인형, 머그컵, T셔츠, 케이크, 와인, 맥주, 골프공까지 상품은 다양하다. 모차르트 기념품만을 제조해 판매하는 '모차르트란트' 라는 기업이 존재하고, '모차르트공항' 이란 이름을 사용한다. 모차르트는 고향을 떠나 '음악의 수도' 빈으로 거처를 옮겼지만 지금도 후손을 먹여 살린다. 초콜릿은 '모차르트쿠겔(Mozartkugeln)' 이라고 하며, '모차르트는 음악이라는 마음의 양식 뿐 아니라, 초콜릿으로 달콤한 입맛을 제공한다'는 이미지를 내세웠다. 빈의 돔가세 5번지는 모차르트 하우스 빈(Mozarthaus Wien) 기념관으로 잘 알려져 있으며, 〈피가로의 결혼〉을 작곡해 '피가로하우스'라고 한다. 베토벤이 먼 길을 달려와 만난 곳이자 하이든도 여러 번 방문한 의의 있는 곳이다.

모차르트 생가

❷ 사운드 오브 뮤직

사운드 오브 뮤직(Sound of Music)은 뮤지컬 영화의 대명사이다. 원래 1959년 11월 브로드웨이 무대에 올린 후 장기 공연된 작품이며, 영화는 1965년 잘츠부르크를 중심으로 촬영되었고, 마리아 폰 트라프가 귀족가문과 동반해 독일점령에서 탈출한 실화에 바탕을 두었다. 도레미송의 경쾌한 선율과 음악 에델바이스가 유명하며, 영화 속 마리아가 있던 수녀원 논베르크수도원, 트라프 대령 저택과 보트놀이를 하던 레오폴츠크론성, 도레미송을 부를 때 나오는 미라벨정원, 에델바이스를 부른 축제극장, 결혼식이

◀ 잘츠캄머구트 몬트제교회

열린 잘츠캄머구트 몬트제교회 등 잘츠부르크와 근교까지 명소로 부각되었다. 사운드 오브 뮤직 투어는 영화의 인기가 세월을 넘어, 세대와 국적을 따지지 않는다는 것을 실감케 한 대표사례이다.

③ 세계유산

오스트리아는 빈의 쉔브룬 궁전과 정원(Palace and Gardens of Schonbrunn)을 포함한 9건의 문화유산과 1건의 자연유산을 보유하고 있다.

문화유산

- 쉔브룬 궁전과 정원(Palace and Gardens of Schonbrunn, 1996)
- 잘츠부르크 역사지구(Historic Centre of the City of Salzburg, 1996)
- 잘츠카머구트 지방의 할슈타트-다흐슈타인 문화경관 (Hallstatt-Dachstein Salzkammergut Cultural Landscape, 1997)
- 제메링 철도(Semmering Railway, 1998)
- 그라츠 역사지구와 에겐베르크성(City of Graz-Historic Centre and Schloss Eggenberg, 1999)
- 바하우 문화경관(Wachau Cultural Landscape, 2000)
- 빈 역사지구(Historic Centre of Vienna, 2001)
- 페르퇴/노이지들러 문화경관(Ferto / Neusiedlersee Cultural Landscape, 2001)
- 알프스 주변의 선사시대 호상가옥(Prehistoric Pile dwellings around the Alps, 2011)

자연유산

- 카르파티아 및 유럽의 기타 지역에 생육하는 고대 및 원시 너도밤나무 숲 (Ancient and Primeval Beech Forests of the Carpathians and Other Regions of Europe, 2007/2011/2017, 12개국 공동등재)

02 동부 유럽

동부 유럽(Eastern Europe)은 서유럽 동쪽으로 발트 해에서 발칸 반도에 이르는 유럽의 동부이다. 냉전 때 동구권 국가를 지칭하여, 동구의 개념은 자유민주주의 시장경제 체제를 기본으로 한 서유럽과 달리 공산주의(스탈린주의)와 계획경제체제의 국가를 뜻하였다. 과거 구소련과 영향에 있던 동유럽제국을 가리켰고, 동독과 헝가리, 유고슬라비아, 체코슬로바키아(체코와 슬로바키아), 불가리아, 루마니아, 알바니아, 폴란드 등 8개국이 이에 속하였다. 1980년대 말부터 민주화와 경제발전을 가속화한 국가가 많다. 현재 범위는 지리적 성향이 강하여 과거 동유럽에 속한 국가 중의 일부가 제외된다. 러시아를 비롯하여 주변의 몰도바, 벨라루스, 우크라이나, 헝가리, 체코, 루마니아, 불가리아, 폴란드, 슬로바키아를 포함한다.

1 러시아

- **위치**: 유럽 및 아시아
- **면적**: 17,098,242㎢
- **인구**: 145,934,460명 (2020년)
- **수도**: 모스크바(Moscow)
- **정체**: 연방공화국
- **언어**: 러시아어
- **통화**: 루블(RUB, Rouble)
- **환율**: 러시아 1RUB = 15.00원 (2021년 2월)
- **민족**: 러시아인(82%), 타타르인(4%), 우크라이나인(3%), 기타 민족(11%)
- **종교**: 러시아정교, 이슬람교, 로마가톨릭교, 개신교
- **1인당 GDP**: 11,585달러 (2020년)

러시아의 정식 국명은 러시아연방(Russian Federation)이며, 유럽에서 아시아에 이르는 옛 소련 영토의 대부분을 차지하는 국가이다. 동쪽은 태평양에 접해 있고, 서쪽은 노르웨이, 핀란드, 폴란드, 발트 3국(에스토니아, 라트비아 · 리투아니아)와 경계를 이루며, 남쪽은 그루지아와 우크라이나를 비롯하여 중국, 몽골, 북한 등과 북쪽은 북극해와 맞닿아 있다.

1 역사배경

4~6세기 경 러시아인의 선조 '동슬라브족'이 정착생활을 시작하였고, 6세기에 동맹체를 형성하였다. 9세기 후반 바이킹족에 속하는 루스족이 남하해 키예프 대공국을 수립하였으며, 10세기 블라디미르 대공이 크리스트교를 국교로 수용하면서 11세기 비잔틴문화가 부흥하였다. 블라디미르 사후 분열되었고, 1238년 몽고의 오고타이 칸이 키예프 러시아를 정복한 후 약 240년간 몽고지배를 받았다, 러시아인은 13세기 말 모스크바 공국을 수립하였고, 15세기 후반 이반 3세 때 러시아의 모든 공국을 병합 세력을 확장해 몽고와 주종관계를 청산하기 시작했고, 이반 4세 때 중앙집권을 강화하고 볼가강 유역과 시베리아를 정복하여 영토를 확대하였다. 1613년 미하일 로마노프에 의해, 로마노프 왕조가 시작되었고, 표트르 대제 집권 때 페테르부르크를 수도로 정하여 서유럽 진출의 창구로 삼고 고대 러시아 영토를 회복하였다. 로마노프 왕조는 1917년 혁명 전까지 표트르대제, 알렉산드르 1세 등의 대외정책을 통해 동유럽의 중심세력으로 성장했으나 전쟁과 개혁 실패로 불안이 고조되었다.

1905년 1월 혁명과 1914년 제1차 대전으로 인해 대내외 상황이 악화되었고, 1917년 2월 혁명이 발생하여 니콜라이 2세가 퇴위하고 로마노프 왕조가 몰락하였다. 1917년 10월 레닌의 볼셰비키 당은 쿠데타를 일으켜 정권을 장악하고 프롤레타리아 독재를 기본 이념으로 하는 공산주의 정권을 수립하였다. 레닌은 수도를 모스크바로 이전하였고, 1922년 12월 소비에트 사회주의 연방공화국을 성립하고 1924년 연방헌법을 채택하였다. 1924년 1월 레닌 사망 후, 1925년부터 스탈린 독재체제가 확립되었다. 1936년 12월 사회주의 강화 명목아래 스탈린헌법을 채택, 당의 지도적 역할을 규정하여 독재 권력을 보다 강화하였고, 1939년 8월 독 · 소 불가침 조약 체결, 발트 3국과 몰도바 합병, 1941년 6월 독일의 소련침공을 계기로 연합국 일원으로 제2차 세계 대전에 참가하여 전승국이 됨으로써 소련은 동유럽 전역과 북한을 세력권에 넣는 세계 강국으로 부상하였다. 서방과 힘에 의한 평화공존노선을 견지하여 동 · 서 데탕트를 실현하기도 하였다.

스탈린 조각상

1986년 2월 당시 서기장 고르바초프는 중앙통제경제의 전면개혁을 요구하는 신 강령을 채택하고 1987년 혁명 70주년 기념식에서 페레스트로이카 노선을 본격화하였다. 이후 연방구성 공화국의 권한 강화로 인해 연방해체를 우려한 일부 강경세력 불만이 증가되어 1991년 8월 쿠데타가 발생해 쿠데타 진압에 앞장선 급진개혁주의자 옐친 대통령이 정치주도권을 갖게 된다. 1991년 12월 25일 연방붕괴와 함께 구소련(USSR)의 법통을 이어받은 국가로 민주주의와 시장경제제도를 추구하는 러시아연방이 탄생하였고, 15개 공화국들이 모두 독립한 상태에서 '독립국가연합(CIS)' 이라는 새로운 체제가 만들어졌다.

2000년 블라디미르 푸틴(Vladimir Putin)이 대통령에 선출되었고, '위대한 러시아', '강력한 러시아' 라는 슬로건 아래 경제와 사회 안정을 꾀하였다. 권력을 중앙정부에 집중시키면서 석유와 가스 등 전략적 자원을 다시 국유화하는 등 강력한 개발독재식 모델을 택하였고, 미디어장악을 통해 민주주의를 훼손했다는 비판을 받기도 하지만, 통치력을 바탕으로 시장의 자유화를 추구하고 에너지산업 국유화를 실시하여 경제성장 정책을 추구하고 있다.

3 자연환경

러시아는 수리적으로 19° E, 169°5′ W, 44°~ 82° N 사이에 위치해 있다. 지리적으로 북동유럽에서 우랄 산맥지역을 거쳐서 시베리아와 극동지방에 이른다. 영토가 광범위하여 특징을 한번에 표현할 수 없으나, 중간의 우랄산맥을 제외하면, 지형은 남동쪽으로 험준한 산악지대가 발달하였고, 북서쪽은 거대한 평지가 발달해 있다. 기후는 북쪽에서 남쪽으로 갈수록 북극해 연안지역의 툰드라, 시베리아의 거대한 삼림지대를 따라 나타나는 타이가 기후대, 중앙아시아 지역의 건조기후, 카스피 해 연안의 스텝기후, 흑해 연안의 지중해성 기후까지 광범위하다. 남북으로 불규칙적으로 기후대가 나타나는 반면, 서부에서 동부로 갈수록 대륙성 기후를 반영한다. 봄과 가을이 짧고, 동계는 10월경부터 시작한다. 동계에는 보통 아침 8시나 되어야 해가 뜨고 오후 4시경이면 어둡다. 봄이 오는 4월 중순 무렵까지는 거의 매일 길가에 쌓여 있는 눈을 볼 수가 있다. 6월부터 시작되는 하계에는 모스크바 등 고위도의 도시에서 백야현상이 나타나며, 밤 11시가 지나서 해가 지기 시작하고 해가 진 새벽에도 길을 걷는데 지장이 없을 정도로 밝다.

붉은 광장의 성 바실리 사원

3 지역정보

❶ 모스크바

모스크바(Moscow)는 러시아의 정치, 경제, 문화의 중심지이다. 지리적으로 동유럽 평원의 중앙에 위치하고 있으며, 도시 내에서 흐르는 모스크바 강은 모스크바 북서쪽에서 남동쪽으로 흘러 볼가 강과 합류해 카스피 해로 흘러 들어간다. 크렘린(Kremlin)과 붉은 광장 일대는 1990년 유네스코 세계문화유산에 등재되었다. 크렘린은 모스크바의 심장부로 러시아 역사를 엿볼 수 있다. 러시아어로 요새를 의미하는 크렘린 내부는 15세기 교회에서부터 현대적 의회까지 다양한 건물이 있다. 크렘린궁전을 비롯하여 높이 2,235m에 이르는 크렘린망루, 이반대제의 종루, 우스펜스키사원, 세계에서 가장 큰 종(황제의 종)과 황제의 대포 등 감탄을 자아내는 장소이다. 레닌을 시작으로 스탈린, 흐루시초프, 브레즈네프, 고르바초프가 서기장으로 집정한 사회주의 종주국을 대표했던 장소이기도 하다.

붉은 광장은 크렘린궁전 앞 광장을 의미하며 국립 역사박물관, 굼백화점, 성 바실리 사원에 둘러싸여 있다. 현재 '붉은' 으로 해석되는 광장 명칭은 고대 러시아어로 '아름다운 광장' 의 의미였다. 붉은 광장 중앙에는 아직도 살았을 때의 모습 그대로 누워 있는 레닌의 묘가 마련되어 있다. 성 바실리 사원은 세계에서 단 하나뿐인 특이한 형태로 이루어진 러시아 정교회사원이다. 사원 이름은 당시 수도사 바실리에서 유래되었고, 1561년 완성되었다. 이반4세가 '건축미에 탄복하여 더 이상 이와 같은 성당을 짓지 못하게 하라' 는 뜻으로 설계자의 두 눈을 뽑아버렸다는 이야기가 전해진다.

아르바트거리는 러시아의 위대한 작가 알렉산드르 푸쉬킨(Aleksandr Sergeevich Pushkin)을 비롯하여 시인 미하엘 레르몬토프(Mikhail Yurevich Ler ' montov) 그리고 소설가 이반 세르게예비치 투르게네프(Ivan Sergeevich Turgenev) 등이 어린 시절을 보낸 곳이기도 하며 스탈린 양식의 거대한 외무성 건물까지 계속되는 거리이다. 우리나라의 대학로와 비슷한 느낌을 주며, 모스크바에서 젊은이가 많이 찾는다.

❷ 상트페테르부르크

상트페테르부르크(St. Petersburg)는 모스크바 북서쪽으로 715㎞ 떨어진 곳에 위치한다. 모스크바가 동양적 모습을 많이 간직하고 있는 도시라면, 상트페테르부르크는 '서유럽으로 가는 통로' 라는 호칭에 걸맞게 18~19세기 때 집중된 바로크 양식의 건축이 많다. 1703년 표트르 대제에 의해 건설된 이래, 200년간 로마노프 왕조의 수도가 되었고, 전쟁과 혁명으로 얼룩진 역사의 장소가 되었다. 러시아혁명 당시의 페트로그라드, 구소련 시절의 레닌그라드에 이어 1991년 공화국으로 복귀하면서 그 명칭이 과거의 '상트페테르부르크'를 되찾은 역사를 갖고 있다. 6~7월 '백야' 의 경관을 볼 수 있고, '북쪽의 베니스' 라고도 한다.

여름궁전(페테르고프, Peterhof)는 러시아의 베르사유 궁전 혹은 러시아분수들의 수도라고 불리며, 황제의 가족과 상트페테르부르크 귀족이 여름을 보낸 곳이다. 에르미타주 박물관은 제정 러시아 황제들의 거처였던 로코코 양식의 궁전이다. 1764년 예까쩨리나 2세가 226점의 회화를 들여왔던 것을 계기로 하여 현재 약 300만점의 전시품이 소장되어 있는 러시아 최고의 박물관으로 잘 알려져 있다. 성 이삭 성당은 표트르 대제의 청동의 기마상 맞은편에 위치한 거대한 황금빛 돔이다. 성 이삭의 날인 5월 30일에 태어난 표트르 대제를 기념하기 위해 건립되었다. 까잔 성당은 넵스키 대로 부근에 위치한 정교회성당이며, 94개의 콜린도 양식 기둥이 성당 주위를 둘러싸고 있다. 상트페테르부르크 역사 지구와 관련 기념물은 1990년 유네스코 세계문화유산에 등재되었다.

❸ 블라디보스토크

금각교

블라디보스토크(Vladivostok)는 러시아 연해주 지방에 있는 항만도시이다. 블라디보스토크는 '동방을 지배하라'라는 뜻이며, 지리적으로 중국과 북한과 맞대어 있다. 옛 소련 극동함대의 사령부가 있는 해군기지이며, 북극해와 태평양을 잇는 북빙양 항로의 종점, 모스크바에서 출발하는 시베리아 철도의 종점이기도 하다. 항만은 표트르 대제만(大帝灣)에서 남쪽으로 돌출한 무라비요프아무르스키 반도 끝에 위치하며, 시가지는 해안에서부터 구릉 위로 펼쳐져 있다. 승리의 V 모양을 한 위풍당당한 자태로 금각만을 가로지르는 금각교(Golden horn bridge)와 독수리 전망대, 옛날의 대포와 요새가 상당수 남아 있은 루스키 섬(Russky Island)이 있다. 블라디보스토크에서 112㎞ 떨어져 있는 우수리스크(Ussuriysk)는 안중근, 이상설, 최재형 등 독립운동가의 연해주 거점이자 고려인의 삶의 터전인 곳이다.

4 문화

❶ 민족과 언어

러시아는 185개 민족으로 구성되어있다. 여러 공화국으로 나누어져 러시아인(82%), 타타르인(4%), 우크라이나인(3%), 기타 민족 등이다. 러시아인은 오랫동안 겪은 사회주의 체제에서의 영향으로 개인감정을 외부로 명확히 표현하는 경우가 줄어들면서 대체로 무뚝뚝한 것으로 알려져 있고, 명랑함이나 쾌활함을 외부로 표시하는 것도 절제하는 경향이 있다. 공용어는 러시아어이다. 러시아 국민 대부분이 러시아의 유럽지역과 아시아지역에서 러시아어를 사용한다. 현재 러시아에 100개 이상의 언어가 사용되며, 문자를 소유하지 않는 민족의 언어까지 포함한다면 그 수는 더 늘어난다.

❷ 종교

러시아정교는 러시아인의 역사와 맥을 같이한다. 정교는 슬라브족의 주된 신앙이 되어 발전하였다. 1453년 콘스탄티노플이 오스만 투르크에게 함락 당함으로써 비잔틴이 이슬람세력권으로 편입된 후, 정교의 주도권은 러시아가 담당하게 되고, 정교는 러시아 국가의 발전과 함께 민족의 종교이자 국가의 종교로서 성장하였다. 제2차 대전은 공산국가의 종교정책이 제고되는 계기를 마련하였는데, 히틀러가 소련을 침공하자 러시아 정교회는 전쟁지지 선언과 함께 국민단결을 호소하였고, 스탈린이 이를 받아들여 교회가 부활하였다.

❸ 음식

러시아의 음식문화는 귀족적인 것과 민중적인 것이 두 가지 형태로 발전되어 왔다. 러시아의 귀족은 서유럽의 스타일을 모방한 음식습관을 유지하였고, 평민은 나름대로 전통 음식문화를 형성하였으므로, 평민의 식생활 문화가 러시아 전통음식문화라고 할 수 있다.

5 기타

❶ 보드카

보드카는 러시아의 상징이라고 할 수 있다. 우리나라에서 술을 약주라고 칭하는 경우가 있듯 러시아인에게 보드카는 '신비스런 물'로 여겨졌다. 주원료는 밀, 보리, 호밀, 옥수수, 감자 등이고 무색무취의 투명한 증류수로 잘 정제된 술이다. 보드카 알코올도수는 40% 이상이며, 보드카의 도수를 현재의 도수로 정착시키는 데 결정적 기여를 한 사람은 19세기 화학자로 원소주기율을 발견한 드미뜨리 멘델레예프(Dmitrii Ivanovich Mendeleev)이다. 보드카 도수는 일정치가 않았으나 연구 끝에 '인간의 입맛에 적합한 알코올 도수는 40%이다.' 라는 연구를 발표함으로써 오늘날 러시아인이 즐겨 마시는 보드카의 모델을 제시하였다.

❷ 마트료시카

마트료시카(Matryoshka Doll)는 러시아의 민예품으로 인형의 몸체가 상하로 분리되고, 인형 속에 크기가 더 작은 인형이 3~5개 반복되어 들어 있는 형태이다. 5중 이상으로 인형이 들어 있는 경우가 많고, 전체적인 형태는 보통 모난 부분 없이 머리부터 둥근 원통형이다. 마트료시카 라는 명칭은 러시아 여성 이름 마트료나(matryona)에서 유래되었다. 원래 여성의 모습으로 인형을 만들었으나 유명인이나 정치인 등 여러 가지 캐릭터로도 제작된다.

❸ 세계유산

러시아는 옛 소련 시절 1988년 10월 12일 유네스코 조약에 비준하였고, 모스크바의 크렘린 궁전과 붉은 광장을 포함한 18건의 문화유산과 11건의 자연유산을 보유하고 있다.

키지 포고스트

문화유산

- 모스크바의 크렘린궁전과 붉은광장
  (Kremlin and Red Square, Moscow, 1990)
- 상트페테르부르크 역사지구와 관련 기념물군
  (Historic Centre of Saint Petersburg and Related Groups of Monuments, 1990)
- 키지 포고스트(Kizhi Pogost, 1990)
- 노브고로드 역사기념물군과 주변건축물
  (Historic Monuments of Novgorod and Surroundings, 1992)
- 블라디미르와 수즈달의 백색 기념물군
  (White Monuments of Vladimir and Suzdal, 1992)
- 솔로베츠키 제도 문화역사 유적군
  (Cultural and Historic Ensemble of the Solovetsky Islands, 1992)
- 세르기예프 포사드의 트로이체 세르기예프 수도원 고고유적
  (Architectural Ensemble of the Trinity Sergius Lavra in Sergiev Posad, 1993)
- 콜로멘스코예의 예수 승천 교회(Church of the Ascension, Kolomenskoye, 1994)
- 데르벤트의 성채, 고대도시, 요새건물
  (Citadel, Ancient City and Fortress Buildings of Derbent, 2003)
- 노보데비치 수도원(Ensemble of the Novodevichy Convent, 2004)
- 스트루베 측지 아크(Struve Geodetic Arc, 2005)
- 야로슬라블 역사지구(Historical Centre of the City of Yaroslavl, 2005)
- 볼가르 역사고고유적군(Bolgar Historical and Archaeological Complex, 2014)
- 도시-섬인 스비야시스크에 있는 성모승천 대성당과 수도원
  (Assumption Cathedral and Monastery of the town-island of Sviyazhsk, 2017)
- 프스코프 건축학파의 교회들(Churches of the Pskov School of Architecture, 2019)

자연유산

- 코미 원시림(Virgin Komi Forests, 1995)
- 바이칼호(Lake Baikal, 1996)
- 캄차카 화산군(Volcanoes of Kamchatka, 1996/2001)
- 알타이 황금산맥(Golden Mountains of Altai, 1998)
- 캅카스 서부지역(Western Caucasus, 1999)
- 시호테알린산맥 중부지역(Central Sikhote-Alin/Bikin River Valley, 2001/2018)
- 우브스 누르 분지(Uvs Nuur Basin, 2003)
- 브란겔랴섬의 자연보호지역(Natural System of Wrangel Island Reserve, 2004)
- 푸토라나고원(Putorana Plateau, 2010)
- 레나 필라스 자연공원(Lena Pillars Nature Park, 2012)
- 다구르, 다우르스키 경관(Landscapes of Dauria, 2017)

■ **표 3.1 러시아에 영향을 받는 주변 국가**

국가	국기	개요
벨라루스 (Belarus)	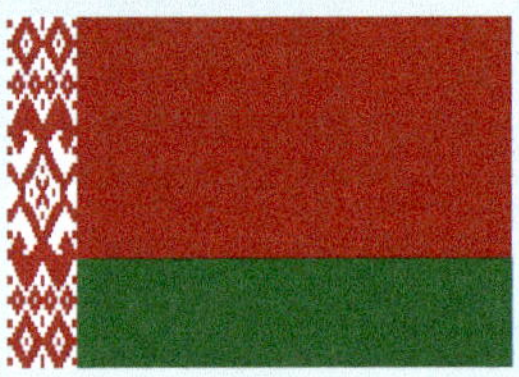	면적 : 207,600㎢ 인구 : 9,449,321명 (2020년) 수도 : 민스크(Minsk) 정체 : 공화제(대통령제) 언어 : 벨라루스어(국어), 러시아어(공용어) 통화 : BYR (벨라루스 루블, BYR) 1인당 GDP : 6,410달러 (2020년) 기후 : 온화한 대륙성 기후 종교 : 러시아정교(82%), 로마가톨릭, 개신교 등
우크라이나 (Ukraine)		면적 : 603,500㎢ 인구 : 43,733,759명 (2020년) 수도 : 키예프(Kiev) 정체 : 공화제(24개주 및 크림자치공화국) 언어 : 우크라이나어(러시아어 상용) 통화 : UAH (흐리브나, Hryvnia : Hr) 1인당 GDP : 3,220달러 (2020년) 기후 : 대륙성 기후 종교 : 우크라이나정교(67%), 가톨릭(12%), 개신교 (2.5%)

국가	국기	개요
몰도바 (Moldova)		면적 : 33,851㎢ / 인구 : 4,033,963명 (2020년) 수도 : 키시나우(Chisinau) 정체 : 공화제(이원집정부제) 언어 : 몰도바어(루마니아어와 유사), 러시아어(통용) 통화 : MDL (레이, Lei) 1인당 GDP : 4,498.52달러 (2020년) 기후 : 대륙성 기후 종교 : 러시아정교(98%)

2 헝가리

- **위치:** 유럽 중동부
- **면적:** 93,028㎢
- **인구:** 9,660,350명 (2020년)
- **수도:** 부다페스트(Budapest)
- **정체:** 공화제
- **언어:** 헝가리어(마자르어)
- **통화:** HUF(포린트, Forint)
- **환율:** 1 HUF = 3.75원(2021년 2월)
- **민족:** 마자르인(96.6%), 독일인(1.6%), 슬로바키아인, 남슬라브인
- **종교:** 가톨릭(67.5%), 개신교(20%), 그리스정교
- **1인당 GDP:** 16,475.74달러 (2020년)

헝가리의 정식 명칭은 헝가리공화국(Republic of Hungary)이며, 동쪽 우크라이나와 루마니아, 서쪽 오스트리아 · 슬로베니아, 남쪽 크로아티아와 유고슬라비아, 북쪽 슬로바키아에 둘러싸인 내륙국이다. 동유럽에 위치하고 있지만 독자적인 언어와 문화를 배경으로 하며, 문화와 역사의 여러 부분에서 동양적 요소를 찾아볼 수 있고, 공산화의 아픔을 겪었음에도 불구하고 매우 개방적인 분위기를 느낄 수 있다. 헝가리는 수도 부다페스트와 43개의 지방행정구역으로 나뉜다. 우리나라와는 1989년 2월 21일 정식 수교하였다.

1 역사배경

헝가리에 유목민 마자르족(Magyar)이 정착한 것은 9세기경으로 알려져 있다. 이들은 우랄산맥 주변에 살다가 서쪽으로 이동했고, 896년 부족장 아라파드를 중심으로 7개 부족이 연합해 카르파티아 분지에 도착했다. 아라파드의 증손 대수장 게제(Géza)의 아들 버이크(Vajk)가 크리스트교 개종을 선언한 후 1000년 로마교황 그레고리오 7세로부터 이슈트반 1세로 칭해지면서 최초 국왕으로 즉위했다. 헝가리에서는 아라파드가 헝가리 영토에 도착한 896년을 건국 원년으로 보고, 1896년 건국 1천년 기념제를 성대하게 열었고, 2000년 건국 1천년을 기념했다. 벨러 4세 때 1241년 몽고군 침입을 받았고 1301년 아라파드 왕조가 막을 내렸다. 15세기 후반 마티야슈 1세 때 영토가 확장되었고 르네상스 문화가 꽃피는 황금시대를 열었다. 마티야슈 사후 보헤미아와 헝가리 동맹연합이 결성되었고, 1526년 오스만 투르크 침입이후에는 보헤미아와 헝가리를 합스부르크가가 지배하게 되었다. 1541년 오스만 재침입후 투르크점령지(헝가리 중부와 남부), 합스부르크가 지배지역(북부와 서부) 및 동부의 오스만제국보호령(트란실바니아공국) 등 3개 구역으로 분할됐고, 이 세 분할은 1699년 오스만군이 축출되기 까지 지속되었다.

18세기부터 헝가리의 독립운동이 일어났고, 19세기 들어 근대화가 진행되어 세체니 백작에 의한 사회개혁과 코슈트 러요시의 독립운동 그리고 1848년 반년 밖에 지속되지 못했으나 헝가리 최초 독립내각이 구성되었다. 1866년 오스트리아-헝가리 이중제국 성립이후 헝가리 총리 언드라시 줄러에 의해 부다-오부다-페스트의 도시 통합과 공공건축 발전이 이루어진다. 1918년 제1차 대전 종결과 함께 오스트리아-헝가리 이중제국이 해체되어 독립을 이루었으나, 제2차 대전 때 독일과 소련의 전장이 되었고 종전 후 소련지배의 사회주의국가의 길을 걷게 되었다. 1956년 헝가리 혁명 후 변화의 물결이 시작됐고, 1980년대 소련의 페레스트로이카 영향에 따라 민주주의운동이 가속되어 1989년 10월 공화국이 탄생했다.

2 자연환경

전국토의 75%가 저평원 지대, 20%는 400m 이하의 구릉지대, 5% 정도가 400~1,000m 정도의 산악지대이다. 국토 중앙부를 남북으

로 가로질러 흐르는 도나우 강의 서쪽 지역에 헝가리 중앙산지가 북동에서 남서로 뻗어 있고, 남쪽 기슭은 중앙유럽에서 가장 큰 벌러톤호(Balaton)가 있다. 알프스의 지맥을 관류해 온 도나우 강이 북에서 남으로 흐르며 그 유역에 넓은 분지를 이루어 놓았다. 헝가리는 유럽 도나우강(총 연장거리 2,860㎞) 유역의 일부를 구성하고 있고, 헝가리 안에서 도나우 강은 417㎞에 이른다. 헝가리 대평원은 헝가리에서 가장 긴 티서 강(총 연장거리 1,419㎞, 헝가리 내 연장거리 596㎞)과 양분되어 있다.

헝가리는 동유럽의 대륙성 기후, 서유럽의 해양성 기후, 지중해의 아열대성 기후의 영향을 받아 연평균기온 10℃를 전후로 하는 온화한 대륙성 기후이다. 여름은 길고 건조하며 겨울은 춥다. 여름과 겨울의 기온차가 심해 가장 추운 달 1월의 평균기온은 −1℃이고 가장 더운 달인 7월 평균기온은 21℃이다.

3 지역정보

❶ 부다페스트

부다페스트는 헝가리 평야의 북서부 도나우(다뉴브) 강 연안에 위치하고 있으며, 이 강을 사이에 두고 동쪽 페스트와 서쪽 부다로 구분되어 상이한 배경을 갖고 발달했다. 부다는 BC 1세기경 켈트족이 최초 정착한 이래, 2세기부터 로마의 군주둔지 아퀸쿰(Aquincum)으로 알려졌고, 대 로마의 군사기지로 시작되어 도나우 강을 잇는 요충지로 자리 잡아 1361년 헝가리의 수도가 되었다. 부다는 왕궁의 언덕, 겔레르트 언덕이 강기슭까지 뻗어 있고, 어부의 요새와 마티아슈 교회 등 역사적 건물이 많은 지역이다. 페스트는 13세기 이후부터 도시 특성을 갖추기 시작해 중세이후 상업과 예술의 중심지로 성장했다.

부다 왕궁(Budavari Palota)은 해발 167m 언덕 남쪽에 위치하며, 부다의 역사를 상징하는 건물이다. 마티아슈 교회(Mátyás Templom)는 13세기 중엽 밸러 4세 때 로마네스크 양식으로 건축된 후 14세기 들어 고딕 양식으로 재건축되었다. 어부의 요새(Halaszbastya)는 왕궁언덕 북쪽, 따 마티아슈 교회의 후면에 위치하는 건축물로써 7개의 탑은 마자르족의 7개 부족을 상징하며, 고깔모자를 뒤집어 놓은 것 같은 뾰쪽한 지붕이 특징이다. 헝가리 최초의 국왕 성 이슈트반을 기념하는 기마상이 마티아슈 교회를 향해 세워져있다.

페스트 지역의 국회의사당(Orszaghaz)은 1904년 완성된 네오고딕 건축의 의사당 건물로 도나우 강변에 접하고 있다. 1851년 건설을 시작해 1905년 완성된 네오 르네상스 양식 건물 성 이슈트반 성당(Szent István–bazilika)과 건국 1천년을 기념하기 위해 1896년 완공된 영웅광장장(Hosok tere)은 대표적 명소이다.

❷ 헝가리 온천

세계에는 많은 유명한 온천들이 많지만, 헝가리도 온천으로 잘알려진 국가이다. 미네랄이 풍부한 광천수가 솟아나오는 곳이 전국적으로 분포하고, 각 온천은 뛰어난 효능을 가지고 있다. 온천의 기원은 고대 로마인이 로마식 공중목욕탕을 건설한 때로 거슬러 올라간다. 16, 17세기에 걸쳐 지역을 지배했던 오스만제국의 터키인이 더욱 온천을 발전시켰다. 부다페스트에는 현재 크고 작은 온천이 100개가 넘고, 건강유지와 치료목적 외에 사교장소로 인기가 높다. 세체니(Szechenyi) 온천은 페스트 지구에 처음 지어진 20세기 초의 대규모 온천이다. 이곳 내부는 대리석 기둥이 아름다운 로마식이지만, 외관은 네오바로크 양식의 화려한 건축이다. 수영복을 착용하며 야외온천에서 남성들이 체스를 즐기는 모습은 온천의 명물이다. 루더시(Rudas) 온천은 도나우 강가의 오래된 건물로 1579년 오스만인이 건설했으나 19세기 말 재건축되었다.

4 문화

❶ 민족과 언어

민족 구성은 마자르인(헝가리인)이 96.6%로 대다수를 차지하며, 독일인이 1.6%, 그 외 슬로바키아인과 남슬라브인이 있다. 헝가리인은 자기 민족을 마자르인(Magyars)이라고 부르며, 조상은 몽골족에 속하는 헝가리의 기간 주민이다. 이들은 9세기에 중앙아시아에서 서방으로 진출해 헝가리를 건국하고 백인종과 혼혈하여 문화와 종교 영향을 받았다. 헝가리인의 외모는 게르만족과 슬라브족과 함께 살면서 일반적인 유럽인과 차이가 없고, 인구 중 마자르족 외형을 지닌 사람은 극히 적다. 다시 말해 마자르인은 아시아에서 기원했으나 오늘날 헝가리인은 오히려 유럽인에 가깝고, 1천년 이상 유럽의 중앙에 거주해 유럽화 되었음을 암시한다. 뿐만 아니라 헝가리는 과거 오스트리아–헝가리 제국의 영향으로 정치 · 문화적으로 게르만 영향을 많이 받았고, 오스만 지배하의 이슬람, 공산화 과정 그리고 현대 사회에 이르기 까지 다양한 문화를 형성했다. 마자르어는 우랄어족의 피노 우그리아 어족(Finno–Ugric)에 속한 언어이다. 표기는 라틴문자로 사용하며, 헝가리를 중심으로 러시아, 루마니아, 체코, 슬로바키아, 세르비아 등지의 일부 지역에서도 사용된다.

❷ 종교

헝가리는 로마가톨릭교(67.5%), 개신교(20%), 루터교(5%) 등으로 이루어져 있다. 1600년 경 헝가리의 90%가 개신교였으나, 반종교 개혁과 그에 따른 차별대우의 기간 동안 많은 사람들이 가톨릭으로 개종하였다고 한다.

구야쉬 스프

❸ 음식

헝가리 음식은 고기와 야채를 많이 사용하며, 향신료로서 우리의 고추와 비슷한 파프리카(Paprika)를 많이 사용하여 다른 서유럽 국가 음식에 비해, 우리 입맛에 맞는 편이다. 헝가리인은 매운 음식도 즐기며 음식에 대한 금기나 편견은 없는 편이다. 또한 헝가리의 음식은 매우 짠 편으로 내륙국가로서 소금이 귀한 향신료의 역할을 했기 때문에, 지금도 음식에 소금을 많이 사용해 조리한다. 전통음식은 구야쉬 스프(Gulays, 일명 굴라시로 발음)는 쇠고기를 모나게 썰어서 감자, 양파, 파프리카를 넣고 푹 끓인 스튜의 일종이며, 우리나라 육개장과 맛이 비슷하다. 헝가리인은 빵과 구야쉬 스프를 중심으로 식사를 즐긴다.

5 기타

❶ 지하철과 친환경적인 도시교통

부다페스트는 지멘스와 할스케(Siemens and Halske) 회사에 의해 런던에 이어 유럽대륙 최초로 건설된 지하철의 출발점이다. 1896년 완공된 이래 뵈뢰슈머르치역(Vörösmarty)을 시작으로 언드라시 거리를 지나 영웅광장까지 연결되는 밀레니엄 지하철을 비롯한 4개의 지하철 노선, 29개의 노면전차, 트롤리버스와 일반 버스노선이 연계되어 있다. 시가지 전역에 지속적으로 노면전차 노선을 확장해 세계에서 가장 긴 노면전차 망을 보유하고, 단독차량으로 세계에서 차체가 가장 긴 차량(길이 54m)을 도입하는 등 친환경적인 대중교통시스템(LRT, New Tram)을 갖추었다.

❷ 세계유산

헝가리는 7건의 문화유산과 1건의 자연유산을 보유하고 있다. 문화유산은 부다페스트의 다뉴브 강변과 부다 성, 언드라시 애비뉴(Budapest, including the Banks of the Danube, the Buda Castle Quarter and Andrássy Avenue)를 비롯하여 홀로쾨 전통 마을과 그 주변(Old Village of Holloko and its Surroundings, 1987), 파논할마의 베네딕트회 수도원과 자연환경(Millenary Benedictine Abbey of Pannonhalma and its Natural Environment, 1996), 호르토바지 국립공원-푸스터(Hortobagy National Park – the Puszta, 1999), 페치(소피아나)의 초기 기독교 네크로폴리스(Early Christian Necropolis of Pecs(Sopianae), 2000), 페르퇴/노이지들러 호 문화경관(Ferto / Neusiedlersee Cultural Landscape, 2001), 토커이 와인 지역 역사 문화경관(Tokaj Wine Region Historic Cultural Landscape, 2002) 등이 있으며, 자연유산은 아그텔레크 카르스트 · 슬로바키아 카르스트 동굴군(Caves of Aggtelek Karst and Slovak Karst, 1995/2000/2008)를 포함하고 있다.

부다페스트의 다뉴브 강 연안과 부다 성(城)은 1987년 세계유산에 등록되었고, 2002

년 언드라시 거리(1872–1885), 밀레니엄 지하철(1893–1896)을 포함해 확장되었다. 해당 유산은 세계유산위원회에서 부다페스트의 고딕풍 성곽과 기념물이 헝가리의 시대별 건축양식에 영향을 준 것과 도시조경 특징이 헝가리 수도 역사를 그대로 간직하고 있는 것을 선정 이유로 하여, 19세기 후반 헝가리 건국 1천년 기념의 일부로 지어진 언드라시 거리와 밀레니엄 지하철을 포함해 세계유산 가치를 높이 평가하고 있다.

3 체코

- **위치:** 유럽 중동부
- **면적:** 78,867㎢
- **인구:** 10,708,982명 (2029년)
- **수도:** 프라하(Praha)
- **정체:** 입헌공화국(대통령제)
- **언어:** 체코어
- **통화:** CZK(코루나, Koruna)
- **환율:** 1 CZK = 51.92원 (2021년 2월)
- **민족:** 체코인(Czech 94%), 슬로바키아인(Slovak 3%), 폴란드인, 독일인, 헝가리인 등
- **종교:** 가톨릭 39.2%, 개신교 6.2%, 체코후스파 1.7%, 그리스정교 3.4%, 무교 40.2%
- **1인당 GDP:** 23,101.78달러 (2020년)

체코의 정식 국명은 체코공화국(The Czech Republic)이며, 유럽 중앙부에 위치하고 있다. 북서쪽과 서쪽 독일, 남쪽 오스트리아, 남동쪽 슬로바키아, 북동쪽 폴란드에 접해 있고, 과거의 보헤미아와 모라비아 지방을 차지하고 있다. 1918년 슬로바키아와 더불어 '체코슬로바키아 공화국' 으로 독립하여 사회주의국가로 유지되다가 1990년대 초 소련붕괴와 자유화 물결에 따라 슬로바키아연방을 해체하고 1993년 1월 슬로바키아와 분리되었다.

1 역사배경

6세기경 오늘날 체코 땅에 집단적으로 거주민이 정착하기 시작하였고, 7세기 사모 제국, 9세기 대모라비아 제국을 거쳐 10세기 체코공국, 12세기 이후 체코왕국으로 발전하였다. 14세기 들어, 체코 왕 카를4세가 신성로마제국의 황제를 겸함으로써 체코왕국은 황금기를 맞이했다. 중세 체코 역사의 황금기로서 정치적, 문화적으로 유럽의 강국임을 자임하던 카를4세의 통치가 끝남과 동시에, 체코왕국은 내리막길을 걷기 시작한다. 얀 후스(Jan Hus)의 종교혁명은 체코 땅을 유럽 최초의 프로테스탄트 국가로 만들어놓는데 성공하였으나 당시 로마교황청을 정점으로 하는 가톨릭의 유럽으로부터 격리됨으로써 15세기의 체코왕국의 국력은 침체로 빠져든다. 16세기 오스만제국의 위협이 가중되는 상황에서 체코귀족은 합스부르크 왕가의 페르디난트 대공을 자신들의 왕으로 추대하였고, 향후 4세기 동안 체코왕국은 오스트리아의 합스부르크 왕조 통치하에 놓였다. 가톨릭의 합스부르크 정권이 우선 착수한 것은 체코의 가톨릭 강화와 체코 프로테스탄트 귀족들을 제거하는 것이었다. 라틴어와 더불어 독일어가 공용어로 채택되면서 체코 땅의 완전한 독일화가 추진되었다. 1848년 3월 빈 시민들의 봉기로 시작된 합스부르크 제국 내의 혁명운동은 같은 해 6월 프라하 봉기의 무력진압에서 시작해 이듬해 1849년 10월 헝가리혁명 세력에 대한 러시아군대의 도움에 의한 제압을 끝으로 일단락되었다. 1867년 오스트리아 정부가 헝가리와 정치적 타협을 거쳐 오스트리아-헝가리제국의 2원체제로 전환되었다.

1914년 오스트리아의 세르비아에 대한 선전포고로 시작된 제1차 대전이 1918년 10월 28일 오스트리아-헝가리 제국의 항복으로 종결되자 프라하 시민이 궐기해 체코슬로바키아의 독립을 선포하였다. 1939년 독일에 의해 점령되었으나, 1945년 제2차 대전에서 프라하 봉기가 발생, 도시해방을 이루어냈다. 1948년 5월 공산화를 겪었고, 1968년 1월 '프라하의 봄'으로 부르는 자유화운동이 옛 소련의 침입으로 짓밟힌 역사적 사건을 겪었다. 1990년 6월 총선이 실시되어 비공산 연립정권이 탄생하였고, 국가 명칭에서도 사회주의가 삭제되고, 체코슬로바키아 연방공화국으로 개칭하였다. 1991년 6월 소련군 철수가 완료되고 경제개혁조치가 이루어지며, 1992년 10월 29일 체코와 슬로바키아공화국 간 무관세상품 및 용역이동을 위한 관세동맹협정이 체결되었다. 동년 11월 25일 체코연방 분리 독립법이 의회에 통과되어 12월 체코와 슬로바키아 국가 간에 선린우호 협력조약이 체결되었고, 1993년 1월 1일 체코와 슬로바키아로 분리되어 체코공화국이 탄생한다.

2 자연환경

체코는 전체적으로 분지지형이다. 국경지대는 북, 서북, 서남, 동쪽 모두 1,000~1,600m의 높은 산지가 둘러싸고 있고, 내부는 체코모라비아 고지에 의해 프라하를 중심으로 하는 보헤미아(체스케)와 동부의 모라비아(모라바) 분지로 구분된다. 보헤미아지방은 해발 200~400m 높이의 평원분지와 해발 700~900m에 이르는 고원지대로 나누며, 평원은 북쪽으로 흐르는 엘베 강과 블타바 강(몰다우 강) 유역에 발달하였다. 모라비아 지방은 북, 동, 서부는 산지 및 구릉지로 되어 있으나 남쪽지역은 도나우 강의 지류 모라바 강 유역에 평야지대가 이루어져 있다. 기후는 대륙성과 지중해성기후의 중간지대이다. 온화한 편으로 덥지 않은 여름과 습한 겨울, 맑고 청명한 봄과 가을을 볼 수 있다. 1월 평균기온 −2~4℃, 7월 18~31℃이다. 연평균강수량은 지역에 따라 다르나 보통 500~700㎜이고 동부산악지대로 갈수록 강수량이 많아진다. 강수량이 많은 달은 7월, 강수량이 적은 달은 2월과 3월이다.

3 지역정보

❶ 프라하

프라하는 체코의 수도이며, 수많은 역사를 간직한 신비스러운 고도이자 중세의 향기가 스며있는 곳이다. 로마네스크, 고딕, 르네상스, 바로크 등 다양한 양식의 건축이 남아 있다. 프라하 역사지구는 11세기부터 18세기까지 구축된 구시가를 중심으로 하며, 카를 4세 때 세운 건축이 남아 있다. 프라하 성(Prazsky Hrad), 성 비투스 대성당(St. Vitus Cathedral), 카를교(Kaluv Most)와 같은 건축은 대부분 14세기 신성로마제국 카를 4세 때 축조되었다. 구시가지에 유서 깊은 사적이 많이 있고, 광장 주변으로 구 프라하 시청사와 천문시계, 14세기에 만들어진 고딕양식 틴 성모 교회(Tynsky Chram), 화려한 킨스키 궁전 등이 남아 있다. 프라하 성은 프라하의 아름다운 야경을 대표하고 있으며, 12세기 로마네스크 양식의 성이 건축된 것이 성곽 역사의 시작이라고 한다. 성비투스 대성당은 프라하 성 내부 중앙에 위치하며, 1344년 카를 4세 때 착공했으나 후스(Jan Hus)의 종교개혁 때 중단되었다가 재개되었다. 16세기 중엽 르네상스식 첨탑이 완공되고, 17세기에 양파 모양의 바로크식 지붕이 모습을 드러냈다. 본당 주위에 체코의 수

▲ 구시가지 광장

호성인 바츨라프를 추모하기 위해 세운 화려한 예배당이 있다. 카를교는 중앙 유럽에서 가장 오래된 다리로 블타바 강에 건설된 13개의 다리 중에서 가장 아름다운 석조다리이다. 12세기 목재교가 동일 위치에 있었으나, 강 범람 후 붕괴 양쪽 난간에 종교와 관련된 동상이 만들어져 있다. 동상은 같은 시기에 만들어진 것이 아니라 17~19세기 약 200여 년에 걸쳐 현 모습을 갖추었다. 구시가지 광장(Stare Mesto)은 프라하 시민의 휴식처로서 보헤미아 독립운동의 투사 얀 후스(Jan Hus)의 동상을 중심으로 빙 둘러 놓여있는 벤치에서 쉬고 있는 사람들의 모습을 볼 수 있다. 구시청사는 '구시가지 광장'에 위치한 고딕양식 건물이며, 건물 벽에 붙어 있는 천문시계로 유명하다.

❷ 체스키 크룸로프

체스키 크룸로프(Český Krumlov)는 남부에 위치한 보헤미안 흔적을 찾을 수 있는 중세도시다. 13세기 무렵부터 5세기 넘게 도시가 발전하였고, 블타바 유역에 고딕, 르네상스, 바로크 양식 요소가 어우러진 건축물을 간직하였다. 13세기에 창건한 체스키 크룸로프 성 내부에는 영주가 거주한 궁전과 예배당이 있었다. 16세기 때 르네상스 양식으로 개축하였고, 둥근 지붕이 덮인 탑과 회랑을 만들었다. 궁전의 가면의 방은 로코코 양식으로 만들어졌고, 아름다운 그림으로 장식되어 있다.

③ 브르노

브르노(Brno)는 아름다운 자연경관을 자랑하는 체코 제2의 도시이자 동부지방 모라비아의 중심도시다. 수 차례 전쟁에도 불구하고 과거 모라비아왕국의 수도로서 번영하였고, 문화와 학문의 중심지로서 많은 미술관, 박물관, 도서관, 대학이 남아 있다. 슈필베르크 성(Hrad Spilberk)은 구시가지 서쪽언덕 위에 위치한 13세기의 성터이며, 17세기 때 건물 일부가 감옥으로 개축되었고, 건물 내부에 설치된 지하실과 고문실은 일반에게 공개되고 있다. 아우구스티누스 수도원(Augustiniansky Klaster)은 구시가지의 서쪽 외곽에 있고, 수도원장으로 임명된 요한 그레고리 멘델이 사제생활을 하면서 완두콩의 교배 실험을 한 장소이다. 브르노는 2001년 유네스코 세계유산에 등재되었다.

4 문화

① 민족과 언어

체코는 민족적으로 광범위하게 체코인 94%(체코인 90.3%, 모라바인 3.7%)이 중심을 이룬다. 체코슬로바키아가 체코와 슬로바키아로 두 나라로 분리되면서 체코에 남은 슬로바키아인은 전체 인구의 약 3% 정도이다. 소수민족으로 폴란드인, 독일인, 로마인, 헝가리인, 우크라이나인이 거주한다. 체코인은 현실적이고 실용적이며, 도덕적이고 종교적 성향이 강하다. 유머를 즐기고 해학과 풍자가 풍부한 것으로 알려져 있다. 체코인은 국가와 민족에 자긍심이 강하다. 맥주를 즐기지만 과음하지 않으며, 세계문화에 대한 호기심이 강하다. 공용어는 체코어이며, 방언 차이가 있다. 독일어, 슬로바키아어, 영어, 러시아어, 프랑스어가 체코인에게 선호되며, 일부 지역은 우크라이나어, 폴란드어, 헝가리어가 사용되고 있다.

② 종교

체코는 1949년 종교법 제정에 의해 종교자유가 부분적으로 제한되었다. 1968년 옛 소련 침공으로 인해 공산정권은 종교가 사회주의 이념과 부합되지 않는다는 배경에서 압력을 가해 왔다. 1989년 개혁과 함께 교회가 다시 확장되었고, 1991년 구 체코슬로바키아 연방의회에서 종교의 자유를 인정하는 법률이 제정되었다. 가장 큰 종파는 가톨릭이다.

❸ 음식

베프로 크네들로 젤로

체코의 음식은 베프로 크네들로 젤로(Vepro-Knedlo-Zelo)라고 하는 돼지고기 음식이 있다. 이것은 돼지고기를 구운 후 여기에 반죽된 달걀노른자와 밀가루 푸딩같이 만들어 이 푸딩에 양배추를 잘게 썰어서 곁들이는 요리다. 스비츠코바(Svichova)는 레몬으로 만든 크림소스와 가볍게 익힌 소고기에 빵을 곁들인 요리이며, 구야쉬 스프(Gulays)는 맵게 양념한 소고기에 빵과 야채, 그리고 소스를 곁들인 음식이다. 보헤미아인은 식사 시 맥주를 즐기며, 슬로바키아인과 모라비아인은 포도주를 즐겨 마신다. 미국의 버드와이저는 원래 체코가 원산지이며, 다양한 맥주(Pilsener Urquell, Budvar, Staropramen, Velke Popovicke)와 유명한 백포도주(Ryzlink Rynsky와 Rulandske Bile)와 적포도주(Rulandske cervene와 Frankovka)가 있다.

5 기타

❶ 프라하의 봄

프라하의 봄(Prague Spring)은 2가지 의미가 있다. 하나는 1968년 위로는 최고위층 정치인들, 아래로는 작가, 예술가, 학생들이 주축이 되어 시작된 자유화 운동을 일컫는 상징적인 의미이다. 또 다른 의미는 5월에서 6월까지 이어지는 체코 최대의 음악축제 '프라하 국제음악 페스티벌'의 공식명칭이며, 이것도 프라하의 봄이다. 그러나 2가지 의미 모두 혹독한 겨울을 이기고 새로운 희망을 추구한 체코인의 역사와 문화를 상징한다. 체코 보헤미아 출생의 작곡가 베드르지흐 스메타나(Bedřich, Smetana)와 작곡가, 바이올리니스트, 오르가니스트였던 안토닌 드보르작(Antonin, Dvořák)의 전통은 '프라하의 봄 축제' 때 면모를 일신하는 소리를 들려주고, 20세기 초반 실존주의 문학의 선구자 프란츠 카프카(Franz Kafka)와 브르노 출생의 소설가 밀란 쿤데라(Milan Kundera)로 대표되는 문학적 전통은 체코가 동구의 작은 울타리 속에서 존재한 것이 아니라 유럽을 넘어 세계문화대국으로 부각되어 있음을 보여주고 있다.

❷ 장소와 스토리텔링

천문시계

천문시계는 매시 정각 20초간 진행되는 볼거리와 시계탑 제작에 얽힌 스토리로 명소가 되었다. 천문시계는 먼저, 시계 제작의 거장 미쿨라슈(Mikulaš)와 카를대학 천문학자 얀 쉰델(Jan Sindel) 교수에 의해 1410년경 중앙부분 아스트로라비움(Astrorabium)이 제작되었다. 다음으로 1490년 천문학자이자 수학자 하누쉬(Hanuš)가 시계탑을 완성하고 시민에게 계절변화를 알려주기 위해 황도 12궁의 별자리를 제작해 넣었고, 각 절기에 맞춰 농사짓는 농부모습을 12절기로 나누어 보여주고, 성인의 이름을 새겨 넣어 축일을 알려주는 달력 역할을 하는 캘린더리움을 제작하였다. 17세기에 아스트로라비움과 캘린더리움 양옆에 조각상이 추가 제작되었다. 1865-66년 12사도의 모습을 보여주는 창문부분이 마지막으로 만들어졌다. 비극적이기는 하지만, 프라하 시는 천문시계와 똑같은 것이 타 도시에 만들어지는 것을 원치 않았고, 비밀리에 하누쉬의 두 눈을 장님으로 만들어버렸다. 그가 죽기 전 천문시계를 만져보게 해 달라고 간청해, 그가 시계를 어루만지자 작동이 멈추었고, 천문시계는 400년 가까운 기간 동안 움직이지 않다가, 1860년 움직이기 시작했다고 한다.

얀 네포묵과 카를교

얀 네포묵(Saint John Nepomuk)은 프라하에서 존경받는 가톨릭 성인이다. 그는 1393년 '고해성사 내용을 타인에게 말해서는 안 된다' 는 약속을 끝까지 지키기 위해, 바츨라프 4세의 명령에 굴복하지 않고 왕비의 고해성사 내용을 밝히지 않은 채, 고문 속에 혀가 뽑히고 강물 속에 던져져 죽임을 당하였다. 많은 여행자를 이곳으로 집중시키고 있고, 카를교 중간에 세워진 동상을 만지면 행운을 얻는다는 이야기가 전해진다. 동상 받침대에는 2개의 동판이 있으며, 오른쪽 동판 윗부분은 얀 네포묵이 다리에서 거꾸로 떨어져 죽임을 당하는 모습의 부조가 새겨져 있고, 아래 부분은 고해성사를 한 왕비 모습

얀 네포묵

▲ 체스키 크룸로프 역사지구

이 새겨져 있다. 왼쪽 동판은 고해성사를 하는 왕비와 얀 네포묵 모습이 보이고, 자신에게 변함없이 충직한 사냥개 머리를 쓰다듬는 바츨라프 4세가 표현되어 있다.

❸ 세계유산

체코는 14건의 문화유산을 보유하고 있다. 세계유산은 프라하 역사지구(Historic Centre of Prague, 1992)를 비롯하여 체스키 크룸로프 역사지구(Historic Centre of cesky Krumlov, 1992), 텔치 역사지구(Historic Centre of Telc, 1992), 젤레나 호라의 성 얀 네포묵 순례 교회(Pilgrimage Church of St John of Nepomuk at Zelena Hora, 1994), 쿠트나 호라 : 성바르바라 성당이 있는 역사지구와 세들레츠에 있는 성모 마리아 대성당((Kutna Hora : Historical Town Centre with the Church of St Barbara and the Cathedral of Our Lady at Sedlec, 1995), 레드니체-발티체 문화경관(Lednice–Valtice Cultural Landscape, 1996), 크로메르지시의 정원과 성(Gardens and Castle at Kromeriz, 1998), 홀라쇼비체 역사마을 보존지구(Holasovice Historical Village Reservation, 1998), 리토미슐성(Litomysl Castle, 1999), 올로모우츠의 성삼위일체 석주(Holy Trinity Column in Olomouc, 2000), 브르노의 투겐타트 별장(Tugendhat Villa in Brno, 2001), 트르제비치의 유대인 지구와 성 프로코피우스 바실리카(Jewish Quarter and St Procopius' Basilica in Trebic, 2003), 에르츠 산맥/크루슈네호리 산맥 광업 지역(Erzgebirge/Krušnohoří Mining Region, 2019), 클라드루비 나드 라벰, 의전마차용 말의 사육과 훈련 경관(Landscape for Breeding and Training of Ceremonial Carriage Horses at Kladruby nad Labem, 2019)을 포함하고 있다.

4 기타 동유럽 국가

■ 표 3.2

국가	국기	개요
루마니아 (Romania)		면적 : 238,397㎢ 인구 : 19,237,682명 (2020년) 수도 : 부쿠레슈티(Bucharest) 정체 : 의원내각제가 가미된 대통령중심제 언어 : 루마니아어, 헝가리어, 독일어 통화 : 유로(EUR) 환율 : 1유로(EUR) = 1,342.35원 (2021년 2월) 1인당 GDP : 12,919.53달러 (2020년) 기후 : 대륙성기후 종교 : 루마니아정교(86.7%), 가톨릭 (4.6%), 개신교 (3.2%)
불가리아 (Bulgaria)		면적 : 110,000㎢ 인구 : 6,948,445명 (2020년) 수도 : 소피아(Sofia) 정체 : 공화제(의원내각제) 언어 : 불가리아어 통화 : 유로(EUR) 환율 : 1유로(EUR) = 1,342.35원 (2021년 2월) 1인당 GDP : 9,737.6달러 (2020년) 기후 : 대륙성기후 종교 : 불가리아 정교(83%), 이슬람교(12%)
폴란드 (Poland)		면적 : 312,685㎦ 인구 : 37,846,605명 (2020년) 수도 : 바르샤바(Warsaw) 정체 : 공화제(대통령제가 가미된 내각책임제) 언어 : 폴란드어 통화 : 즈워티(Złoty, PLN) 환율 : 1 PLN = 299.48원 (2021년 2월) 1인당 GDP : 15,595.23달러 (2020년) 기후 : 대륙성기후 종교 : 가톨릭(95%), 정교회, 개신교 등

국가	국기	개요
슬로바키아 (Slovakia)		면적 : 49,035km^3 인구 : 5,459,643명 (2020년) 수도 : 브라티슬라바(Bratislava) 정체 : 공화제(의원내각제) 언어 : 슬로바키아어 통화 : 유로(EUR) 환율 : 1유로(EUR) = 1,342.35원 (2021년 2월) 1인당 GDP : 19,329.1달러 (2020년) 기후 : 대륙성기후 종교 : 카톨릭(63%), 개신교(8.2%), 그리스정교(3.8%), 기타(12.5%), 무교(13.4%)

03 남부 유럽

남부 유럽(Southern Europe)은 유럽 남부, 지중해 북부에 있는 지역과 국가를 총칭하며, 지중해성기후의 영향을 받는 지역을 남유럽으로 규정한다. 그리스와 로마가 있어 오래 전 문화가 발달한 지역이며, 대항해시대 때 스페인과 포르투갈의 전성기에 문화 · 정치 · 경제면에서 우위를 점하였다. 날씨가 맑고 햇볕이 따가운 지중해기후가 나타나는 것은 지역 국가의 유사점이고, 이베리아, 이탈리아, 발칸반도 등 3개 반도 주변 국가로 구성되어 있다. 프랑스는 지중해에 면해 있으면서도 서유럽으로 간주하고, 그리스를 제외한 발칸반도의 여러 나라는 동유럽이나 중부유럽으로 다루는 경향이 있다. 지리적으로 지중해성 기후의 영향을 받고 있는 지역을 남유럽으로 규정하기도 한다. 현재 스페인, 안도라, 포르투갈, 이탈리아와 바티칸시티, 산마리노 공화국, 그리스(에게해 제도, 크레타 지역, 이오니아 제도 포함), 슬로베니아, 크로아티아, 보스니아-헤르체고비나, 마케도니아공화국, 몬테네그로, 세르비아, 코소보공화국, 알바니아, 몰타 그리고 프랑스(북부와 알프스 산맥, 대서양 부분은 포함하지 않고 코르시카 섬은 포함), 터키(발칸반도, 터키 전체 국토 3% 만 해당)를 포함한다.

1 스페인

- **위치**: 유럽 남부의 이베리아반도
- **면적**: 505,370㎢
- **인구**: 46,754,783명 (2020년)
- **수도**: 마드리드(Madrid)
- **정체**: 입헌군주제
- **언어**: 에스파니아어
- **통화**: 유로(EUR)
- **환율**: 1유로(EUR) = 1,342.35원 (2021년 2월)
- **민족**: 라틴족
- **종교**: 가톨릭(94.9%), 이슬람교(1.2%), 개신교(0.5%), 기타(3.4%)
- **1인당 GDP**: 29,613.67달러 (2020년)

스페인의 정식 국명은 에스파냐왕국(Reino de Espana)이며, 유럽 남서부 이베리아반도에 위치한 입헌군주국이다. 이베리아반도의 약 4/5를 차지하고 서쪽 포르투갈, 북쪽 프랑스에 접한다. 남쪽 지브롤터 해협을 사이에 두고 모로코와 마주하며, 동쪽 지중해, 북쪽 비스케이만, 북서쪽은 대서양에 면한다. 스페인은 포르투갈과 함께 15세기 말부터 유럽인이 세계의 식민종주국으로 발전하는 데 주역을 담당한 나라이다. 스페인 영토는 이베리아반도, 발레아레스 제도, 카나리아 제도에 흩어져 있고, 모로코 북부의 세우타시, 멜리야시도 스페인령이다. 스페인은 유럽, 지중해, 대서양의 문화유산을 보유한 나라로 유럽과 세계의 관광산업을 주도한다. 스페인은 태양과 바다를 낀 해안의 기후와 지형조건, 풍부한 문화유적, 국민의 친절함으로 세계 곳곳에서 방문자를 끌어들이고 있다

1 역사배경

이베리아반도는 유럽과 아프리카를 연결하는 교두보로 오래전부터 침략전쟁의 목표가 되어왔고, 기원후 74년까지 스페인인은 모두 로마제국의 시민이었다. 5세기경 게르만계 부족이 침략하였고, 서고트족의 부상으로 크리스트교를 받아들였다. 그러나 8세기경 이슬람교도들이 이베리아반도를 점령하였고, 13세기말 카스티야 왕국과 아라

곤 왕국에 의해 이슬람 통치지역을 탈환한다. 1479년 아라곤의 페르난도 3세와 카스티야의 이사벨 1세가 결혼하면서 하나의 왕국이 되었고, 1492년 이슬람교도들의 마지막 근거였던 그라나다왕국을 함락시켰고, 이후 아메리카 대륙에 식민지를 거느리는 강대국으로 부상하였다.

16세기 중엽부터 17세기후반까지 황금기이다. 1492년 콜럼버스의 신대륙 발견으로 식민지 개척에 나섰고, 16세기에 브라질을 제외한 남미대륙을 수중에 넣었다. 그러나 대외적으로 영국, 프랑스, 네덜란드와의 전쟁에서 패함으로써 무적함대의 명예는 영국에 넘어간다. 이후 정치부패와 미국과의 전쟁으로 몰락을 겪어서 식민종주국으로서 지위를 상실하였다.

1931년 스페인은 왕정을 폐지하면서 공화국체제로 바뀌었다. 스페인내전이 발발하였고, 이 내전은 3년 동안 지속되다가 프란시스코 프랑코(Francisco Franco) 장군의 승리로 결말짓는다. 그렇지만 36년 동안 프란시스코 프랑코 총독 1인의 독점권력은 경제와 정치를 후퇴시킨다. 프랑코가 사망한 후 후안 카를로스가 왕위에 오르면서 옛 군주제가 부활하였다. 카를로스 1세는 스페인을 프랑코 독재체제에서 민주주의 체제로 변화시키는 역할을 하였고, 기존의 보수주의를 버리고 자유주의적 개혁을 통해서 스페인을 의회민주주의 체제로 변화시키는데 기여했다는 평을 받고 있다.

2 자연환경

스페인은 좁은 연안 저지를 제외하면 대부분 메세타라고 불리는 대지로 이루어져 있다. 메세타는 서쪽으로 경사진 대지이기 때문에 주요 하천은 동쪽에서 서쪽으로 흐른다. 프랑스와 국경을 이루는 피레네산맥은 해발고도 3,000m를 넘는 험준한 산지이며, 비스케이 만을 따라 동서로 뻗어 있는 칸타브리아 산맥은 그보다 낮아 해발고도는 약 2,000m 내외다. 메세타의 남쪽 가장자리는 시에라모레나(Sierra Morena)와 시에라네바다(Sierra Nevada) 두 산맥이 각각 동서로 뻗어 있다. 기후는 지중해성 기후이지만, 지역적으로 대서양의 영향을 받는 해양성 기후가 나타난다. 북서부와 칸타브리아산맥, 피레네산맥 부근은 비가 많아 연간 강수량이 1,500㎜를 넘지만, 지중해 쪽의 무르시아 지방은 강수량이 적어 연간 400㎜ 이하이다. 내륙지방은 강수량이 적고, 여름과 겨울의 기온 차가 심해 국지적으로 스텝 또는 사막경관을 나타낸다. 이에 비해 북동부 카

▲ 스페인 광장에 설치된 돈키호테 동상

탈루냐 (Catalunya) 지방은 이탈리아, 프랑스의 리비에라 지방의 기후와 비슷하며 해안은 겨울에도 온난한 편이다.

3 지역정보

❶ 마드리드

마르리드(Madrid)는 400여 년 간 스페인의 정치, 경제, 문화의 중심지로 유럽의 다른 국가의 수도 중 가장 높은 고지대인 해발 646m에 자리하고 있다. 1561년 펠리페 2세(Felip II)가 수도를 똘레도(Toledo)에서 마드리드로 천도한 이래 급속한 발전을 이룩하였고, 구시가는 주로 17~18세기 건설된 원형을 유지하고 있다. 왕궁(Palacio Real de Madrid)은 일명 '동방의 궁전' 이라고 불리며, 신고전주의양식 건물로 마드리드에서 규모가 가장 크다. 스페인 광장(Plaza de Espana)은 구시가와 신시가로 나누는 그란비아 대로의 끝쪽에 위치하며, 1916년 〈돈키호테〉를 쓴 작가 세르반테스의 사후 300주년을 기념하여 만들었다. 광장의 중앙에는 말을 타고 있는 돈키호테와 나귀 위에 올라탄 산초 판사의 상이 세워져 있고, 마치 자신이 만든 소설의 주인공들을 내려다보듯 위에는 세르반테스와 그의 작품 돈키호테의 동상이 있다. 마요르 광장(Plaza del Mayor Madrid)은 17세기부터 19세기 전반까지 공연장, 마녀재판과 사형집행장, 왕가의 결혼식장, 투우장 등 다양한 장소로 이용된 곳으로 광장 중앙에 이탈리아 조각가 지오바니 보로나(Giovanni de Bologna)에 의해 세워진 '펠리페 3세의 기마상'이 위치하고 있다.

▲ 프라도 미술관

프라도 미술관(Museo del Prado)은 1819년 신고전주의 양식으로 설계되었고, 파리 루브르박물관, 런던 대영박물관과 함께 세계적으로 유명한 미술관이다. 12~18세기에 이르는 다양한 작품, 특히 16, 17세기 작품이 주를 이루며, 2층의 고야 전시실에 있는 〈옷을 입은 마야(La Maya Vestida)〉와 〈나체의 마야(La Maya Meninas)〉가 전시되어 있다. 푸에르타 델 솔(Puerta del sol)은 마드리드의 중심에 위치해 있는 요새이며, '태양의 문' 이라는 뜻이다. 가장 스페인풍 물건을 구입하고자 하는 방문자는 이곳을 찾으면 된다.

❷ 똘레도

똘레도(Toledo)는 마드리드에서 남쪽으로 약 70㎞ 떨어져 기차로 2시간 거리에 위치한다. 톨레도 지방의 주도이면서 '카스티아 라 만차(Castilla La Mancha)' 라고 하는 자치구의 주도이다. 도시 규모는 작지만 풍부한 문화유산을 지닌 곳이다. 산책을 하면서 만나게 되는 이슬람식 사원과 서고트 스타일의 구조물, 유대교회, 르네상스식 궁전은 매력적이다. 똘레도 구시가지는 1987년 12월 유네스코 세계유산에 등재되었다.

❸ 바르셀로나

바르셀로나(Barcelona)는 남유럽 이베리아반도에 위치한 스페인 제2 도시이자 지중해의 아름다운 바다가 있는 항구도시이다. 카탈루냐 지역의 중심도시로서 모든 것이 수도 마드리드와 상이하다. 바르셀로나가 포함되는 카탈루냐는 지역적으로 스페인에 속하지만, 전통적으로 문화적, 언어적 정체성을 유지한 지역이다. 우리에게는 1992년 하계올림픽 개최지 그리고 축구마니아라고 하면 모두 알고 있는 FC 바르셀로나로도 잘 알려져 있다. 역사적으로 중요한 고딕지구를 갖고 있으며, 이곳은 중세 건축이 잘 보존되어 있고, '왕의 광장' 은 신대륙을 발견한 콜럼버스가 귀환하여 이사벨 여왕을 알현한 곳이다. 이런 배경에서 우뚝 서 있는 콜럼버스 기념비는 바르셀로나의 역사적 중요성을 뚜렷하게 나타내는 기념물이다.

안토니 가우디의 작품(Works of Antoni Gaudi)은 1984년 구엘저택, 구엘공원(Parc Guell), 카사밀라(Casa Mila)가 세계유산에 등재된 후 2005년 바르셀로나의 가우디 건축(카사비센스, 구엘저택, 구엘성지 납골당, 구엘공원, 카사바트요(Casa Batlló), 카사밀라, 성가족 대성당(Sagrada Familia))으로 확대되었다. 성가족 대성당은 바르셀로나의 상징이자 미완성 건축물이다. 흔히 볼 수 있는 세계의 유명 성당과는 확연 다른 모습으로 중앙에 솟은 돔은 예수 그리스도를 상징하며 12개 종탑은 12사도를 상징한다. 가우디의 작품이 없었다면 지금의 바르셀로나 방문자수는 절반 아니 그 이하로 줄었을 지도 모를 만큼, 가우디가 현재의 바르셀로나를 먹여 살리고 있다고 할 수 있다.

④ 그라나다

그라나다(Granada)는 스페인을 711년경부터 약 8세기 동안 다스렸던 이슬람 계통의 나스르(Nasr) 왕국의 최후의 거점지다. 1236년 코르도바의 지배권을 크리스트교에게 빼앗기자 아라비아 왕 유세프가 그라나다로 도망쳐 나스르왕조를 세웠다. 1492년 크리스트교도의 국토회복 운동이 완료될 때까지 250여 년 동안 이슬람교도에 의한 이베리아반도 지배의 마지막 거점이었다. 사비카 언덕은 알함브라 궁전이 있는 곳으로 알함브라 언덕이라고도 부른다. 알바이신 언덕(Albayzin)은 이슬람교도들의 마지막 도피처로 좁은 골목길이 인상적이다. 이 언덕 중간에 있는 산 니콜라스 성당 앞은 그라나다에서 '알함브라 궁전'의 전체적인 모습을 가장 잘 볼 수 있는 곳이다. 사크로몬테 언덕은 동굴 속에서 사는 집시들로 유명한 곳이다, 동굴 속을 주점으로 개조하여 관광객을 상대로 강렬한 리듬의 플라멩코를 보여준다.

알함브라 궁전

알함브라 궁전(La Alhambra)은 '붉은 성'이라는 뜻의 이슬람 궁전이다. 나스르 왕조의 무하마드 1세가 13세기 후반에 건축하기 시작해 역대의 증축과 개수를 거쳐 완성하였고, 14세기에 건축된 것이 가장 많다. 대사의 방과 세 자매의 방 그리고

▲ 산티아고 데 콤포스텔라

샘의 정원과 사자의 정원 등에서 변화가 많은 아치, 섬세한 기둥, 벽면 장식에서 이슬람미술의 정점을 형성하고 있다. 헤네랄리페 정원(El Generalife)은 알람브라 궁전 서북쪽에 떨어져 있으며, 왕의 별장이다. 시에라네바다 산맥의 눈이 녹은 물을 이용하였고, 넓은 정원 어디서나 물소리가 들리는 분수와 연못을 모티브로 해 삼나무의 녹색 벽과 색깔이 다른 화초가 어우러져 조화를 이룬다.

❺ 세비야

세비야(Sevilla)는 마드리드에서 남서쪽 540㎞ 떨어져 있으며, 안달루시아 지방 내 세비야 주의 주도로 스페인에서 4번째로 큰 도시다. 세비야 항구는 스페인과 아메리카 대륙 간 무역에서 중요기지 역할을 하였고, 현재까지도 이베리아 반도의 항구로서 명맥을 유지한다. 7세기까지 로마제국의 서부 지중해 거점도시였으나, 711년부터 1248년까지 계속된 무어(Moor)인 지배 영향으로 히랄다 탑(La Giralda)과 같이 이슬람유적이 남아 있다.

❻ 산티아고 데 콤포스텔라

산티아고 데 콤포스텔라(Santiago de Compostela)는 스페인 갈리시아 자치 지방의 수도이며, 12사도의 한 사람 성 야고보(스페인어 산티아고)의 순교지로 알려져 있다. 9세기 스페인 아스투리아스 왕국에서 크리스트교를 포교한 사도 야고보의 유체가 있는 장소를 가리키는 별이 나타났다고 믿은 알폰소 2세에 의해 이곳에 산티아고 데 콤포스텔라 대성당이 건축되었다. 이곳은 예루살렘과 · 로마에 이은 유럽 3대 순례지의 하나로서 알려졌다.

❼ 산티아고 순례길

산티아고 순례길(Camino de Santiago)은 프랑스 남부의 국경마을 생장피데포르에서 피레네 산맥을 넘어, 예수 크리스트의 12제자 중 하나였던 야고보의 무덤이 있다는 스페인 북서쪽 도시 산티아코 데 콤포스텔라(Santiago de Compostella)로 가는 890㎞를 말한다. 중세 이후 수많은 순례자들이 거쳐 갔고, 많은 이들이 삶을 변화시켰다는 고백을 남기는 곳이다. 산티아고(Santiago)는 야고보를 칭하는 스페인식 이름이며, 영어로 세인트 제임스(Saint James)라고 한다. 1189년 교황 알렉산더 3세가 예루살렘, 로마와 함께 산티아고 데 콤포스텔라(Santiago de Compostela)를 성스로운 도시로 선포한 바 있다. 이 순례길은 1987년 유럽회의에서 처음으로 선포한 유럽의 문화여행길이다. 1987년 파울로 코엘료의 〈순례자〉가 출간된 이후 더욱 유명세를 탔으며, 또한 1993년 유네스코 세계문화유산 지정되자 유럽과 전 세계로부터의 성지순례가 더욱 활발해졌다. 순례자들은 프랑스-스페인 국경에서 출발해 산티아고 데 콤포스텔라에 이르는 이 길을 이용하고 있다. 이 길은 중세시대에 이베리아반도와 그외 유럽 지역들이 문화 교류를 촉진하는 데 중요한 역할을 했다. 또 유럽 전역의 사회 계층과 국가를 넘어 유럽인에게 영향을 준 기독교 신앙의 힘을 보여 주는 증거이다.

▲ 순례길

4 문화

❶ 민족과 언어

스페인인은 스페인출신 혹은 스페인에 거주하는 대다수 민족을 지칭한다. 이베리아반도의 대다수를 차지하지만, 하나의 단일민족이라기보다는 여러 민족이 합쳐져 있다. 오래전부터 이민의 역사가 반복되었기 때문에 다양한 민족이 섞여 있다. 일부 민족은 과거 스페인의 식민지국가의 출신이다. 스페인인은 식민지 경영 관습이 남아 있어 자존심이 강하다. 그러나 낭만적이고 대인관계가 부드러우며 친절하며 담소를 즐긴다. 카탈루냐지방은 근면하나 타산적이고 사무적인 성격이다. 남부 안달루시아는 낙천적이며 춤추고 즐기는 것을 좋아한다. 공용어는 스페인어이며, 스페인 전역에서 통용된다. 스페인어는 지역적으로 방언이 존재한다. 이런 언어는 각 지역에서 독점적으로 사용되는 지역공용어이며, 특히 카탈루냐어, 바스크어, 갈리시아어가 스페인어와 함께 지역의 공동 공용어로 지정되어 있다.

❷ 종교

종교는 가톨릭 94.9%, 이슬람교 1.2%, 개신교 0.5%, 기타 3.4%로 구성되고 있다. 가톨릭교는 392년 유일한 종교로 인정되어 7세기 동안 이베리아 반도를 지배한 이슬람교도들과의 투쟁 끝에 1492년 국교로 인정되었다. 1978년 국교제도가 폐지되어 종교의 자유가 인정되지만, 국민 대부분이 독실한 가톨릭교도이다.

❸ 음식

스페인 요리는 이탈리아, 프랑스 요리에 비하여 서민적이다. 지방색이 강하여 어느 것이 스페인 요리라고는 특정 지을 수 없다. 아침은 간단한 살짝 구운 빵이나 카페테리아에서 토스트, 달걀, 커피를 먹는다. 잘 알려져 있는 '츄러스' 라는 도우넛을 먹는다. 저녁보다 점심을 잘 차려서 먹고, 점심은 날씨가 더워서 일을 하지 못하기에 잘 차려 먹은 후 시에스타를 하므로 문을 닫는 상점이 있다. 스페인 사람들은 쇠고기, 돼지고기, 양고기 같은 육류를 즐겨 먹는다. 특히, 햄을 이용한 하몽은 스페인인이 즐겨 먹는 전통음식이다. 까요스는 새끼돼지 통구이와 곱창으로 만든 것이고, 빠에야 볶음밥은 황색을 띠고 있지만 커리가 아닌 사프란 꽃술에 나오는 색깔로 요리하여 한국인의 입맛에 맞는다.

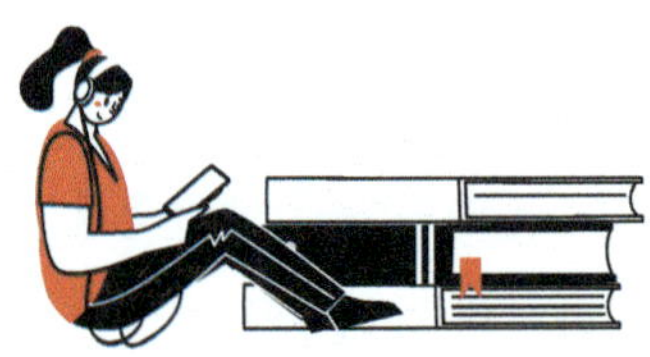

5 기타

❶ 투우

투우(Toros)는 지중해 지역에서 기원전 2000경부터 축제기간 중 소를 가지고 놀이를 한 것에서 유래되었다. 투우는 1750년 마르틴초(Martincho) 라는 투우사에 의해 현대식 투우로 창안되었다. 1일 경기에 500kg 정도의 소 6마리가 동원되고, 3명의 투우사가 각각 2마리 소와 경기를 펼친다. 투우의 3단계는 소를 창으로 찔러 힘을 빼는 단계(Picar), 작은 창을 여러 개 꽂아 지치게 하는 단계(Banderillear), 투우사(matador)가 칼로 급소를 찔러 절명시키는 마지막 단계(Matar)로 나눈다.

마드리드 투우는 5월 15일 '산 이시돌 축제'를 기해 6월초까지 펼쳐지는 투우제가 유명하다. 시작 시간은 태양이 투우장을 음과 양으로 갈라놓는 저녁 무렵으로 봄, 가을은 오후 5시~6시, 여름은 오후 7시~7시 30분이다. 소요시간은 약 2시간으로 6마리 소와 3명의 투우사가 출전한다. 좌석은 솜부라(그늘진 곳)과 솔이 솜브라(처음에는 볕이 드나 나중에는 그늘이 지는 자리) 그리고 솔(계속 볕이 드는 자리) 등이 있다. 좋은 자리는 그늘진 맨 앞줄이며 고가이다. 라스 벤따스 투우장(Las Ventas)은 세계에서 가장 유명한 투우장이며 23,000개의 관중석이 마련되어 있다.

❷ 플라멩코

플라멩코(flamenco)는 안달루시아(Andalucía) 지방의 집시에 의해 전승되어온 춤과 노래로 집시의 애환을 표현한다. 플라멩코의 탄생은 아랍 문화 영향이 컸고, 1783년 카를로스 3세(Carlos III)가 집시거주권을 인정한 후 널리 전파되었다. 플라멩코 쇼는 스페인 뿐 아니라 세계적으로 유명하며, '타블라오' 라는 극장식 레스토랑에서 공연된다. 공연작품은 'Corral de la Moreria' 와 'Cafe de Chintas' 로 세계적인 무용수가 출연한다. 음료수나 식사와 더불어 즐길 수 있으나, 식사를 곁들이면 요금부담이 크므로 경제적으로 플라멩코를 즐기려면 저녁 9시 이후에 입장해 음료수를 마시며 관람하는 것이 좋다.

▲ 플라멩코

❸ 축제의 나라

스페인은 다양한 축제의 나라다. 부뇰 토마토축제와 팜플로나 소몰이축제가 좋은 사례다. 부뇰 토마노축제(La Tomatina)는 스페인 남동쪽 지중해 연안 발렌시아 주의 작은 마을 부뇰(Buñol)에서 매년 8월 마지막 주 수요일에 토마토 던지기 축제가 개최된다. 축제는 1940년대 중반 시작된 것으로 역사가 길지는 않지만 강렬한 붉은 토마토의 색채와 역동감 넘치는 축제풍경이 여러 영화, 광고, 미디어에 등장하면서 세계적으로 유명해져 3만여 명이 함께하는 축제로 발전했다. 외부방문자의 축제참여 뿐 아니라 부뇰 주민의 적극적 참여 그리고 지역사회 단단한 단결로 유명하다.

팜플로나 소몰이축제는 매년 7월 6~14일 스페인 북부 바스크(Basque) 지방의 팜플로나에서 도시의 수호성인 성 페르민(San Fermín)을 기념하며 열리는 종교축제이다. 산 페르민 축제하고도 하며, 아흐레 동안 이어지는 기간에 교회가 주최하는 종교행사와 더불어 민속 음악과 춤 공연, 장작패기 같은 바스크 지방의 전통 경기 등 150여 개 행사가 시청을 중심으로 전역에서 펼쳐진다. 이 축제를 세계적으로 유명하게 만들었고 축제 참가자를 극도로 흥분시키는 행사는 엔시에로(Encierro)라고 하는 소몰이와 매일 저녁 열리는 투우경기이다.

▲ 바르셀로나 홈구장 캄푸 누. 유럽에서 가장 큰 축구장이다.

❹ 축구

스페인의 축구는 세계적으로 매우 유명하다. 축구에 매우 광적인 스페인인에게 각 도시마다 축구팀과 축구구장이 있고, 마드리드나 바르셀로나는 대표적이다. 마드리드를 대표하는 레알 마드리드(Real Madrid)와 바르셀로나를 대표하는 FC 바르셀로나이고, 이들이 갖고 있는 축구 경기장은 스페인에서 손꼽히는 규모의 축구경기장이다. 프리메라리가(Primera Liga)의 정식 명칭은 프리메라 디비전(Primera Division)이며, 4부로 구성된 에스파냐 프로축구 리그 가운데 1부 리그를 가리킨다.

▲ 에스코리알 수도원 유적

❺ 세계유산

스페인은 42건의 문화유산과 4건의 자연유산, 2건의 복합유산을 보유하고 있다. 등재된 세계유산목록은 유럽에서 이탈이아의 세계유산목록 다음으로 많다.

문화유산은 알타미라 동굴과 스페인 북부의 구석기시대 동굴 예술(Cave of Altamira and Paleolithic Cave Art of Northern Spain, 1985/2008), 아타푸에르카 고고유적(Archaeological Site of Atapuerca, 2000), 안테케라 거석묘 유적(Antequera Dolmens Site, 2016)과 같은 매우 오랜 시기의 고고학적 유산, 그라나다-알람브라, 헤네랄리페, 알바이신(Alhambra, Generalife and Albayzin, Granada, 1984/1994), 코르도바 역사지구(Historic Centre of Cordoba, 1984/194), 세비야 대성당, 알카사르, 인디아스 고문서관(Cathedral, Alcazar and Archivo de Indias in Seville, 1987)과 같은 안달루시아 이슬람유산을 포함하는 사례를 포함한다. 또한 마드리드의 에스코리알 수도원 유적(Monastery and Site of the Escurial, Madrid, 1984)와 톨레도 역사도시(Historic City of Toledo, 1986) 등 마드리드 주변 유산과 산티아고 데 콤포스텔라 옛 시가지(Santiago de Compostela(Old Town), 1985)과 산티아고 데 콤포스텔라 순례길 : 카미노 프란세스와 스페인 북부 순례길(Route of Santiago de Compostela, 1993) 등 대표적인 가톨릭 성지

와 순례길이 들어있다. 이외에도 안토니 가우디의 건축(Works of Antoni Gaudi, 1984/2005)은 왕조나 문화공동체의 유산이 아닌 개인 창조물이 세계유산에 등재된 대표 사례이다.

자연유산은 스페인 최대의 국립공원 도냐나 국립공원(Donana National Park, 1994/2005), 가라호네이 국립공원(Garajonay National Park, 1986), 테이데 국립공원(Teide National Park, 2007) 그리고 유럽 12개국에 걸쳐 있는 카르파티아 및 유럽의 기타 지역에 생육하는 고대 및 원시 너도밤나무 숲(Ancient and Primeval Beech Forests of the Carpathians and Other Regions of Europe, 2007/2011/2017)으로 이루어져 있다.

복합유산은 스페인 발레아레스제도(Baleares Islands) 이비사 섬에 있는 자연보호지역과 역사유적 이비사의 생물 다양성과 문화(Ibiza, Biodiversity and Culture, 1999)와 프랑스와 스페인 두 나라에 걸쳐 있는 산악지형 피레네산맥–몽페르뒤산(Pyrenees – Mont Perdu, 1997/1999)이다.

❻ 소국 – 안도라

안도라(Andorra) 는 유럽 서남부 이베리아반도 피레네산맥의 동쪽 남사면에 위치하여 프랑스와 에스파냐 양국과 국경을 접한다(1° 30' E, 42° 30' N). 면적 468㎢, 인구 77,533명(2020년)이다. 정식 명칭은 안도라공국(Principality of Andorra)이다. 수도는 안도라 라 벨랴(Andorra la Vella)이며, 소국을 포함할 때 유럽 수도 중 가장 고지대(1,023m)에 위치한다. 종교는 가톨릭(99%)이 절대다수이며, 민족구성은 안도라인(48.8%), 스페인인(25.1%), 포르투갈인(12%), 프랑스인(4.4%) 등이다. 언어는 카탈루냐어(공용어), 불어, 스페인어, 포르투갈어가 사용된다. 기후는 겨울은 춥고 눈이 많이 오며, 여름은 온화하고 건조한 편이다.

1278년부터 스페인의 우르헬 주교와 프랑스국왕과의 공동주권 아래 봉건적 자치가 허용된 후, 1992년 국민투표에서 의회민주주의가 승인되어 1993년 공식 독립했다. 프랑스 대통령과 스페인의 우르헬 교구 주교가 형식적인 국가원수로 되어 있다. 오랫동안 외부세계로부터 고립되어 있었으나, 제2차 대전 후 뛰어난 자연경관과 스키장을 바탕으로 관광업이 크게 발달하였고, 관세가 부과되지 않아 유럽의 슈퍼마켓으로 불린다. 행정구역은 7개 본당(parroquia)으로 되어 있다. 우리나라와는 1995년 외교관계를 수립하였고, 주스페인대사가 안도라대사를 겸한다.

2 포루투갈

- **위치:** 유럽 서남부의 이베리아반도 서부
- **면적:** 92,090㎢
- **인구:** 10,196,707명 (2020년)
- **수도:** 리스본(Lisbon)
- **정체:** 공화제
- **언어:** 포르투갈어
- **통화:** 유로(EUR)
- **환율:** 1유로(EUR) = 1,342.35원 (2021년 2월)
- **민족:** 이베리아족, 켈트족, 게르만족 및 무어족 등 혼혈민족
- **종교:** 가톨릭 99%
- **1인당 GDP:** 23,145.04달러 (2020년)

포르투갈의 정식 국명은 포르투갈 공화국(The Portuguese Republic)이며, 유럽 이베리아 반도 서남단에 위치한다. 포르투갈은 유럽에서 가장 서쪽에 위치한 나라로서, 유럽에 속해 있으면서도 마데이라제도를 통해 북아프리카의 분위기를 느낄 수 있지만 인접한 스페인보다 덜 알려져 있는 국가이다. 바스코 다가마가 인도항로를 발견했다는 사실을 기억하고 있지만 스페인의 후원으로 북아메리카를 발견한 콜럼버스의 역사적 사건에 비해 가려져 있고, 포르투갈은 대항해시대를 열었으면서도 늘 뒤늦게 떠오르는 나라로 남아 있다. 우리 생활 속에서 보편화되어 있는 빵과 카스텔라가 포르투갈 음식문화의 산물이며, 따봉(최고, 좋다)과 우루사(곰)도 포르투갈어로 오래전부터 우리에게 친숙히 자리 잡고 있는 점도 간과할 수 없다

1 역사배경

포르투갈의 최초 문화는 기원전 5500년경으로 추정되며, 포르투갈인의 원조는 기원전 750년경 이베리아반도에 정착한 켈트족과 원주민 혼인으로 탄생한 켈트이베리아인으로 추정된다. 스페인과 유사한 과정(로마지배→5세기 서고트족 지배→8세기 북아프리카 이슬람 종족 베르베르족(Muslim Berber) 침략과 이슬람지배→12세기 국토회복운동)을 겪었으나 국토회복운동은 스페인보다 250여년 먼저 시작되어 1243년 아퐁소 3세 때 현재의 국경이

확정되었다. 13세기 중반에서 14세기 초에 이르는 평화기에 포르투갈은 발전해 1383년 아비스 왕조에 의한 유럽 최초의 중앙집권국가가 되었다.

주앙 1세의 셋째 아들 항해왕 엔히크는 1415년 북아프리카 무역항 세우타(Seuta) 정복에 참여함으로써 해양탐험을 시작한 계기를 마련하였다. 본격적 대항해 시대는 주앙 2세부터 마누엘 1세의 통치기간이다. 이 시기는 1486년 바르톨로무스 디아스(Bartolomus Dias)의 희망봉 발견, 1498년 바스코 다 가마의 인도항로 개척, 1500년 페드루 알라레스 카브랄(Pedro Alrares Cabral)의 브라질 발견으로 전성기를 맞이했다. 1580년 스페인과의 경쟁에 져 스페인의 영향을 받게 되고 80년 동안 권익을 침해받았다. 17세기 중반 이후 포르투갈은 식민정책의 축을 인도양에서 대서양으로 확대해 브라질을 비롯해 앙골라와 모잠비크 등 아프리카의 식민지 활동을 강화하고 근대국가 기반을 굳혔다. 19세기 초 나폴레옹전쟁으로 세 차례의 침공을 받은 포르투갈 왕실은 브라질로 망명하기도 했고, 19세기 중엽 브라질이 독립함으로써 국력이 쇠퇴하였다. 1910년 왕정폐지 후 공화제를 탄생시켰고, 1926년 쿠데타와 1974년 군사혁명 등 변화를 겪은 후 오늘에 이르고 있다. 1986년 1월 유럽공동체에 정식 가입했고, 유럽단일통화 유로화를 채택하고 있다.

2 자연환경

포르투갈은 남북 약 560㎞, 동서 약 200㎞로긴 네모꼴로 이루어져 있다. 이베리아 반도 중앙을 서쪽으로 흐르는 테주강을 중심으로 북부는 기복이 심한 산지를 이루어 포도산지가 발달한다. 남부는 평야와 낮은 대지로 이루어져 올리브와 코르크가 많이 생산된다. 북부 산맥은 해발고도 1000m에 달하는 것이 많고, 가장 높은 산은 에스트렐라산맥 주봉 에스트렐라산(1991m)이다. 주요 하천 도루 강과 테주 강은 모두 스페인에서 흘러온다. 기후는 온화하다. 북부는 겨울에 기온이 내려가 북동쪽 산악지방과 에스트렐라 산지에 눈도 내리지만 강한 추위가 드물다. 남서부는 서안해양성에 가까운 지중해성 기후로 여름에 고온건조, 겨울에 온난다습하다. 남단부는 아프리카 영향을 받아 고온이 나타날 수 있다.

▲ 벨렘탑

3 지역정보

❶ 리스본

리스본(Lisbon)은 포르투갈을 남북으로 가르며 흐르는 테주 강 하구에 위치한다. 대항해시대의 중심지로 전성기를 누림으로써 독특한 경관을 이루었다. 그러나 1755년 대지진으로 인해 중세유적이 파괴되었고, 폐허 자리에 새로운 도시계획에 의한 신시가지가 조성되어 현재의 경관을 이루었다. 시가지는 동서 2개 지역으로 구분되어, 동부는 구시가지로 고대유적지가 있던 지역이며, 서부는 신시가지로 1998년 해양박람회이후 테주 강변 북부지역으로 시가지가 확장되고 있다. 구시가지는 대지진이후 건설된 리스본 중심지와 동부지구, 벨렘지구 등 세 지역으로 구분된다. 리스본 중심지는 에두아르두 7세의 공원(Parque Eduardo Ⅶ)을 시작으로 폼발후작광장(Praca Marques de Pombal), 리베르다데 대로(Avenida da Liberdade) 및 코메르시우광장(Praca do Comercio)까지 남쪽으로 뻗은 관광의 중심축을 이루며, 동부지구는 대지진 때 파괴되지 않아 옛 모습을 간직한 곳으로 상 조르제 성(Castelo Sao Jorge)과 대성당(Se Cathedral)이 위치해 있다. 벨렘지구는 제로니무스 수도원과 포르투갈의 대항해시대의 중심지 벨렘탑과 발견기념비(Padrao dos Descobrimentos) 부근을 말한다. 제로니무스 수도원은 마누엘 1세가 엔히크 왕자의 위업을 칭송하고, 바스코 다 가마의 항해를 기념하기 위해, 엔히크 왕자가 지은 예배당 자리에 16세기 초 건설한 수도원이다. 이곳은 해외로부터 얻은 부를 토대로 건설해 대항해 시대의 부를 상징하는 마누엘 양식의 건축이다. 벨렘탑은 16세기 초 마누엘양식의 멋진 테라스를 가진 건축이며 귀부인의 드레스 자락을 펼치고 있는 모습을 비유해 '테주강의 귀부인' 이라고 불린다. 대항해시대의 상징 발견기념비는 항해왕 엔히크의 500주기를 기념해 바스코 다 가마가 항해를 떠난 자리에 세워진 높이 52m의 기념물이다. 항해중인 범선의 모습과 함께 수많은 인물 조각상이 줄지어 있으며, 맨 앞 뱃머리의 엔히크 왕자를 시작으로 천문학자, 선교사, 선원 등 당시 공헌한 인물의 모습이 이어진다. 리스본의 제로니무스 수도원과 벨렘탑(Monastery of the Jeronimos and Tower of Belem in Lisbon)은 1983년 세계유산에 등재되었다.

❷ 신트라

신트라(Sintra)는 포르투갈 중서부 에스트레마두라 지방의 문화관광도시다. 리스본에서 북서쪽으로 20㎞, 신트라 산지 북쪽의 해발고도 200m 지점에 있다. 신트라 왕궁과 페나성이 대표적인 볼거리이며, 왕궁에 가까워지면서 세계 각국에서 모여든 관광객들과 거리를 가득 메운 레스토랑과 기념품점으로 붐빈다. 신트라 왕궁은 14세기부터 1910년 공화제가 출범할 때까지 국왕의 '여름 별장'으로 이용되었던 곳이며, 특이한 2개의 탑과 아줄레주(Azulejo)로 불리는 포르투갈의 전통 타일 예술의 진수를 볼 수 있다. 왕궁에서 페나성으로 가는 길은 꼬불꼬불한 산길을 올라가야 한다. 페나성은 페르디난도 2세에 의해 19세기 건설되었고, 월트 디즈니사의 상징 마크이기도 한 독일의 '노이슈반슈타인성'과 함께 세계에서 가장 아름다운 2대 성중의 하나로 꼽힌다. 노이슈반슈타인성을 건축한 루드비히 2세와 페나성을 건축한 페르디난도 2세는 사촌지간이다. 신트라 문화경관(Cultural Landscape of Sintra)은 1995년 유네스코 세계유산에 등재되었다.

▲ 아줄레주

❸ 호카곶

▲ 호카곶

호카곶(Cabo da Roca) 은 리스본 서쪽 약 40 ㎞의 대서양 해안에 있는 38°47′ N, 9°30′ W 그리고 절벽의 높이는 약 140m의 황량한 절벽이다. 유라시아를 기준으로 해서 가장 서쪽에 있는 곳이다. 포르투갈의 시인 루이스 데 카몽이스(Camoes)는 이곳을 "땅이 끝나고, 바다가 시작되는 곳" 으로 표현했다. 대서양의 황량한 바람과 등대 및 관광안내소를 겸한 레스토랑이 있고, 안내소에서는 이곳을 방문한 기념으로 증명서를 발급해 주고 있다. 포르투갈 방문 시 반드시 들러 볼 곳이며, 우리나라 포항의 호미 곶이나 해남의 땅 끝 마을을 가면 동시에 유라시아 대륙의 양끝을 밟아보는 추억을 만들 수 있다.

❹ 포르투

포르투(Porto)는 포르투갈 북부 포르투주의 주도이다. 대서양으로 흘러드는 도우로강(Douro river) 하구에 위치하며 예전 항구도시로 번성했다. 포르투갈의 국명은 이곳 도시에서 유래한 것이며, 수백 년의 전통적 문양과 양식을 간직한 건축물과 거리의 모습이 남아 있다. 포르투갈의 식민지를 개척하는 전초기지로서 역할을 하였고, 포르투 역사지구(Historic Centre of Porto)는 1996년 세계유산에 등재되었다.

4 문화

❶ 민족과 언어

포르투갈인은 오래 전 켈트계 이베리아인을 중심으로 형성되었다. 민족적으로 스페인의 갈리시아 지역 주민과 유사하다. 포르투갈인은 오랜 역사에서 강인하고 깊은 뿌리를 가진 국민성을 형성하였다. 포르투갈인은 남성적인 스페인 민족에 비해 여성적이며, 언어, 문화, 기질의 요인과 연관시켜 볼 때 서정적인 향수주의자로 묘사된다. 성격 면에서도 내향적이어서 말을 적게 하며, 의사표시도 분명히 하지 않는 편이다.

공용어는 1290년 국왕 동 디니스의 선포에 의해 채택된 포르투갈어이다. 포르투갈어는 2억 명이 넘는 모국어 사용자가 있고 세계에서 5번째로 많이 사용하는 언어이다. 포르투갈을 포함하여 브라질, 앙골라, 카보베르데, 기니비사우, 모잠비크, 상투메프린시페의 공용어이며, 동티모르, 마카오, 적도 기니는 다른 언어와 함께 공용어로 사용한다. 포르투갈어는 카스티야어, 카탈루냐어, 이탈리아어, 프랑스어, 루마니아어, 스위스 로망슈어 등과 함께 인도유럽어족 중 로망스어군에 속한다.

❷ 종교

국교는 가톨릭이지만, 헌법상 종교의 자유를 인정되고 있다. 인구의 대다수가 가톨릭신자이고, 개신교인 12만 명 이하, 유대교인 수 5천명 이하이다. 이런 배경에서 다수의 가톨릭 기념일을 확인할 수 있고, 파티마에 동정녀가 나타난 것을 기념해 5월과 10월 중요한 축제가 열린다. 포르투갈의 투우는 스페인과 달리 소에게 상처만 입힐 뿐 죽이지는 않는다. 어느 지방에나 있는 수호성인 축제일은 성지참배와 함께 장터와 유흥마당이 펼쳐지며 모든 상점이 문을 닫는다.

❸ 음식

포르투갈의 음식은 맛있고 다른 서유럽 국아에 비해 가격이 저렴하다. 전통요리는 수프(Sopa), 주요리 생선 페이시(Peixe)와 육류 카르느(Carne), 음료, 디저트 소브레메자(Sobremesa)로 구분된다. 바다가 많고 해산물 생산국이기 때문에, 해물요리가 일찍부터 발달하여 300여 종이 넘는다. 닭과 고기로 만든 음식 슈하스까리아(Churrasquerias)와 대구요리 바깔랴유(Bacalhau)는 대중적인 음식이며, 쌰르딘냐(Sardinga, 정어리)는 가장 저렴한 생선(정어리)으로 굽는 냄새가 포르투갈 정서를 대변한다. 아로스 드 뽈부(Arroz de Polvo)는 문어 죽과 같은 것으로 우리 입맛에 잘 맞는다. 육류 요리는 뽀르꾸(Porco, 돼지), 바까(Vaca, 소), 비뗄라(Vitela, 송아지) 등의 고기를 아씨두(Assado, 로스트)와 그렐랴두(Grelhado, 숯불구이)의 방법으로 요리한 것과 후랑구 누 슈라스꾸(Frango no Churrasco, 양념한 닭고기를 통째로 구운 것), 꼬지두 아뽀르뚜게자(Cozido Portuguesa, 포르투갈식 스튜) 등이 있다. 포르투갈도 포도주(Vinho, 비뉴)가 발달한 국가이며, 적포도주

아로스 드 뽈부

(Vinho Tinto, 비뉴 띤뚜)와 백포도주(Vinho Branco)가 있고, 비뉴 베르드(Vinho Verde)는 어린 포도를 따 만든 것으로 보존기간이 길지 못한 특색이 있다.

5 기타

❶ 파티마(Fatima), 성모 마리아의 발현

▲ 파티마

1917년 5월 13일, 지금의 레이리아-파티마(Leiria-Fatima) 지방의 아주 작은 마을 꼬바 다 이리아(Cova da Iria)에 살던 루씨아(Lucia), 프란시스꾸(Francisco), 자씬따(Jacinta) 3명의 어린이들은 가축에게 풀을 먹이며 지내고 있었다. 정오에 기도를 드린 후, 지금 바실리카(Basilica) 교회당이 있는 그 자리에 서 놀이를 하는 중에, 한줄기 빛이 내려왔다. 그들은 불빛이 비추자 작은 참가지 나무 위를 쳐다보았다(지금은 Cap elinha das Aparicoes - 발현을 기념하는 교회당). '태양보다 더 눈부신 성모 마리아'가 3명의 꼬마 목동들에게 기도를 많이 해야 하며 매월 13일 같은 시간에 꼬바 다 이리아(Cova da Iria) 이 곳에 앞으로 5개월 간 오라고 했다. 이 세 꼬마들은 6월, 7월, 9월과 10월 그 곳에 갔고, 성모 마리아 역시 나타나 이야기를 했다고 한다. 10월 13일 마지막 발현, 7만여 명의 사람들이 몰려왔고 성모마리아는 로자리우 성모(Senhora do Rosario)를 기려 교회당을 하나 지을 것을 권했다고 한다. 마지막 발현 이후, 그 자리에 있었던 모든 사람들은 7월과 9월 3명의 꼬마들에게 약속되었던 기적을 지켜보았던 것이다. 그 후 파티마 대성당이 세워지고 전 세계의 순례자들이 이곳을 찾고 있다.

❷ 파두

파두(Fado)는 포르투갈을 대표하는 민요이다. 파두란 '숙명' 이라는 뜻을 가진 말로 그 의미만큼 어두움을 특징으로 한다. 멜로디도 명랑한 칸초네이나 멋스런 샹송에 비해 우수와 슬픔에 가득 차 있다. 16세기말 브라질을 중심으로 형성된 파두는 포르투갈의 식민지였던 아프리카 흑인의 멜로디가 토착민 인디오의 멜로디와 합성되어 포르투갈로 역수입되었다. 파두는 대서양의 파도를 향해 부르는 노래라고도 한다. 특히 6월 리스본 파두 페스티벌(Festa do Fado)이 펼쳐진다.

❸ 익숙한 포르투갈어

임진왜란 당시 포르투갈이 명나라와 조선연합군에 합류하여 군사적 기여를 하였다는 기록이 있다. 포르투갈신부 루이스 후로이스(Luis Frois, 1532~1597)의 저서 〈일본사(Historia do Japam)〉에 기록이 남겨져 있다. 사분(Sabao, 비누), 타바코(Tabaco, 담배), 빵(Pao)과 같은 단어는 포르투갈인이 우리나라에 체류한 결과로 인해 한국말 어휘에 남게 된 것이거나 일본을 통해 간접적으로 유입된 사례이다. 포르투갈인이 브라질로부터 아프리카 고추를 들여왔고, 우리나라의 김치는 세계적으로 독특한 고추 양념으로 만들어지게 되었다.

❹ 세계유산

포르투갈이 보유한 세계유산은 총 17점(문화유산 16점, 자연유산 1점)으로 이베리아반도에 위치한 유산(14건)과 부속도서에 소재하고 있는 3건으로 구분할 수 있다. 이베리아반도에 위치한 유산은 수도 리스본 주변, 남부, 중부, 북부로 구분할 수 있다. 북부에 위치한 알토 도우로 포도주 산지(Alto Douro Wine Region, 2001)와 북부-중부의 코아계곡 선사시대 암각화(Prehistoric Rock-Art Sites in the Coa Valley, 1998/2010)를 제외하면 대부분 세계유산이 로마부터 근세까지 도시건축이나 종교관련 문화유산인 것이 특징이다. 리스본의 제로니무스 수도원과 벨렘탑(Monastery of the Jeronimos and Tower of Belem in Lisbon, 1983)과 교외의 신트라 문화경관(Cultural Landscape of Sintra, 1995) 그리고 포르투 역사지구(Historic Centre of Porto, 1996)는 사람들이 가장 많이 찾는 문화유산이며, 코임브라 대학교-알타 구역 및 소피아 거리 구역(University of Coimbra - Alta and Sofia, 2013)은 세계에서 대표적인 오래된 대학을 유산에 포함시킨 대표사례다.

도서 유적은 아조레스군도(2점)와 마데이라 섬(1점)으로 구분되며, 아조레스군도(Azores Is.)에 15-19세기 군사유적 앙고라도 헤로이스모 중앙지역(Central Zone of the Town of Angra do Heroismo in the Azores, 1983)과 피코섬 포도밭 경관(Landscape of the Pico Island Vineyard Culture, 2004)이 위치하고, 마데이라 섬(Madeira)은 유일한 자연유산으로 멸종 위기 동식물이 서식하는 마데이라 라우리실바(Laurisilva of Madeira, 2009)가 분포하고 있다.

3 이탈리아와 작은 국가들

- **위치:** 유럽 중남부
- **면적:** 301,340㎢
- **인구:** 60,461,828명 (2020년)
- **수도:** 로마(Rome)
- **정체:** 공화제
- **언어:** 이탈리아어
- **통화:** 유로(EUR)
- **환율:** 1유로(EUR) = 1,342.35원 (2021년 2월)
- **민족:** 라틴족
- **종교:** 가톨릭(85.7%), 정교회(2.2%), 이슬람(2%)
- **1인당 GDP:** 33,189.57달러 (2020년)

이탈리아의 정식 국명은 이탈리아공화국(Repubblica Italiana)이며, 지중해의 중앙에 돌출한 장화 모양의 이탈리아반도와 70여 개 섬으로 이루어져 있다. 북쪽은 알프스를 경계로 프랑스, 스위스, 오스트리아와 인접하고, 동쪽 슬로베니아, 크로아티아, 보스니아-헤르체고비나와 함께 아드리아 해에 연해 있고, 서쪽 티레니아 해, 남쪽은 이오니아 해에 닿아 있다. 이탈리아를 찾는 모든 사람은 장엄하면서 시대에 뒤떨어진 유적지에서 현재를 떠난 듯 느낌을 받고, 지중해의 강렬한 태양과 현대의 첨단유행이 함께 하는 매력을 갖고 있다.

1 역사배경

기원전 7세기부터 도시국가를 형성하였고, 로마시대에 카르타고와 세 차례에 걸친 포에니전쟁으로 지중해패권을 완전 장악하면서 남부 이탈리아 땅이 로마지배를 받게 되었다. 로마제국이 탄생하면서 브리타니아로부터 아프리카와 유프라테스 강까지 지배권을 넓혔다. 로마제국은 395년 동서로 분열되었고, 5세기 이민족의 침략으로 서로마제국이 붕괴되었다. 476년 서로마제국이 몰락한 뒤, 이탈리아는 동로마 황제의 지배하에 놓이게 되면서 비잔틴제국이 되었으나 게르만족 침입으로 중앙권력이 상실되었고, 프랑크왕국과 신성로마제국의 지배를 받으며 이탈리아반도는 작은 도시국가가 형성되었다.

수세기 동안 분열을 이루었으나, 13~16세기 베네치아, 피렌체, 밀라노에서 상업도시를 이루면서 르네상스(14~15세기 피렌체 메디치가에서 시작)와 문화 중심지를 이룬다. 15세기 말 프랑스의 침입과 1550년 신성로마제국 황제 카를 5세에 의해 대부분 지역이 점령당하였다. 프랑스혁명은 이탈리아의 신흥시민계급에게도 큰 반향을 일으켰고, 1831년 이후 이탈리아 독립운동을 펼쳐졌다. 이러한 운동은 오스트리아의 무력개입으로 진압되었으나, 19세기에 이탈리아 북부 피에몬테의 군주 사보이 가문에 의해 이탈리아 통합운동이 일어났고, 피에몬테인들은 1861년 비토리오 에마누엘레 2세의 통치하에 이탈리아 대부분의 통합을 이루는데 성공한다. 1866년 베네치아, 1870년 로마교황청이 합병되면서 통일국가를 만든다.

제1차 대전에서 3국동맹(독일, 오스트리아, 이탈리아)이 패하면서 전쟁 후유증으로 경제 불안이 가중되었고, 이러한 상황은 베니토 무솔리니가 정권의 파시즘으로 부각되었다. 1922년 무솔리니는 왕과 대자본가의 지지를 배경으로 독재체재를 만든 후 1936년 로마-베를린 동맹을 맺고 1937년 국제연맹의 탈퇴와 동시에 독일 · 일본과 방공협정을 맺게 된다. 이에 힘입어 이탈리아는 제2차 대전의 주역으로 참전하였다. 1943년 7월 친정세력의 쿠데타에 의해 무솔리니정권이 붕괴되면서 이탈리아는 연합군에 합류하였고 독일군과 싸우게 된다. 제2차 대전이 끝난 후 1946년 이탈리아공화국으로 선포하였고 제2차 대전의 패전의 불명예를 떨쳐버리고 정치적 안정을 이루기 위해 노력한다. 같은 해 국민투표 실시, 왕정 폐지, 1947년 소집된 의회에서 신 헌법 채택을 통해 오늘날 이탈리아공화국으로 거듭난다.

2 자연환경

이탈리아반도와 시칠리아섬, 샤르데냐섬을 중심으로 형성되어 있으며, 산지와 구릉이 많고 평야는 전국토의 약 1/5 밖에 되지 않는다. 큰 평원은 북부 포강 유역의 롬바르디아 평야로 넓이가 55,000㎢에 이르며 1,900㎢의 캄파니아 평야를 비롯한 소규모 평야가 흩어져 있다. 지형의 토대는 알프스 산맥과 아펜니노 산맥이며, 사르데냐 섬과 코르시카 섬으로 이어진다. 지반이 불안정하여 지진이 잦고, 시칠리아의 에트나 산은 유럽 최고의 화산이다.

▲ 시칠리아

기후는 온화한 지중해성 기후로 전체적으로 우리나라 기후보다 약간 덥다. 북부지역은 아펜니노 산맥의 영향으로 대륙성 기후가 강하다. 방문하기 가장 좋은 시기는 전체적으로 4~10월이다. 8월은 관광객이 가장 많은 시기로 교통도 복잡하고, 많은 상점들이 문을 닫으므로, 봄(4~6월)이나 가을(10~11월)에 방문하는 것이 좋다. 강수량은 연평균 600~1,000㎜로 북부지방으로 갈수록 증가한다. 강수일수는 계절적으로 편중되지는 않았으나, 가을에 더 많이 내리며, 여름에는 햇볕이 강렬하나 습도가 낮은 편이다.

3 지역정보

❶ 로마

로마는 기원전 753년 로물루스(Romulus)와 레무스(Remus)에 의해 건설된 이래, 로마 공화정과 로마제국의 수도로 전성기를 누렸고 8세기까지 지중해문화의 중심도시 역할을 했다. 로마역사지구의 로마노(Foro Romano)와 판테온(Pantheon), 교황령 로마 내의 종교 건축물, 공공 건축물과 같은 고대 기념물은 세계유산에 등재되어 있다. '로마는 하루아침에 이루어진 것이 아니다.', '모든 길은 로마로 통한다.' 등에서 표현되듯이 인류의 위대한 유산과 전통을 자랑하는 옛 것이 살아 숨 쉬는 도시다. 로마역사지구는 로마제국 전성기 아우렐리아누스 황제 때 쌓은 성벽 안쪽에 집중되어 있다. 포로 로마노를 비롯하여 콜로세움, 콘스탄티누스황제 개선문, 판테온, 카라칼라 목욕장, 디오클레티아누스 목욕장 등 로마 전성기 영광을 엿볼 수 있는 유적과 함께 상 파울로 푸오리 레 무라 대성전, 산타 마리아 마조레 대성당, 산 조반니 인 라테라노 대성당은 세계유산과 관련된 유산이다. 2천 년의 세월을 견디며 자연재해와 전쟁위험을 피한 로마의 유적이지만, 산업화로 인한 자동차 배기가스와 대기오염은 건축과 조각품을 손상시키고 있다.

로마의 유산

포로 로마노(Foro Romano)는 고대 로마의 생활터전의 중심지로 로마제국 영화를 한눈에 알 수 있는 광장이다. '포로'는 고대 로마의 집회용 중앙광장을 뜻하며, 거의 폐허나 다름없지만 신전이나 공공시설 등 시민생활에 필요한 공공장소였다. 18세기부터 발굴을 계속해 현재의 상태로 복원되었다. 콜로세움(Colosseum)은 '거대하다'라는 뜻의 코로살레(Colossale)에서 유래되었고, 원래 명칭은 플라비우스 원형극장(Amphitheatrum Flavium)이다. 플라비우스 왕조 때 베스파시아누스 황제가 착공해 80년 그의 아들 티투스 황제 때 완성되었다. 세계 최대의 원형경기장으로 약 5만 명을 수용할 수 있고 모의 해전, 검투사의 격투, 맹수의 싸움 등이 개최되어 오락에 굶주린 고대 로마시민의 열광적인 관심을 집중시켰던 곳이지만 골조 흔적만 남아있다. 크리스트교 박해 때 신도를 학살하는 장소로 이용되었다. 콘스탄티누스 개선문(Arch of Constantine)은 콜로세움 옆에 서 있다. 312년 콘스탄티누스 대제가 막센티우스 제(Maxentius, 재위 306~312)를 격파한 것을 기념하여 착공했고, 315년 완성했다. 높이 21m, 너비 25m의 3개의 아치형 문이 있고 파리 개선문의 모델이기도 하다. 벽면을 장식한 부조는 콘스탄티누스 황제의 업적을 묘사하고 있다.

판테온(Pantheon)은 그리스어로 모두를 뜻하는 판(Pan)과 신을 뜻하는 테온(Theon)이 합쳐져 만들어졌으며, BC 25년 경 최초 건축된 것이 120년경 대화재로 완전히 소실된 것을 하드리아누스 황제 때 로마재건계획으로 건축된 것이다. 본당 내부에는 7개의 벽감이 설치되어 제우스 · 아폴론 · 아르테미스 · 헤르메스 등 다신교였던 중요 신들을 모셨다. 르네상스 때 판테온은 무덤으로 사용되었고, 이탈리아의 거장 화가

▲ 판테온

라파엘로(Raffaello Sanzio da Urbino)와 안니발레 카라치(Annibale Carracci)가 묻혀 있고 이탈리아 국왕 빅토리오 임마누엘레 2세, 움베르토 1세도 묻혀 있다. 현재 판테온은 가톨릭성당으로 이용되고 있고 미사가 집전되거나 가톨릭 종교 행사장으로 이용된다. 판테온이라는 명칭은 오늘날 국가적 영예가 있는 자에게 바쳐지는 건물이라는 뜻으로 사용되고 있고, 판테온의 돔 건축 방식을 채용해 피렌체 대성당의 돔이 건축되었다.

카라칼라 욕장(Terme di Caracalla)은 로마 시대에 만들어진 콘크리트 건물이다. 로마대욕장으로 유일하게 아직도 많은 부분이 남아 있는 편이다. 알렉산데르 세베루스가 216년 완성하였고, 가로 230m, 세로 115m의 규모에 거대한 볼트 지붕을 올린 욕실로 이루어져 있다. 욕실에 딸린 방과 체조장과 운동경기를 할 수 있는 정원, 거대한 야외수영장을 갖추고 있다. 대리석 그리고 조각상과 여러 장식요소가 실내를 꾸미는 데 사용되었다. 또한 디오클레티아누스 목욕장(Diocletianus, 재위 284~308)은 3세기 말 만들어졌고, 3천명을 수용할 수 있는 거대한 규모다. 6세기 파괴되었으나 16세기 복원되었다. 부지면적이 14만㎡에 달하며 목욕장 외에 집회장, 온욕실, 체육관을 갖추고 있다.

바티칸 관련 유산

로마역사지구의 세계유산 중 일부는 바티칸시국 치외법권(extraterritorial)이 보장되며, 산 파올로 푸오리 레 무라 대성전(Basilica di San Paolo fuori le mura), 산타 마리아 마조레 대성당(Basilica di Santa Maria Maggiore), 산 조반니 인 라테라노 대성당(Basilica di San Giovanni in Laterano)과 같은 독창적인 건축으로 구성되어 있다. 이탈리아와 바티칸이 1929년 체결한 라테란(Lateran) 협정에 의해 치외법권을 적용하게 되었고, 이탈리아 영토에 있지만 바티칸의 자산으로 간주된다.

기타 명소

진실의 입(Bocca della Verita)은 코스메딘 산타 마리아 성당의 입구 한쪽 벽면에 있으며, BC 4세기에 바다의 신 트리톤의 얼굴을 새긴 대리석 부조물로 하수관 마개로 쓰였던 것으로 추정된다. 거짓말 한 자가 이 입 속에 손을 집어넣으면 손목이 잘려버린다는 전설은'로마의 휴일'로 유명해졌다. 진실의 입에서 사진을 찍기 위해 줄서 있는 관광객 옆으로 성당으로 들어가는 문이 있으므로 바티칸의 교황의 성당과 이곳의 소박한 성당에서 촛불을 키면서 비교해보는 것도 이탈리아 여행에서 색다른 경험이 될 것이다.

트레비 분수

트레비 분수(Fontana di Trevi)는 로마의 대표명소이다. 교황 클레멘스 13세가 모집한 분수설계 공모전에서 니콜로 살비의 작품이 선정돼 1732년 착공되었으나, 건축가 사망과 재정난 등으로 30년 후 1762년 완공되었다. 해신 트리톤(Triton)이 이끌고 있는 두 마리의 말은 격동의 바다와 잔잔한 바다를 상징하고 분수대의 거대한 수반은 대양을 상징한다. 트레비 분수에서 동전을 던지면 로마에 다시 올 수 있다는 이야기가 유명하다.

스페인 광장(Piazza di Spagna)은 17세기 스페인영사관이 있던 곳으로 영화를 통해 유명해진 대표 장소이다. 일반인이 연상하는 광장이기 보다는 분수대와 계단, 따사로운 태양만 있을 뿐이다. 영화 〈로마의 휴일〉의 주인공 오드리 햅번이 광장의 계단에서 아이스크림을 먹으면서 내려오는 장면을 촬영한 장소이다. 베네치아 광장(Plazza Venezia)은 로마 교통의 중심지로 6개의 주요 도로가 사방으로 뻗어있다. 광장 정면은 '하얀 웨딩케익' 이라는 별명이 있는 비토리오 엠마누엘레 2세기념관이 나타난다.

베네치아

❷ 베네치아

베네치아는 이탈리아 반도의 동쪽, 아드리아 해 끝 베네치아주 베네토에 위치한 수상도시이다. 영어로 베니스'(Venice)라고 하며 이탈리아 본토에서 약 4㎞정도 떨어져 있다. 베네치아는 지형적으로 120개 정도의 작은 섬이 400여 개의 다리와 150개의 운하로 연결되어 있다. 이곳은 바다로 이어지는 석호 위에 발달한 '물과 운하의 도시'로 9~15세기에 지중해의 상권을 장악한 동서 문물의 합류 지점이었다. 베네치아 카니발을 비롯하여 유리공예와 영화제, 비엔날레, 가면무도회 등이 유명하다. 베네치아는 지반 침수현상이 심각해 복구 작업이 지속되고 있지만 '물의 도시' 이전에 '침수의 도시' 가 될 수 있다는 우려가 있다. 베니스와 석호(Venice and its Lagoon Criteria)는 1987년 유네스코 세계유산에 등재되었다.

산마르코 성당과 광장

산마르코(San Marco)는 마가복음의 성 마가(St. Mark)를 이탈리아식으로 부른 명칭이다. 산마르코대성당(Basilica San Marco)은 역사적으로 이슬람 순교지에서 성인의 유해를 빼내온 베니스상인의 재치와 신앙심을 볼 수 있는 곳이다. 828년 베네치아 상인 2명이 이집트 알렉산드리아에서 가져온 성 마르코 성인의 유골을 안치하기 위해 세운 로마네스크 교회로 최초 건축되었으나, 967년 화재로 불타버린 후 베니스의 집정관 도메니코 콘타리니가 비잔틴 건축가의 도움을 받아 증 · 개축을 명하여 1094년 완성하였다. 산마르코광장(Piazza San Marco) 은 그 자체가 하나의 거대한 대리석 살롱(길이 175m, 폭 80m)이며, 열주로 가득한 건물이 광장을 'ㄷ'자로 둘러싸고 있다. 광장 가운데에는 베니스의 수호신 '날개 달린 사자상'과 성테오도르상이 있고, 동쪽으로 산마르코대성당, 두칼레 궁전이 있다.

두칼레 궁전

두칼레 궁전(Palazzo Ducale)은 베네치아공화국을 다스렸던 강력한 지도자들의 화려한 거처이다. 최초 814년부터 이 자리에 건물이 있었으나, 베네치아공화국에서 도제가 지니고 있는 최고 권력을 반영하는 궁전이 건축된 것은 14세기와 15세기 때이다. 외관은 백색과 분홍 대리석의 아름다운 문양으로 되어 있고, 회랑은 개성 있는 기둥받침을 지닌 36개 기둥으로 이루어져 있으나 무거운 대리석이 중압감이 느껴지지 않게 설계한 것이 특징이다. 건축양식은 북부 고딕양식을 베네치아의 지리적 특성에 맞게 해석한 독특한 형태이다.

대운하

대운하(Canal Grande)는 베니스 시 중심을 역 S자를 그리면서 관통하는 길이 3.8㎞의 넓은 수로이며, 대운하를 따라 12~18세기에 걸쳐 세워진 대리석 궁정과 교회, 궁전, 리알토 다리 등을 볼 수 있다. 산마르코 성당을 출발하는 곤돌라나 수상택시 등을 이용해 관광할 수 있다. 리알토 다리는 대운하의 중간지점에 놓인 베네치아의 명물다리이다. 목재였던 것이 불에 타 붕괴된 이후에는 16세기 지금의 대리석으로 바뀌었다. 산마르코 광장이 가깝고 쇼핑 할 수 있는 가게들이 많아서 늘 활기에 차 있는 장소이다.

❸ 피렌체

피렌체(Firenze)는 중부 토스카나주의 주도이다. 14~15세기 메디치 가문의 후원에 힘입어 르네상스를 꽃피운 도시이다. 피렌체는 아르노 강가에 위치하며 영어로 '플로렌스'라고 하며, 도시 전체가 하나의 아름다운 작품으로 피렌체 역사지구(Historic Centre of Firenze)가 1982년 유네스코 세계유산에 등재되었다. 이탈리아는 '두오모'란 이름의 성당이 많으며, 이탈리어로 대교회당, 대성당을 의미한다.

피렌체는 꽃의 성모마리아 성당((Duomo, Santa Maria del Fiore))과 산 지오바니 세례당 그리고 지오또의 종탑((Campanile Giotto)이 모여 있다. 성 요한(산 지오바니) 세례당은 두오

▲ 코시모 데 메디치

모 성당 바로 맞은편 천국의 문이 있는 건물이다. 지오토의 종탑은 높이 85m의 거대한 고딕양식의 종탑으로 당시 페인트와 같은 안료가 없었기 때문에 흰색과 녹색 대리석을 사용해 외관을 절묘하게 구성하였다.

시뇨리아 광장과 베기오 궁은 중세 때 피렌체 정치의 중심지였던 곳이지만 현재는 미술관과 카페테리아가 있는 휴식장소다. 부근에는 베키오 궁전의 대종루가 보이고, 넵튠의 분수(Fonte del Nettuno)가 있다. 코시모 데 메디치(Cosimo de' Medici)의 기마상이 서 있다. 미켈란젤로 언덕(Piazzale Michaelangelo)은 아르노 강 남쪽 기슭 피렌체 동남쪽 작은 언덕이며, 광장에 다비드의 청동상 복제품이 서있다. 시가지에서 다소 떨어져 있지만 이곳에서는 꽃의 도시 피렌체 시가지의 아름다운 전경이 눈에 들어온다.

❹ 피사

피사(Pisa)는 피렌체 서쪽 80㎞ 지점에 있으며, 세계 7대 불가사의 중의 하나인 피사의 사탑으로 널리 알려져 있다. '사탑'으로 유명한 이곳은 베니스와 어깨를 견줄 만한 국제해운도시였고, 16세기 들어 토스카나공국의 대학도시로 부활했고 당시 피사대학 의학부에 갈릴레오가 재학 중이었다. 지금은 해운도시로서 자취는 사라졌지만, 대성당과 사탑을 중심으로 한 광장에서 옛 영화를 확인할 수 있다. 피사의 두오모광장(Piazza del Duomo, Pisa)은 피사의 사탑(Leaning Tower of Pisa)을 비롯해 대성당(Pisa Cathedral)과 세례당, 납골당(Monumental Cemetery) 등 이탈리아를 대표하는 건축이 늘어서 있다. 피사의 탑은 로마네스크 양식의 207개의 흰 대리석 기둥을 세운 8층 탑이며, 피사대성당에 부속된 종탑이지만 대성당보다 더 유명하다. 그 이유는 기울어져 있는 탑의 모습 때문이며, 현재 탑 높이는 북쪽 55.2m, 남쪽 54.5m로 남쪽으로 5.5도 기울어져 있다. 종탑은 1173년 착공 때부터 탑의 한쪽 지반이 가라앉으면서 기울어지기 시작했고, 당시 3층까지 진행된 공사가 중단되었다가 14세기에 이르러 8층으로 완성되었다. 탑의 기울기가 1990년 한계치에 가까운 4.5m를 넘으면서 붕괴위험에 대처하였고, 이탈리아 정부가 보수작업을 시작, 2001년 완료하였다.

⑤ 나폴리, 폼페이, 소렌토 및 카프리 섬

나폴리

나폴리(Napoli)는 세계 3대 미항의 하나로 남부의 중심도시다. 영어명은 네이플스(Naples)라고 하며, 소렌토와 고대도시 폼페이로 가는 길목에 있다. 기원전 7세기경 고대인들이 아름다운 환경과 온화한 기후를 찾아 정착하였다. 나폴리 역사지구(Historic Centre of Naples)는 1995년 세계유산에 등재되었다.

폼페이, 헤르쿨라네움 및 토레 안눈치아타의 유적지역

폼페이, 헤르쿨라네움 및 토레 안눈치아타의 유적지역은 캄파니아 주(Campania), 나폴리 현(Province of Naples)에 위치한다. 서기 79년 8월 24일 베수비오화산(Vesuvius Mt.) 폭발로 인해 한순간에 화산재에 파묻힌 고대 로마의 상업도시 폼페이(Pompeii)와 함께, 그리스식 고대주거지가 남아 있는 헤르쿨라네움(Herculaneum)과 초기 로마시대의 화려한 별장지 토레 안눈치아타(Torre Annunziata)를 포함하고 있으며, 1997년 유네스코 세계문화유산에 등재되었다. 이 지역은

18세기 중반부터 발굴되기 시작해 세상에 알려지게 되었다. 폼페이는 도시가 전성기에 갑자기 멸망하였으므로, 당시 로마제국 도시의 일상생활을 알 수 있는 자료들이 발굴되었고, 쾌락적 · 향락적인 인간생활을 담고 있다. 도시 서쪽에 포럼이라 불리는 광장과 그 주위에 신전과 시장, 시청이 모여 있었음이 밝혀졌고, 공중목욕탕과 체육관, 극장, 1만 명 이상 수용할 수 있는 원형경기장도 발굴되었다. 유적은 마치 2,000년 전 삶의 모습을 후대에 재현하기 위해 도시 전체가 화산재에 몸을 던진 것과 같다.

소렌토

소렌토(Sorrento)는 나폴리 민요' 돌아오라 소렌토로' 로 유명한 곳이다. 나폴리 만 남동쪽에 솟아 있는 소렌토 반도 끝의 단애 위에 있다. 주변은 올리브와 오렌지, 레몬 과수원이 펼쳐져 있어 언제 찾아가도 상쾌한 바닷가의 휴양도시며 물가도 비교적 싸다. 이탈리아 여행에 지쳤다면 이곳 소렌토에서 하루쯤 푹 쉬면 이탈리아의 또 다른 매력을 느낄 수 있다.

소렌토 해안

카프리 섬

카프리 섬(Capri)은 나폴리 만에 떠 있는 카프리는 세계적으로 유명한 관광지 푸른 동굴(블루 그로또)이 있는 섬이다. 나폴리에서 20마일로 배를 타고 도착할 수 있는 거리이며, 아름다운 언덕, 해안 절벽, 올리브 농장, 포도원과 정원의 테라스 앞에는 눈이 시리도록 푸르른 지중해 바다가 펼쳐진다.

❻ 밀라노

밀라노(Milano)는 알프스의 남쪽에 해당하는 북부 롬바르디아주이 도시다. 세계 패션뿐 아니라 북이탈리아 공업지대의 중심도시, 역사와 문화의 중심지로 발전하였다. 중심가는 두오모 광장으로 세계에서 가장 아름다운 쇼핑 거리 비토리오 엠마누엘레 2세 갤러리아와 연결되어 있다. 스포르체스코 성(Castello Sforzesco)은 두오모 광장 북서쪽에 위치하며, 밀라노 영주 프란체스코 스포르차의 명령에 의해 다빈치와 브라만테의 참

▲ 친퀘테레

여로 1450년 완공되었다. 두오모 대성당은 바티칸 성베드로 성당에 이어 세계에서 2번째 규모를 자랑한다.

❼ 친퀘테레

친퀘테레(Cinque Terre)는 북서부의 리구리아 주에 위치하는 라 스페치아(La Spezia) 지방의 5개 해안 마을이다. 5개 마을은 몬테로소 알 마레(Monterosso al Mare)와 베르나차(Vernazza), 코르닐리아(Corniglia), 마나롤라(Manarola), 리오마조레(Riomaggiore)이며, 제노바에서 라 스페치아(La Spezia)로 향하는 중간에 있다. 20세기 말 이탈리아에서 외국인에 의해 가장 대중적으로 인기 있는 곳으로 발견되었고, 해안과 5개 마을, 주변의 언덕은 친퀘테레(Cinque Terre) 국립공원으로 보호되고 있고, 유네스코 세계유산으로 지정되어 있다.

4 문화

❶ 민족과 언어

이탈리아 민족은 이탈리아인이며, 북부에 프랑스계, 오스트리아계, 슬라브계 등이 소수 거주하고 있으며, 남부에 알바니아계와 그리스계가 소수 거주하고 있다. 이탈리아는 다민족으로 구성되어 있지만 오랜 역사에 의한 관습을 중요시하며, 삶을 즐길 줄

알며 낙천적이다. 국민 대부분이 공용어인 이탈리아어를 사용한다. 이탈리아어는 인도유럽어족에서 에스파냐어, 프랑스어, 포르투갈어와 함께 로망스어군에 포함된다. 이탈리아 국경 지역에서는 독일어, 프랑스어, 슬로베니아어를 병용한다.

❷ 종교

이탈리아는 가톨릭교를 국교로 정하였다. 1984년 국교로서의 지위가 종결되어 공립학교에서의 의무적 종교교육이 폐지되면서 국가는 교회에 대한 재정지원을 축소하였다. 이외에 개신교도들도 있으며 제3세계에서 온 이민자의 경우 이슬람교를 믿고있다.

❸ 음식

이탈리아의 음식은 소박하고 풍성하며 재료의 맛을 그대로 유지하는 것이 특징으로 맛도 뛰어나다. 르네상스 때의 이탈리아 최고의 명문 가문 메디치가의 딸이 프랑스 왕가로 시집을 오면서 집안의 요리사와 함께 이동함으로써 유명한 프랑스요리로 발전하였을 만큼 역사도 깊다. 대표적 요리로 종류만도 수백 개에 달하는 파스타(Pasta), 스파게티, 피자 뿐 아니라, 다양한 해산물 요리가 발전하였다. 파스타는 대표 요리로 주로 밀가루와 물로 만든 반죽을 소금물에 삶아 만든 요리를 총칭한다. 파스타의 기원은 다양하며, 13세기경부터 보급되기 시작한 파스타는 긴 파스타와 짧은 파스타가 있다. 기원전 3000년경 중국의 국수가 1295년경 마르코 폴로에 의해 이탈리아로 들여왔다고 전해지며, 그밖에 밀가루 반죽을 먹기 쉽도록 잘라서 굽다가 점차 발전하였다는 것, 신화의 '대장간의 신' 헤파이스토스가 파스타를 만드는 기구를 발명하였다는 것, 기원전 5000년경 이탈리아 중서부의 고대국가 에트루리아 족이 만들어 먹었다는 것 등 여러 가지 이설도 있다.

5 기타

❶ 메디치 가문

메디치 가문(Medici Family)은 르네상스시대의 이탈리아를 대표하는 명가로 이탈리아 르네상스의 보호자로서, 당시 유럽 굴지의 금융업자로서, 피렌체공화국과 토스카나공국의 지배자로서 뚜렷한 공헌을 남긴 가문이다. 피렌체 동북의 무젤로 지방 출신인 메디치가는 상업으로 성공하여 14세기부터 피렌체의 정치계에 등장하였다. 7대째 피렌체를 근거지로 사재를 시정에 투입하고 학문과 예술을 보호, 장려하여 예술가와 문인을 양성하였고 르네상스를 탄생시켰다. 교황 레오 10세와 클레멘스 7세는 메디치 가문 출신이며, 프랑스 왕 앙리 4세의 왕비인 마리 드 메디시스도 메디치 출신이다. 그들의 자손은 끊기고 기록상으로만 남아 있지만 그들이 남긴 르네상스는 인간중심 사회를 가져 왔다.

❷ 로마의 휴일

로마의 휴일(Roman Holiday)은 I. M. 헌터 원작, W. 와일러 제작 및 감독, 오드리 헵번과 그레고리 펙이 출연한 파라마운트 영화사의 영화로 1953년 만들어졌다. 유럽 각지를 친선방문 중인 왕국의 왕녀 앤(헵번)은 로마대사관에 체재 중, 꽉 짜인 일정에 싫증이 나서 남몰래 대사관을 빠져 나왔으나 진정제의 과음으로 공원에서 잠이 든다. 이때 미국 신문기자 조(펙)가 그녀를 발견하고 자기 하숙집에서 하룻밤을 재워 준다. 다음날 조는 신문사에 출근해 왕녀의 실종으로 큰 소동이 벌어진 것을 보고 그녀가 왕녀임을 눈치 채고 카메라맨과 특종기사를 만들고자 맹활약을 한다. 어느새 두 사람 사이에 애정이 싹트고 조는 그녀의 본국에서 파견된 비밀탐정과 난투극을 벌인다. 끝내 신분을 밝히지 않은 조는 왕녀의 귀국 기자회견 석상에 나타나 그 동안 특종으로 찍은 사진 묶음을 모두 전해준다. 경쾌하고 유머 있는 로맨틱 명작으로 평가받으며, 헵번은 이 영화로 아카데미 여우주연상을 수상하였다.

❸ 세계유산

이탈리아는 잘 알려진 바와 같이 풍부한 세계유산목록을 보유한 국가이다. 세계유산 유형별로 50건의 문화유산과 5건의 자연유산목록을 보유하고 있다.

문화유산은 수도 로마의 로마 역사지구-바티칸 시국의 유산들과 산 파올로 푸오리 레 무라 대성전(Historic Centre of Rome, the Properties of the Holy See in that City Enjoying Extraterritorial Rights and San Paolo Fuori le Mura, 1980/1990)을 비롯하여 베네치아와 석호(Venice and its Lagoon, 1987), 나폴리역사지구(Historic Centre of Naples, 1995), 베네토의 비첸차 시와 팔라디오 양식 건축물(City of Vicenza and the Palladian Villas of the Veneto, 1994/1996), 밀라노의 산타 마리아의 교회와 도미니크 수도원 및 레오나르도 다빈치의 최후의 만찬

▲ 두오모 광장

(Church and Dominican Convent of Santa Maria delle Grazie with The Last Supper by Leonardo da Vinci, 1980), 베로나 시(City of Verona, 2000), 피렌체역사지구(Historic Centre of Firenze, 1982), 시에나 역사지구(Historic Centre of Siena, 1995), 피엔차 역사지구(Historic Centre of the City of Pienza, 1996), 우르비노 역사지구(Historic Centre of Urbino, 1998), 폼페이, 헤르쿨라네움 및 토레 안눈치아타의 유적 지역(Archaeological Areas of Pompei, Herculaneum and Torre Annunziata, 1997), 피사의 두오모 광장(Piazza del Duomo, Pisa, 1987) 그리고 이탈리아, 몬테네그로, 크로아티아에 걸쳐있는 16~17세기 베네치아 방어시설 : 스타토 다 테라-서부 스타토 다 마르(Venetian Works of Defence between 15th and 17th Centuries : Orthophoto of City Fortress of Palmanova, 2017)에 이르기까지 헤아릴 수 없을 정도로 많은 유산을 갖고 있다.

자연유산은 시칠리아 동쪽 해안에 있는 3323m의 활화산 다에트나산(Mount Etna, 2013)과 북부알프스산맥의 동쪽에 있는 돌로미티 산맥(The Dolomites, 2009)이 대표적이다.

❸ 소국

산마리노 공화국(Republic of San Marino)

- 면적: 61.2㎢
- 인구: 34,232명 (2020년)
- 정체: 공화제(6개월마다 신임되는 집정관이 통치)
- 언어: 이탈리아어
- 1인당 GDP: 44,947달러 (2020년)
- 기후: 온대기후
- 종교: 가톨릭 97%

남부유럽 이탈리아 중부 내륙에 위치하며, 바티칸시티와 모나코 다음으로 유럽에서 세번째로 작은 국가임.

몰타(Malta)

- 면적: 316㎢ / 인구: 441,539명 (2020년)
- 정체: 공화제(대통령중심제)
- 언어: 영어, 몰타어
- 1인당 GDP: 29,416.23달러 (2020년)
- 기후: 지중해성기후
- 종교: 가톨릭 98%

남부유럽 지중해 중앙부(14° 35' E, 35° 50' N)에 위치하며, 몰타제도(諸島)로 이루어짐.

바티칸시티(Vatican City State, The Holy See)

- 위치: 남부유럽, 이탈리아 로마
- 면적: 0.44㎢
- 인구: 800명 (2020년)
- 정체: 교황제
- 언어: 이탈리아어
- 민족: 이탈리아인, 스위스인, 기타
- 종교: 가톨릭

바티칸은 이탈리아 로마 북서부에 있는 가톨릭교황국으로 가톨릭문화의 본산지다. 19세기 이탈리아가 근대 통일국가로 바뀌면서 교황청 직속의 교황령을 상실하게 되었고, 1929년 라테란(Laterano) 협정을 통해 이탈리아로부터 교황청 주변지역에 대한 주권을 이양 받아 영토 0.44㎢(인구 약 800명)의 세계에서 가장 면적이 작은 독립국이 되었다. 가톨릭과 관련된 역사와 문화가 살아있는 건축물과 예술작품이 많이 남아있고, 바티칸 궁전(Vatican Palace)을 중심으로 한 성베드로 대성당(Basilica di San Pietro), 시스티나예배당(Cappella Sistina)이 대표적이다. 바티칸궁전은 14세기 아비뇽 유폐를 마치고 교황청이 바티칸으로 돌아온 이래, 교황의 거주지가 된 곳으로 지금은 대부분 바티칸미술관과 도서관으로 이용된다. 바티칸 박물관의 피냐 정원에는 커다란 솔방울 조형물과 금속 지구 모형 조형물이 위치한다. 벨 베데레의 뜰(Cortile Ottagonale)은 관람객이 처음으로 통과하는 곳이며, 고대 그리스와 로마시대의 조각상이 진열되어 있다. 바티칸이 자부하는 벨베데레의 아폴로, 라오콘(Laocoon), 토르소(Torso) 조각상을 확인할 수 있다.

시스티나 예배당은 1475~1483년 건축되었고, 궁전의 가장 뒤에 있다. 이곳은 교황 궐위 시 새 교황을 선출할 때 추기경들이 모여 선거하는 곳으로 유명하다. 거장 미켈란젤로가 구약성서의 천지창조 일화를 주제로 만든 천정화 '천지창조'와 벽화 '최후의 심판' 이 예배당의 정면에 있다. 성 베드로 대성당은 로마 바티칸에 있는 로마 가톨릭의 총본부이며, 326년 콘스탄티누스대제가 성 베드로의 묘 위에 바실리카를 건립한 것을 시초로 한다. 현재의 건물은 미켈란젤로의 설계와 구상, 그의 제자가 옥상 돔과 성당 정면 부분을 완성함으로써 완공된 것이다. 성 베드로 성당 에서 가장 눈에 띄는 조각은 미켈란젤로의 서명이 있는 유일한 조각작품 피에타(Pieta)이며 미켈란젤로 걸작 성당의 돔은 전 세계에서 가장 크다. 성 베드로 광장은 성당 동쪽에 위치하며, 1656년~1667년까지 11년 동안 베르니니(Bernini)의 설계로 세워졌다. 광장 중앙에 있는 오벨리스크는 고대 이집트왕국 제12왕조의 것으로 알려져 있다. 바티칸(Vatican City State)은 1984년 유네스코 세계유산에 등재되었다.

4 그리스

- **위치**: 유럽 남동부 발칸반도 남단
- **면적**: 131,957㎢
- **인구**: 10,423,056명 (2020년)
- **수도**: 아테네(Athens)
- **정체**: 공화제(대통령 중심의 의원내각제)
- **언어**: 그리스어
- **통화**: 유로(EUR)
- **환율**: 1유로(EUR) = 1,342.35원 (2021년 2월)
- **종교**: 그리스정교(98.5%), 이슬람교(1%)
- **민족**: 희랍인(97%), 기타(3%)
- **1인당 GDP**: 19,582.54달러 (2020년)

그리스의 정식 국명은 그리스공화국(Hellenic Republic)이며, 유럽 동부 발칸반도 남단에 위치한다. 서쪽은 이오니아해에 면하고, 동쪽과 북동쪽은 에게해에 둘러싸여 있으며 북쪽은 알바니아, 북마케도니아 및 불가리아와 접하고, 동쪽은 에브로스강을 사이에 두고 터키와 접경을 이룬다. 그리스는 신들의 제왕 '제우스'(Zeus), 바다의 신 '포세이돈(Poseidon)', 사랑의 신 '에로스(Eros)'와 같은 그리스신화의 흔적을 찾아 볼 수 있는 곳, 지중해의 짙푸른 바다와 뜨거운 태양으로 지중해를 가장 잘 느낄 수 있는 곳, 2,000여 개 섬으로 이루어진 독특한 지리와 역사가 어우러진 국가이다. 그리스는 1950년 한국전쟁 때 참전한 나라로 1961년 수교를 맺은 국가이다.

1 역사배경

그리스문명의 기원 에게(Aegea) 문명은 전기 크레타문명(미노스문명, 기원전 3000~기원전 1400년)과 후기 미케네 문명(기원전 1400~기원전 1200년)으로 구분되며, 기원전 1000년 경까지 씨족공동체를 유지하다가 BC 8~9세기 폴리스(Polis)를 형성하고 헬레네인이라고 지칭하였다. 아테네와 스파르타 같은 도시국가들은 독자적 정부형태를 발전시켰고, 대외적으로 식민도시 건설을 통해 세력을 확장하였다. 이후 로마 비잔티움(기원전 2세기~기원후 1453년)과 오스만제국(1453~1830년)의 이민족 지배시기를 겪었고, 민족주의의 영향을 받아 독립항쟁이 확산되고 마침내 영국, 프랑스, 러시아의 지원 하에 1830년 3월 독립왕국이 수립되었다. 1830년부터 1913년까지는 근대국가 형성기에 해당하며, 1923년 로잔느(Lausanne) 조약에 따라 그리스와 터키 양국 간 현재와 같은 영토경계가 확정되었다. 1935년 왕정이 부활되었으나, 제2차 대전 중에는 독일, 이탈리아, 불가리아 등에 의해 점령당하였고, 1949년까지 국왕의 전후 귀국을 반대하는 내란이 지속되었다. 1949년부터 1967년까지는 입헌군주제 기간이었지만, 1967년 4월 유럽 역사상 최초의 군사정권이 수립되었고 이후 여러 번의 군사정권과 연립정부 수립 들을 겪고 오늘에 이르고 있다. 그리스는 대통령 중심의 의원내각제 공화국이며, 1981년 1월 EU(유럽연합) 정회원국이 되었다. 그리스는 유로존 중 가장 낙후된 국가의 하나로 유럽금융위기의 중심에 있다.

2 자연환경

그리스는 발칸반도의 남단에 위치하며, 반도인 본토와 주위에 퍼져 있는 크고 작은 많은 섬들로 이루어진다. 섬이 전 국토의 약 1/5을 차지하며 반도의 곳곳에 곶 또는 복잡한 해안선을 갖고 있다. 그리스의 최고봉인 올림포스 산(2,917m)은 핀도스(Pindus) 산맥의 산지에서 동으로 뻗어 있고, 작은 산맥이 국토를 종단하여 지형을 세분하기 때문에 주위에서 격리된 산간분지나 작은 하곡을 많이 형성하였다. 그리스는 지중해성 기후이기 때문에 반도의 남부와 도서지역은 여름에 고온건조하며, 이오니아해에 면한 서쪽 사면은 강수량이 많기 때문에 산림이 무성하지만, 북부 지방의 평야지대는 기온도 낮아져서 대륙성기후를 보인다.

3 지역정보

① 아테네

아테네(Athens)는 그리스 본토의 남동부 살론 만의 아티카 평야에 위치하며, 2개의 강을 끼고 동, 서, 북의 세 방향이 산으로 둘러싸여 있다. 고대 도시국가 폴리스는 기원전 8세기에 성립하여 세계 최초의 민주정치가 행해졌고 기원전 5세기경 최고의 전성기를 맞이하였다. 마케도니아와 로마의 지배부터 중세에 이르기까지 학문과 문예의 중심에서 벗어났고, 수준 높은 고대 유적이 파괴되었다. 아테네의 아크로폴리스 일대

▲ 파르테논 신전

는 1987년 유네스코 세계유산에 등재되었다. 신타그마 광장(Sintagma Square)은 그리스어로 헌법이라는 의미를 갖고 있어 1843년 최초의 헌법이 공포된 것을 기념하여 만들어져 근대의 아테네를 상징한다.

아크로폴리스(Acropolis)는 아크로(Acro, 높은)와 폴리스(Polis, 도시국가)의 합성어이며, 고대 그리스 전역에 세워졌다. 이곳은 도시의 주신(主神)의 신전을 짓고, 폴리스의 방어용 요새 역할을 했다. 아크로폴리스에는 파르테논(Parthenon), 니케신전(Temple of Athena Nike) 및 에레크테이온(Erechtheion) 신전이 있다. 프로필라이아(Propylaea)는 아크로폴리스로 들어가는 아크로폴리스로 들어가는 웅장한 관문 역할을 했다. 파르테논신전은 전쟁과 지혜의 신이자 아테네의 수호신이기도 한 아테네 여신을 모신 곳이다. 세계에서 가장 균형 잡힌 건축물로 불리며, BC 4세기경 페리클레스가 설계를 하고 조각가 피아디아스가 총 15년이나 걸려 완성한 건축물로 현재 유네스코 고적 1호로 지정되어 있다. 1801년 그리스를 방문했던 영국의 토마스 엘긴(Thomas Elgin) 경이 파르테논신전 동쪽 지붕에 있던 세 여신의 조각을 비롯하여 많은 내부 조각들을 해체하여 영국으로 옮겨간 이후 현재까지 대영박물관에 '엘긴 마블(Elgin Marbles)'이라는 이름으로 소장되어 있고, 나머지는 프랑스 루브르박물관과 그리스 아크로폴리스미술관에 전시되어 있다.

니케신전은 승리의 여신 니케에게 바쳐진 신전으로 이오니아식으로 건축되었다. 아크로폴리스 언덕을 지나 처음 보이며, 니케는 영어식 발음 '나이키' 로 잘 알려져 있다. 에레크테이온신전은 파르테논 북쪽에 위치하고 있는 이오니아식 건축이다. 2m 남짓한 높이로 모두 6개의 카리아테이드(여인기둥)로 에워싼 복도가 달려 있는 것이 특징이다.

❷ 올림피아

올림피아(Olympia)는 펠로폰네소스반도 북서쪽 그리스 엘리스 지방에 있다. 선사시대부터 사람들이 거주했고, 기원전 10세기경 제우스숭배의 중심지가 되었다. 426년 동로마 황제 테오도시우스 2세가 이교 신전에 대한 파괴령을 내렸기 때문에 신역의 상당수가 파되었다. 이곳에는 헤라신전과 제우스신전, 보물창고와 더불어 기원전 776년에 시작해 4년마다 올림피아에서 거행된 올림픽을 모든 경기장의 유적이 남아 있다.

❸ 델포이

델포이(Delphoe)는 중부 포기스 지방의 고대도시로 현재 명칭은 델피(Delphi)이다. 고대그리스의 올림피아 함께 최대의 성지였고, 태양신 아폴론의 신전 유적이 있다. 아테네에서 북서쪽으로 170㎞ 떨어진 포키스의 산 속 해발고도 500m 지점에 위치한다. 기원전 8~6세기 폴리스 성립기에 올림피아의 제우스신전, 델로스의 아폴론신전과 함께 그리스의 종교적 중심지가 되었다. 이곳이 대지의 중앙에 위치한다고 여겨 아폴론 신전의 1실에 세계의 배꼽(Omphalos)이 놓여 있다. 과거 고대그리스 4대 제전의 하나인 피디아 경기가 개최되었다.

❹ 메테오라

메테오라(Meteora)는 살리아 지방에 있는 수도원 집단이 위치한 지역이다. 그리스어로 '공중에 떠 있다.' 뜻이며, 이 일대에 있는 거대한 사암 기둥 위에 세워진 수도원들을 두고 지어진 이름이다. 11세기부터 수도사들이 은둔을 시작했고, 14세기 초 성 아타나시우스가 최초로 수도원을 세웠다. 16세기에는 20여 개의 수도원이 있었으나, 현재 수도원 5곳과 수녀원 1곳이 남아 있다. 수도원으로 올라가면, 수사와 수녀들이 거하고 있으며 제한된 범위에서 방문이 허용된다. 내부에는 비잔틴 양식의 문화유적이 많고 16세기 때 만들어진 보존 상태가 좋고 가치가 있는 프레스코화들이 모여 있다.

유네스코는 기묘한 자연경관과 경이로운 종교건축의 가치를 인정해 1988년 세계복합 유산에 등재하였다.

❺ 미코노스

미코노스 섬(Mykonos)은 특별한 고대 유적과 거리가 먼 곳으로 파란 하늘 아래 푸른 바다와 흰 집이 조화를 이루어 그림 같은 경관이 펼쳐진다. 이런 배경에서 하얀 집들과 풍차는 이 섬의 상징이 되고 있다. 이곳은 연중 관광객으로 붐비고, 영화 〈지중해〉의 배경이 된 섬이다.

❻ 크레타

크레타(Creta)는 최남단에 위치한 그리스 최대의 섬이다. 신화 속 제우스의 탄생지로 알려져 있다. 크레타 문명이 시작된 곳으로 기원전 6천년부터 사람이 거주하였고, 기원전 3천년 경부터는 큰 도시를 짓고 국가를 형성하는 등 부족단위의 생활에서 도시형태가 형성되었다. 현재 남아 있는 성벽의 벽화를 볼 때 당시의 세련된 문화수준은 확인할 수 있다.

크레타

❼ 산토리니

유럽에서 산토리니(Santorini Island)라고 하지만, 그리스에서 명칭은 티라(Tira)이다. 이곳은 키클라데스제도 중에서 가장 남쪽에 있는 화산섬이다. 기원전 1500년의 대규모 화산분화로 섬의 중심부가 가라앉으면서 거의 지금과 같은 형태가 되었다. 산토리니의 경관은 다른 섬에 비해 매우 특별한데, 옛것과 새것이 잘 어울려 있다. 역사적으로 크레타 섬의 미노아 문명보다도 더 오래된 키클라데스 문명과 관련되어 있다. 하얀 눈이 내린 것처럼 빽빽하게 서 있는 흰색 혹은 푸른 색 지붕가옥은 그림 같은 경관이다.

4 문화

❶ 민족과 언어

그리스인은 역사상 수차례 거듭되어 온 이민족의 침입에 따라 혼혈이 형성되었고, 고대 그리스인과는 인종과 문화적인 면에서 차이가 있다. 매우 친절하고 관대하여 낯선 방문자에게 따뜻하게 대접한다. 낮잠(시에스타, 오후 2시부터 오후 5시까지)을 자는 습관이 있어서 이 시간에 관청과 사무실, 상점이 폐점한다. 공용어는 고대 그리스어를 기원으로 한 그리스어다. 현재의 그리스어는 구어와 문어(文語)가 구분되고 있다. 몇 개의 방언을 가진 구어로서 의사소통이 원활하지 못하자 독립 후 고대그리스어로의 복귀를 지향해 순수어 혹은 문어를 만들었다. 만들어진 문어는 공용문과 신문 등에 사용되고 있고, 고대그리스어와는 강세나 문법구조가 다르다. 구어는 라틴어와 터키어 어휘가 많이 들어 있고, 오늘날 문학자에 의해 구어와 문어의 통합이 시도되고 있다.

❷ 종교

그리스정교회가 국교는 아니지만 사회 전반에 걸쳐 영향력을 갖고 있다. 국민의 98.5%가 그리스정교를 믿고 있으며, 1%를 차지하는 이슬람교도는 대부분 터키계다. 0.5%를 차지하는 가톨릭교도는 아테네와 과거 이탈리아령이었던 서부 제도에 많다.

❸ 음식

그리스 요리는 올리브유를 많이 사용한 것이 특징이다. 무사카((Mousaka)는 감자, 돼지고기, 가지를 구운 것으로 그리스 스타일의 라자냐이다. 수블라키(Souvlaki)는 양고기, 생선, 양파를 사용한 꼬치구이이다. 돌마데스(Dolmades)는 포도나무 잎에 고기와 쌀을 가득 채운 것이다. 수주카키아(Souzoukakia)는 쌀을 넣은 미트볼에 토마토, 레몬, 달걀 소스를 넣은 요리다.

5 기타

❶ 그리스의 상반된 표현과 동작

우리나라는 Yes 라고 할 때 고개를 아래와 위로 끄떡끄떡하지만, 그리스는 No 라는 의미이다. 눈을 가만히 감거나, 머리나 눈썹을 치켜들며 '체' 하고 혀를 차기도 한다. 긍정을 나타낼 때는 머리를 한쪽으로 기울이거나 수그린다. 물건 흥정 시, 검지를 꼿꼿이 세우고 코앞에서 까딱 까딱 흔들면서 고개를 위로 쳐들 때는 한 푼도 깎아주지 못하겠다는 의미이다. 물건을 흥정할 때 그런 표현을 보면 깎는 것을 포기하는 편이 좋다. 우리나라는 헤어질 때 혹은 다섯이나 열을 세어 보일 때 상대방에게 손바닥을 보이며 흔드는 경우가 많지만, 그리스는 손바닥을 보이며 앞으로 강하게 내 보이면 굉장한 욕(지옥에 빠져라)이다. 두 손바닥을 같이 보이면 더욱더 강한 욕이다. 손끝을 모아서 입술에 댔다가 떼면서 입술로 쪽 소리를 내면서 브라보 라든지 판타스틱 하면 그 표현은 매우 만족스럽다는 의미이다. 대접 받거나 음식이 맛있을 때 사용한다. 손 모양으로 손을 위 아래로 흔드는 것은 '거기에 있어' 로 생각할 수 있으나, '오라' 는 것을 의미한다.

❷ 세계유산

그리스는 세계유산 유형별로 16건의 문화유산과 2건의 복합유산목록을 보유하고 있다.

문화유산

- 밧새의 아폴로 에피큐리우스 신전(Temple of Apollo Epicurius at Bassae, 1986)
- 델포이 고고유적(Archaeological Site of Delphi, 1987)
- 아테네의 아크로폴리스(Acropolis, Athens, 1987)
- 로도스 중세도시(Medieval City of Rhodes, 1988)
- 에피다우루스의 아스클레피오스 신전(Sanctuary of Asklepios at Epidaurus, 1988)
- 테살로니카의 초기 기독교 및 비잔틴 기념물군
  (Paleochristian and Byzantine Monuments of Thessalonika, 1988)
- 미스트라스의 고고유적(Archaeological Site of Mystras, 1989)
- 올림피아 고고유적(Archaeological Site of Olympia, 1989)
- 다프니 수도원, 호시오스루카스 수도원, 키오스섬의 네아모니 수도원
  (Monasteries of Daphni, Hosios Loukas and Nea Moni of Chios, 1990)
- 사모스섬의 피타고레이온과 헤라신전(Pythagoreion and Heraion of Samos, 1992)
- 아이가이(베르기나) 고고유적(Archaeological Site of Aigai(modern name Vergina), 1996)
- 미케네 · 티린스 고고유적(Archaeological Sites of Mycenae and Tiryns, 1999)
- 성 요한 수도원과 파트모스섬 요한계시록 동굴(The Historic Centre(Chora) with the Monastery of Saint-John the Theologian and the Cave of the Apocalypse on the Island of Patmos, 1999)

- 코르푸 옛 시가지(Old Town of Corfu, 2007)
- 필리피 고고학 유적지(Archaeological Site of Philippi, 2016)

복합유산

- 메테오라(Meteora, 1988)
- 아토스산(Mount Athos, 1988)

5 크로아티아

- **위치:** 유럽 남동부 발칸반도 남단
- **면적:** 56,594㎢
- **인구:** 4,105,268명 (2020년)
- **수도:** 자그레브
- **정체:** 공화제(대통령제)
- **언어:** 크로아티아어(공용어, 슬라브계 언어로 라틴문자 사용
- **통화:** HRK(쿠나, Kuna)
- **환율:** 1쿠나(HRK) = 176.56원 (2021년 2월)
- **민족:** 크로아티아인(89.6%), 세르비아인(4.5%), 기타
- **종교:** 가톨릭(86.3%), 세르비아정교(4.4%), 이슬람교(1.5%), 기타(7.8%)
- **1인당 GDP:** 14,853.24달러 (2020년)

크로아티아의 공식 명칭은 크로아티아공화국(Republic of Croatia)이다. 북쪽 헝가리, 동쪽 세르비아, 서쪽 슬로베니아, 남쪽 보스니아-헤르체고비나와 국경을 접하며 서남쪽으로 길게 아드리아 해에 면한다. 1918년 세르비아-크로아티아-슬로베니아왕국을 거쳐 제2차세계대전 후 구유고슬라비아 사회주의연방의 일원이 되었다. 구 유고슬라비아연방의 해체와 함께 내전을 거쳐 1991년 6월 분리 독립하였다.

1 역사배경

7세기 슬라브인이 이주하였으나 정치적 통일은 실현되지 못하였고, 9세기 들어 슬라브라는 이름과 함께 크로아티아란 이름이 최초로 나타나기 시작하였다. 북부는 프랑크왕국, 동부는 동로마제국 지배를 받아오다가 925년 크로아티아의 트미슬라브공

(公)이 왕위에 오르면서 크로아티아왕국통일이 이루어졌고 가톨릭으로 개종하였다. 1102년 헝가리 왕을 통치자로 한 헝가리–크로아티아 국가가 성립되었고, 1202년 이탈리아의 베네치아가 크로아티아의 영토 달마티아를 차지하였다. 15세기 후반부터 오스만 공격이 강해졌고, 헝가리 · 체코 · 슬로바키아 · 슬로베니아 · 크로아티아 연합군이 투르크군에게 패하였다. 러시아–투르크전쟁에서 러시아가 승리하자 합스부르크가의 페르디난도 1세가 왕위를 차지하였다. 19세기 전반 헝가리통치를 반대하는 운동이 일어났고, 제1차 대전 결과 오스트리아가 패배하자 크로아티아는 오스트리아에서 벗어났고 1918년 이후 세르비아–크로아티아–슬로베니아왕국(일명 베오그라드 왕국, 1929년 이후 유고슬라비아왕국)의 일부가 되었다.

1945년 제2차 대전 후 유고슬라비아 사회주의연방공화국에 속하였다. 1980년 요시프 티토(Josip Tito)가 사망한 후 연방내 공화국 간 분열이 가속되었고 1980년대 말 자유화 물결이 크로아티아에도 도달하였다. 1990년 4월 크로아티아공화국 최초의 자유선거가 실시되었고, 비공산 민족주의 정권이 탄생하였다. 크로아티아와 슬로베니아는 유고슬라비아 사회주의연방내 최대 공화국 세르비아와 민족적, 정치적으로 대립하였고, 1991년 6월 독립선언을 하였다. 크로아티아는 연방유지를 지향하는 세르비아와 대립을 피할 수 없게 되었고, 같은 해 6월 내전에 돌입하였다. 1992년 1월 EU에서 크로아티아와 슬로베니아의 독립을 승인하였고, 5월 크로아티아는 슬로베니아, 보스니아–헤르체고비나와 함께 UN에 가입하였다. 내전 종식 후 전쟁피해 복구, 경제회복과 민주주의발전을 위한 개혁을 추진해 왔다. 크로아티아는 1992년 12월 국제통화기금(IMF), 2000년 11월 세계무역기구(WTO), 2009년 4월 북대서양조약기구(NATO)에 가입하였다. 2013년 7월 EU의 28번째 회원국이 되었다.

2 자연환경

크로아티아의 국토는 전체적으로 초승달 모양이다. 좁고 긴 달마티아(Dalmatia) 해안평야, 디나르알프스산지, 동부의 다뉴브 평원 등 세 지역으로 구분된다. 특히 달마티아 해안평야는 침강해안으로 연안의 1,000여 개 섬이 열도를 이루고 있어 경관이 빼어나 관광지가 많다. 평균 해발고도는 331m이고 해발고도가 가장 높은 곳은 디나르 산으로 1,831m이다. 전체적으로 사계절이 뚜렷하며, 온화한 기후다. 아드리아 해 연안

▲ 자그레브 대성당

은 지중해성 기후로 겨울이 따뜻하며 여름이 건조하다. 아드리아 해안선을 따라 천 개가 넘는 섬이 있으며 천혜의 환경을 자랑하는 해안도시, 고대 그리스와 로마의 문화흔적이 남아 있는 명소가 많다.

3 지역정보

❶ 자그레브

자그레브는 크로아티아의 수도이며 문화, 과학, 경제 중심지다. 시내 한가운데를 가로지르는 도나우강) 지류 사바 강과 도심을 감싼 메드베드니카 산은 서울을 떠올리게 한다. 12~13세기 바로크양식으로 건축된 자그레브 대성당(Zagreb's Cathedrale), 타일로 지붕을 엮어 크로아티아 국기를 떠오르게 하는 성 마르크성당(St. Mark Church) 같은 건축을 볼 수 있다. 자그레브 대성당은 오스트리아 빈에 있는 대성당과 이름이 같은 성 슈테판 성당이라고도 불린다. 이 성당은 2개의 첨탑이 인상적이며, 성당 앞 광장에 우뚝 서있는 성모마리아상은 황금빛이 푸른 하늘과 대조되어 성스러운 분위기를 연출한다.

❷ 두브로브니크

▲ 두브로브니크

두브로브니크(Dubrovnik)는 아드리아 해에 연한 달마티아 해안에 있는 도시다. '아드리아 해의 진주(Pearl of the Adriatic)' 라는 표현이 잘 어울리는 절경을 갖고 있을 뿐 아니라 두브로브니크 옛 시가지는 요새를 비롯하여 역사와 전통을 지닌 건축물이 보존되어 있다. 7세기에 해상무역을 중심으로 하는 도시국가 라구사(Ragusa) 공화국으로 시작하였고, 비잔틴제국의 보호와 베네치아의 통치(1205~1358)를 겪었고, 지중해의 요충지였다. 17세기에 바로크양식으로 보수된 렉터궁전(Rector's Palace), 14세기에 지어졌으나 외관은 거의 바로크 양식인 프란체스코 수도원(Franciscan Monastery), 1667년 지진 이후 재건축된 대규모의 도미니크 수도원(Dominican Monastery), 후기 고딕양식과 르네상스 양식이 혼재된 건축으로 1667년 지진에도 손상을 입지 않은 채 본모습이 보존되어 있는 스폰자궁(Sponza Palace), 도시의 수호성인 성 블라이세(St. Blaise)를 기념하여 건축된 성 블라이세 성당(St Blaise's church) 같은 바로크양식 교회 등이 있다. 두브로브니크 옛 시가지(Old City of Dubrovnik)는 1979년 유네스코에서 세계유산에 등재되었다. 그러나 1990년 유고슬라비아 내전으로 도시가 파괴되어 1991년 위험에 처한 세계유산목록에 오른 바 있고, 유네스코와 국제사회의 지원으로 복원되었다.

❸ 스플리트

스플리트(Split)는 중부 달마티아 지역에 있는 크로아티아 제2의 항구도시다. 스플리트의 디오클레티아누스 궁전과 역사건축물(Historical Complex of Split with the Palace of Diocletian)은 고대 로마황제의 거주지 중 가장 잘 보존된 사례이자 고고학과 미술사적으로도 중요한 문명을 확인할 수 있는 기념비적인 건축물로 1979년 세계유산에 등재되었다. 달마티아(스플리트)에서 출생한 디오클레티아누스는 로마의 황제(재위 284~305)에서 퇴임하여 316년 70세 나이로 죽음을 맞을 때까지 이곳에 거주한 것으로 기록되어 있다. 디오클레티아누스 궁전(Diocletian's Palace)은 295년부터 10년간 공사 끝에 완공이 되었으나, 그가 권좌에 있었을 때 하루도 이곳에서 보낸 적이 없기 때문에 엄밀히 얘기하면 궁전이라고 부르는 것은 어폐가 있다. 성돔니우스 대성당(The Cathedral of St. Domnius)은 디오클레티아누스 황제의 영묘가 있던 자리지만, 디오클레티아누스의 크리스크교 박해 때 죽임을 당한 성 돔니우스에게 바쳐져 7세기에 대성당으로 전환되었다. 그레고리 닌스키 주교상(Statue of Gregory of Nin)은 10세기 때 활약한 크로아티아의 종교 지도자의 동상이며, 엄지발가락을 만지면 행운이 온다는 속설로 인해 사람들이 발가락을 부분을 만져 반짝반짝 빛난다.

❹ 트로기르

▲ 카메를렝고 성

트로기르(Trogir)는 아드리아해 연안과 접한 항구도시로 1997년 트로기르 역사도시(Historic City of Trogir)가 유네스코 세계유산에 등재되었다. 로마시대부터 항구도시로 발달하였으나 1123년 이슬람 공격으로 도시 대부분 파괴되었다. 13~15세기 때 도시를 둘러싼 성벽 안에 도시가 발전하였고, 1420년부터 베네치아공화국 지배를 받았는데, 당시 건축된 카메를렝고 성(Kamerlengo Castle)과 시계탑, 성 로렌스 대성당(St. Lawrence Cathedral)이 남아 있다. 성 로렌스 대성당은 1200년경에 건설되기 시작해 16세기 말 완성되었다. 성 로렌스 대성당은 1200년경에 건설되기 시작해 16세기 말 완성되어 로마네스크, 고딕, 르네상스 양식이 곳곳에 반영된 건축으로 정문 양쪽의 아담과 이브상이 유명하다.

❺ 자다르

자다르(Zadar)는 아드리아 해에 면한 자다르주의 주도다. 크로아티아의 다른 해안 도시와 달리 육지 쪽에 넓은 평야가 펼쳐져 있다. 성 도나트 성당(Church of St. Donat)은 9세기 때 건축으로 자다르의 상징이며, 바다의 오르간 소리를 들으며 감상하는 일몰이 유명하다.

4 문화

❶ 민족과 언어

크로아티아인은 남슬라브족에 속하며 크로아티아어를 모어로 사용하는 크로아티아의 주요 민족이다. 남슬라브족 은 불가리아, 세르비아, 몬테네그로, 크로아티아, 보스니아-헤르체고비나, 슬로베니아에 살고 있는 슬라브 민족의 부류이다. 언어는 크로아티아어와 세르비아어가 사용되고 있으나 이 두 언어는 아주 흡사하여 방언적인 차이에 지나지 않으므로 두 언어를 통합 정리한 형태 세르보크로아티아어를 제정하여 공용어로 사용하기도 하였다. 크로아티아어를 사용하는 인구가 96.1%, 세르비아어 1%, 기타 언어 2.9%이다.

❷ 종교

크로아티아인은 9세기 말 가톨릭을 받아들였고, 가톨릭이 전체 국민의 86.3%에 달한다. 세르비아인을 중심으로 한 세르비아정교 4.4%, 이슬람교 1.5%, 기타 1.5%, 무교 또는 무신론자가 3.8%를 차지한다.

❸ 음식

크로아티아의 전통음식은 지역마다 다양하다. 달마티아와 이스트리아 등 아드리아 해 연안의 음식은 이탈리아 영향을 많이 받아 해산물이나 조리된 야채를 즐겨 먹고, 올리브오일과 허브, 마늘, 로즈마리, 시나몬 등 향신료를 사용한다. 달마티아지방은 파스타에 토마토소스, 버섯 크림소스, 코티지치즈를 넣어 먹는다. 반면 내륙지역은 오스트리아, 헝가리, 터키 등 문화영향이 커 후추와 같은 향신료를 많이 사용하고, 돼지고기, 민물고기, 파프리카와 마늘을 비롯한 야채 등이 주 식재료로 쓰인다. 동유럽 국가에서 잘 알려진 구야쉬 스프는 북부 크로아티아에서도 대중적이다. 크로아티아는 북부 지역은 프리미엄 화이트와인 생산이 중심이 되고, 이스트리아와 달마티아 등 아드리아 해 연안 지역은 레드와인이 유명하다.

5 기타

❶ 유고연방

유고연방(유고슬라비아 사회주의 연방공화국)은 1943년에서 1992년까지 발칸 반도에 존재했던 사회주의 공산국가다. 1943년 11월 29일 요시프 티토에 의해, 유고슬라비아 사회주의 연방공화국의 수립을 선언했으며, 동유럽과 중앙유럽의 다른 공산주의국가와 달리 바르샤바 조약에 가입하지 않았고, 요시프 티토의 지도하에, 비동맹 운동노선을 표방했다. 티토 사망 후, 내재되어 있던 민족갈등이 악화되어 1991년 유고슬라비아 내 슬로베니아, 크로아티아, 마케도니아, 보스니아-헤르체고비나가 차례로 분리 독립했다. 신 유고연방은 유고슬라비아 전쟁 후 세르비아와 몬테네그로가 결성했으나, 2006년 6월 5일 세르비아와 몬테네그로가 분리되었다. 또한 코소보가 세르비아의 자치주로 있다가 2008년 2월 17일 독립을 선언하였으며, 일부 나라로부터 독립을 인정받지 못하고 있는 미승인국가이다. 코소보는 2014년 2월 국제연합(UN) 회원국 중 108개 국가로 부터 주권독립국가 승인을 받았다.

❷ 세계유산

▲ 트로기르 역사도시

크로아티아는 8건의 세계문화유산과 2건의 자연유산을 보유하고 있다. 두브로브니크 구시가지(Old City of Dubrovnik, 1979)와 스플리트의 디오클레티아누스 궁전과 역사 건축물(Historical Complex of Split with the Palace of Diocletian, 1979)이 세계문화유산 목록에 등재되었고, 트로기르 역사도시(Historic City of Trogir(1991), 포레치 역사지구의 에우프라시우스 성당(Episcopal Complex of the Euphrasian Basilica in the Historic Centre of Porec, 1997), 시베니크 성 제임스 성당(The Cathedral of St James in sibenik, 2000)이 세계유산 반열에 올랐다. 흐바르 섬의 스타리 그라드 평야(Stari Grad Plain, 2008)가 세계유산으로 선정되었고, 크로아티아 중남부의 스테치 중세 돌무덤(Stećci Medieval Tombstones Graveyards, 2016), 자다르와 시베니크의 16~17세기 베네치아 방어시설 : 스타토 다 테라-서부 스타토 다 마르(Venetian

Works of Defence between the 16th and 17th Centuries : Stato da Terra–Western Stato da Mar, 2017)가 등재되었다.

자연유산은 플리트비체 호수 국립공원(Plitvice Lakes National Park, 1979)과 카르파티아 및 유럽의 기타 지역에 생육하는 고대 및 원시 너도밤나무 숲(Ancient and Primeval Beech Forests of the Carpathians and Other Regions of Europe, 2007)이 있다. 리카세니 주(Lika–Senj)에 위치한 플리트비체 호수 국립공원은 면적이 295㎢에 달하며 약 20개의 호수와 90개에 달하는 폭포들, 그리고 전형적인 카르스트지형 경관을 보유하고 있다.

6 슬로베니아

- **위치 :** 유럽 발칸반도 북서부
- **면적 :** 20,270㎢
- **인구 :** 2,078,932명 (2020년)
- **수도 :** 류블랴나(Ljubljana)
- **정체 :** 공화제(의원내각제(대통령제 가미))
- **언어 :** 슬로베니아어
- **통화 :** 유로(EUR)
- **환율 :** 1유로(EUR) = 1,342.35원 (2021년 2월)
- **민족 :** 슬로베니아인(83.06%), 세르비아인(19.8%), 크로아티아인(1.81%) 보스니아인(1.10%)
- **종교 :** 가톨릭(73.4%), 이슬람교(3.7%), 동방정교(3.7%), 기타 기독교(0.2%) 등
- **1인당 GDP :** 25,739.25달러 (2020년)

슬로베니아 정식명칭은 슬로베니아공화국(Republic of Slovenia)이다. 알프스산지의 동쪽 산록에 자리 잡고 있어 국토 대부분이 산지인 고산국이다. 북쪽 오스트리아, 동쪽 헝가리와 크로아티아, 서쪽 이탈리아, 남쪽 크로아티아와 국경을 접하며, 국경일부가 남서쪽으로 아드리아 해의 파란만과 면해 있다. 요시프 티토(Josip Tito)가 사회주의 이념 아래에 만든 유고슬라비아 사회주의 연방공화국(유고연방)에 속하였으나, 1980년 그의 죽음과 80년대 말 사회주의 종말로 1992년 유고연방이 해체되면서 내전을 거쳐 독립하였다.

1 역사배경

6세기경 남슬라브족 일부가 사바강(Sava R.)을 중심으로 627년 슬로베니아왕국을 건설하였고, 이들을 슬로베니아인이라고 한다. 비잔틴제국 세력약화와 함께 프랑크제국 확대를 통해 가톨릭을 받아들였다. 962년 신성로마제국에 편입되었고, 아드리아 해 연안을 통제한 베네치아에 저항하기 위해 주변 크로아티아와 달마티아와 함께 12세기부터 헝가리 왕을 군주로 받아들여 합스부르크 지배를 받았다.

슬로베니아는 제1차 대전 이후 오스트리아-헝가리제국이 전쟁에서 패배하면서 남슬라브족 세르비아-크로아티아와 함께 종교적 다민족국가 세르비아-크로아티아-슬로베니아왕국을 세웠다. 1918년 12월 베오그라드에서 왕국성립을 정식 선포하였고, 영토는 과거 오스트리아로부터 독립해 있던 세르비아, 몬테네그로를 비롯하여 보스니아-헤르체고비나, 크로아티아, 보이보디나, 달마티아, 마케도니아와 함께 슬로베니아가 편입되었다. 제2차 대전 중 독일에 점령되기도 하였으나 1945년 11월 유고연방 성립과 함께 그 일원이 되었다. 1989년 9월 유고연방으로부터 이탈을 명시한 공화국 헌법개정안을 채택하였고, 1990년 4월 최초의 자유선거에서 비(非)공산정권을 발족시켰다. 슬로베니아와 크로아티아 두 공화국은 연방 최대민족 세르비아민족에 대한 반감이 커져 1990년 7월 주권선언과 12월 국민투표 결과 90%가 독립을 지지해 1991년 6월 독립을 선언했다. 연방을 유지하고자 하는 세르비아와의 대립이 격화되었고, 연방군이 슬로베니아를 침공, 슬로베니아 방위군과 전투가 벌어져 수도 류블랴나공항이 연방군에 의해 폐쇄되었으나 10월 연방군 철수에 이어 1992년 12월 EU가 슬로베니아와 크로아티아독립을 승인하였다. 같은 해 5월 크로아티아, 보스니아-헤르체고비나와 함께 UN에 가입하였고, 8월 신 유고연방으로 부터 독립이 승인되었다.

2 자연환경

슬로베니아는 이탈리아와 오스트리아와 국경을 접하는 알프스산지 동단에 자리하며 국토 대부분이 산지이다. 알프스산맥 일부를 이루는 남부석회암 알프스산맥을 율리안알프스(Julijske Alpe)라고 하며, 최고봉 트리글라브산(Triglav, 2,864m)에서 발원하는 사바강이 북서에서 남동으로 흐르며, 남부는 석회암이 널리 분포해 카르스트지형을 형

▲ 류블랴니차강

성한다. 수리적으로 13°~17°E, 45°~47°N에 위치한다. 대륙내부와 알프스인근지역은 고산기후, 기온은 여름은 온화하고 겨울은 춥다. 아드리아 해안은 대부분 따뜻하고 맑은 여름, 온화한 겨울이 있는 지중해성기후다. 반면 동부지역은 여름에 덥고, 겨울에 추운 대륙성기후이다. 해안의 평균강수량은 1,000㎜이지만 알프스 인근은 3,500㎜ 이상의 비가 내린다.

3 지역정보

❶ 류블랴나

류블랴나는 중앙에 자리하며, 수도이자 문화 · 사회 · 경제 · 행정중심의 지방자치체다. 사바강으로 흘러가는 류블랴니차강(Ljubljanica) 하구에 위치하며, 기후는 해양성 기후면서 더운 여름과 다소 추운 겨울이 있는 대륙성 특징을 지닌다. 기원전 15년 에모나(Emona)라는 로마도시로 출발했으나, 6세기경 슬로베니아인이 정착해 기반을 형성했다. 1144년 류블랴나 성(Ljubljanski grad)이 건설되고, 15세기부터 합스부르크 왕조가 통치하면서 '화이트 류블랴나' 란 별칭을 얻었다. 류블랴나성은 월계수 잎을 들고 있는 뮤즈 동상 아래, 낭만파 시인 프란체 프레세린(France Preseren) 동상이 있는 프레세린광장(Prešernov trg square)과 트리플브리지(Tromostovje, Triple Bridge)에서 올려다보는 모습이 잘 알려져 있다. 성니콜라스대성당(Cerkev sv. Nikolaja)은 1706년 완성된 돔과 높이 24m의 좌우 첨탑을 갖춘 바로크식 성당이며, 류블랴나대성당이라고도 한다. 1996년 교황 요한바오로2세의 방문에 맞추어 바뀐 슬로베니아 문(정문)과 류블랴나 문(측문)이 잘 아려져 있다. 정문은 슬로베니아독립을 인정해준 교황청에 대한 감사 표현에서 교황모습이 부조되어 있다.

❷ 크란과 블레드

크란과 블레드는 각각 문화와 휴양도시를 대표한다. 크란은 크란시청과 대성당이 도시의 상징이며, 블레드는 피란에서 멀지 않은 곳에 위치하며 율리안알프스와 카라반케(Karavanke)산맥으로부터 뻗은 장엄한 봉우리, 빙하활동으로 형성된 둘레 6㎞의 작은 호수 블레드 호수와 그 위 블레드 성은 과거부터 서유럽에서 즐겨 찾는 인기 높은 관광휴양도시이다. 블레드는 스포츠를 즐기는 관광객과 인근 산을 오르는 등산객이 많다. 블레드 호수는 알프스의 만년설이 녹은 물이 흘러들어 만들어졌고, 블레드 섬은 나룻배 플레타나(Pletana)를 타야 들어갈 수 있다. 이 섬에는 99개 계단을 오른 후 성모마리아 승천성당을 만날 수 있고, 종탑에 '종을 울리면 소원이 이루어진다' 고 하는 소원의 종이 있어 관광객으로 붐빈다.

❸ 피란반도와 코페르

피란반도는 남쪽 크로아티아, 동쪽 코페르와 인접해 있고, 트리에스테만과 아드리아해를 가로질러 이탈리아를 마주하고 있다. 피란은 '작은 베네치아'라고 할 정도로 이탈리아 베네치아와 닮아 있다. 이곳은 빽빽이 늘어선 15세기 베니스 고딕양식의 조밀한 주택과 소로, 트리에스테만 자연경관을 볼 수 있는 언덕 위쪽에 자리 잡은 성 유리아(SV. Jurija) 성당과 종탑, 성벽, 타르티니광장(Tartinijev trg)이 알려져 있다. 성 유리아 성당은 1344년 세워진 수호성인 '성조지' 를 기념하며, 종탑은 베니스 산마르코종탑을 닮은 형태로 정상에 미카엘천사상이 만들어져 있다. 타르티니광장은 피란관광의 기점이며, 이곳 모든 길은 광장과 연결된다. 광장은 시청을 비롯한 고풍스러운 밝은 색 건물로 채워져 있고, 피란 시청은 13세기 베니스에 의해 고딕양식으로 최초 건축된 것을 합스부르크지배 때 1870년대 르네상스양식으로 개축된 형태며, 정면에 국기와 함께 베니스상징 '날개달린 사자'가 있어 약 5세기 동안 베네치아공화국지배를 받은 아드리아 해의 '작은 베네치아' 임을 알 수 있다.

코페르는 이탈리아 트리에스테와 마주한 이스트리아 반도 북서쪽 끝 슬로베니아 무역항이다. 로마시대 후 10~12세기 아드리아 해 부근도시와 함께 발전했으나 1276년부터 1797년까지 베니스에 복속되었다. 1516년 만들어진 도시가 시작되는 문(Vrata Muda)을 비롯하여 분수(Vodnjak Da Ponte), 티토광장(Titov trg)의 대성당과 종탑, 베니스지배 때 만들어진 궁전(Pretorska palača)에서 베니스풍 고딕양식과 날개달린 사자상을 확인할 수 있다.

4 문화

❶ 민족과 언어

슬로베니아인은 지리적으로 게르만족 영향을 받아 가톨릭을 믿었고, 13-14세기부터 합스부르크왕가 영향을 받았다. 특히 남슬라브 계통민족에 속하며, 슬라브민족 중 인구가 가장 적다. 남슬라브족은 기원과 종교적 신념의 다양성, 제후들의 상반된 야망으로 인해 상호 반목하였고 지방분권적이다. 문화적으로 주변 이탈리아문화와 오스트리아 게르만문화 간 접점에 자리한 까닭에, 음식, 의복, 결혼과 출생, 풍습, 축제 등 여러 문화적 요소에 있어 기존 슬라브족 전통 위에 여러 문화가 복합·혼재된 특성을 갖고 있다. 슬로베니아의 공용어 슬로베니아어는 슬라브어파 남슬라브어군에 속하며 세르비아어와 크로아티아어와 함께 같은 그룹을 형성하며, 크로아티아어와 가까운 관계에 있다.

❷ 종교

슬로베니아의 종교는 가톨릭 73.4%, 이슬람교 3.7%, 동방교회 3.7%, 기타 기독교 0.2%, 나머지가 19%를 차지한다. 슬로베니아는 옛 유고연방의 다른 국가 세르비아(정교), 마케도니아(정교), 보스니아-헤르체고비나(이슬람교)와 다른 종교경관을 확인할 수 있다.

▲ 슈코치안 동굴

5 기타

❶ 카르스트 지형

슬로베니아는 아드리아 해 일부를 제외하면 국토 대부분이 내륙에 위치한 산악국이며, 남부 오발노크라슈카와 프리모르스코노트란스카 지역은 세계적인 카르스트지형이다. 카르스트(Karst)는 슬로베니아어 크라스(Kras)에서 유래하였고, 크라스는 슬로베니아 남서부와 이탈리아 북동부에 분포하고 있는 고원지대를 뜻하며 석회암이 널리 분포한다. 포스토이나동굴은 남부 포스토이나의 관광동굴이다. 길이 24㎞에 달하며, 동굴입구에서 꼬마협궤열차를 타고 약 2㎞를 들어가면 다양한 종유석과 석순을 볼 수 있다.

❷ 세계유산

슬로베니아는 2건의 문화유산과 2건의 자연유산을 보유하고 있다. 문화유산은 스위스, 이탈리아, 독일, 프랑스, 오스트리아, 슬로베니아 등 6개국 공동으로 등재된 문화유산 알프스 주변의 선사시대 호상가옥(Prehistoric Pile dwellings around the Alps, 2011)과 스페인의 알마덴(Almadén)과 슬로베니아의 이드리야(Idrija)에 있는 수은광산 유적 알마덴과 이드리야 수은광산(Heritage of Mercury, Almaden and Idrija, 2012)이 있다.

자연유산 슈코치안 동굴(Skocjan Caves, 1986)은 디바카 크라스키 경관공원(Kraski Landscape Park)의 북동지역에 있고, 종유석과 석순, 동굴폭포, 그로토(grotto, 작은 동굴)와 함께 선사시대 10,000년 전부터 사람이 거주한 흔적이 발견되었다. 카르파티아 및 유럽의 기타 지역에 생육하는 고대 및 원시 너도밤나무 숲(Ancient and Primeval Beech Forests of the Carpathians and Other Regions of Europe, 2007/2017)은 슬로베니아를 포함한 12개국에 걸쳐 있는 너도밤나무 숲이며, 너도밤나무 종자들이 잘 보존되어 있고, 빙하시대 이후 생태계의 모습과 발전과정을 알 수 있는 가치를 지닌다.

7 발칸반도의 나라들

■ 표 3.3

국가	국기	개요
보스니아 헤르체코비나 (Bosnia and Herzegovina)		면적 : 51,209㎢ / 인구 : 3,280,819명 (2020년) 수도 : 사라예보(Sarajevo) 정체 : 공화제(1국가 2체제) 언어 : 보스니아어, 크로아티아어 통화 : BAM(마르카, Marka) 환율 : 1 BAM = 692.11원 (2021년 2월) 1인당 GDP : 14,894달러 (2020년) 기후 : 지중해성기후 종교 : 이슬람교(40%), 세르비아 정교(31%), 가톨릭(15%)
몬테네그로 (Montenegro)		면적 : 13,812㎢ / 인구 : 628,062명 (2020년) 수도 : 포드고리차(Podgorica) 정체 : 공화제(대통령제) 언어 : 몬테네그로어 통화 : 유로(EUR) 환율 : 1유로(EUR) = 1,342.35원 (2021년 2월) 1인당 GDP : 9,116달러 (2020년) 기후 : 지중해성기후 종교 : 정교 72.1%, 이슬람 19.1%, 가톨릭 3.4%

국가	국기	개요
세르비아 (Serbia)		면적 : 77,474㎢ / 인구 : 6,926,705명 (2020년) 수도 : 베오그라드(Beograd) 정체 : 공화제(의원내각제) 언어 : 세르비아어 통화 : RSD(디나르, Dinar) 환율 : 1 RSD = 11.38원 (2021년 2월) 1인당 GDP : 7,497달러 (2020년) 기후 : 대륙성기후(북부), 지중해성기후(남부) 종교 : 세르비아정교(84.6%), 카톨릭(5.5%), 이슬람(3.1%)
북마케도니아 (Macedonia)		면적 : 25,713㎢ / 인구 : 2,083,380명 (2020년) 수도 : 스코페(Skopje) 정체 : 공화제(의원내각제) 언어 : 마케도니아어, 알바니아어 통화 : MKD(데나르, Denar) 환율 : 1 MKD = 21.72원 (2021년 2월) 1인당 GDP : 6,093.15달러 (2020년) 기후 : 지중해성기후 종교 : 마케도니아정교(64.5%), 이슬람교(33.3%), 기타(1%)
알바니아 (Albania)		면적 : 28,748㎢ / 인구 : 2,877,800명 (2020년) 수도 : 티라나(Tirana) 정체 : 공화제(대통령제 가미 내각책임제) 언어 : 알바니아어, 그리스어 통화 : ALL(렉, Lek) 환율 : 1 ALL = 10.90원 (2021년 2월) 1인당 GDP : 5,847달러 (2020년) 기후 : 지중해성기후 종교 : 이슬람교(56.7%), 로마가톨릭(10%), 동방정교(6.8%)

04 북부 유럽

북부 유럽(Northern Europe)은 유럽의 북부를 가리키는 것으로 일반적으로 노르딕 국가와 발트 3국이 속한다. 스칸디나비아제국(노르웨이 · 스웨덴 · 덴마크)과 핀란드, 아이슬란드를 합한 5개국을 가리키는 경우나 수리적으로 55° N 이북을 가리키는 경향도 있다. 노르웨이, 덴마크, 스웨덴, 라트비아, 리투아니아, 에스토니아, 핀란드, 아이슬란드 및 영국 일부(채널 제도, 저지 섬, 건지 섬, 맨 섬)를 포함한다.

1 노르웨이

- **위치**: 스칸디나비아반도 서부
- **면적**: 323,802㎢
- **인구**: 5,421,242명 (2020년)
- **수도**: 오슬로(Oslo)
- **정치**: 입헌군주제(내각책임제)
- **언어**: 노르웨이어
- **통화**: NOK(크로네, Norwegian krone)
- **환율**: 1NOK = 131.27원 (2021년 2월)
- **민족**: 노르웨이인(94.4%), 기타 유럽인(3.6%), 기타(2%)
- **종교**: 복음루터교(85.7%), 기타(14.3%)
- **1인당 GDP**: 75,419.63달러 (2020년)

노르웨이의 정식 국명은 노르웨이 왕국(Kingdom of Norway)이다. 위치적으로 유럽북부, 스칸디나비아반도 서부를 차지한다. 영토 내륙은 반도의 분수계를 경계로 스웨덴과 핀란드 그리고 러시아와 국경을 접하고 있고, 해안은 북해, 노르웨이해, 북극해 및 스카게라크 해협에 면한다. 국토의 70%가 호소(湖沼)와 빙하와 암산으로 구성되어 있다.

1 역사배경

9세기 하랄1세가 노르웨이 여러 지역을 정복하고, 872년 최초 통일왕국을 세웠다. 노르드인은 바이킹으로 유럽 남부로 진출하고, 11세기 초 이탈리아 남부와 시칠리아 섬에 노르만국을 건설했고, 비잔틴제국을 습격하기도 하였다. 10세기 이후 왕위내분이 지속되어 덴마크의 지배를 받았으나, 1184년 스베레 구르드손(Sverre Sigurdsson)이 강력한 통일국가를 완성하였고, 스베레 왕조(1184~1319년) 때 영토를 확장하였다. 덴마크 왕이 노르웨이, 스웨덴 왕을 겸하는 연합 칼마르 동맹은 스웨덴 독립에 의해 분열되었으나, 덴마크 왕에 의한 노르웨이 지배는 19세기까지 지속되었다. 1814년 노르웨이는 독립을 선포하였으나 스웨덴 왕 칼 14세가 노르웨이를 전격 침공하자, 노르웨이는 스웨덴과 연합정권을 수립하였다.

노르웨이는 1905년 9월 스웨덴으로부터 독립하였고, 국민투표에 의해 덴마크 왕통의 호콘 7세를 국왕으로 받아들였다. 제1차 대전에서 중립을 유지하였으나, 제2차 대전 발발로 전 국토를 독일군에게 점령당하게 된다. 노르웨이 정부와 왕실은 영국으로 탈출, 망명정부를 세우고, 독일에 대한 저항운동을 하였고, 전쟁 종료 후, 노르웨이는 UN의 창설 회원국으로 참여하였고, 친서방 정책으로 전환, 북대서양조약기구(NATO)에 가입하였다.

2 자연환경

노르웨이는 국토 대부분이 스칸디나비아 산지로 이루어져 있고, 남부 연안에 나타나는 폭이 좁은 평지 외에는 평야가 거의 없다. 고산지대는 툰드라를 형성하고 있기 때문에 삼림면적은 전 국토의 약 27% 정도이며, 중부와 남부는 침엽수림, 북부 한대 낙엽수림이 분포한다. 경지는 전 국토의 3%에 불과하다. 스칸디나비아 산지는 고생대 실루리아기 말의 칼레도니아 조산운동에 의해 심한 습곡작용을 받은 뒤 침식에 의해 준평원화된 후, 중생대 말에서 제3기에 걸쳐 일어난 알프스조산운동의 영향을 받아 융기화 되었다. 스칸디나비아 산지는 1,000~2,000m의 고원으로 곳곳에 잔구가 형성된 지형을 이룬다. 제4기의 빙기에 나타난 북부 유럽의 넓은 빙상이 스칸디나비아 융기 준평원을 침식해 깊은 U자곡이 형성되어 있고, 호수를 이루고 있다. 빙상의 후퇴와 U

자곡의 일부에 깊이 파고든 바닷물의 침입으로 피오르가 형성됨으로써 해안선이 복잡한 피오르 해안을 형성하고 있다.

고위도 지역에 위치하고 있으나, 북대서양해류의 영향으로 기후는 비교적 온화하다. 그서쪽 해안은 여름에 서늘하고 겨울에 온화하지만, 동부 산지로 들어갈수록 계절 차이가 크고, 강수량도 남서해안부에 가장 많고, 북쪽과 내륙으로 갈수록 적다. 하계와 동계의 낮과 밤의 길이 차이가 크며, 북부는 4월 말에서 7월 말까지 해가 지지 않는 백야현상, 11월 말부터 1월 말까지 해가 뜨지 않고 밤만 지속되는 극야현상이 나타난다.

3 지역정보

① 오슬로

오슬로는 노르웨이 수도이며, 북유럽을 주름잡던 바이킹이 사랑했던 도시다. 사람들이 정착을 시작한 시기는 8세기 이후 바이킹의 수도 명칭을 얻었다. 피오르 북쪽 안쪽에 자리하고 있으며, 다른 유럽 국가의 수도와 달리 한적하다. 여름과 겨울에 수영과 스키를 즐기고자 하는 많은 방문객이 찾는다. 매년 12월 10일 시청 중앙홀에서 노벨평화상 수상식이 열리는 오슬로시청(Oslo Raadihus), 복음주의 루터교회파 총본산 오슬로대성당(Oslo Domkidrken), 오슬로 중심부를 동서로 가로지르고 있는 번화가 카를 요한스 거리(Karl Johans gate), 조각가 구스타브 비겔란 작품들로 조성된 비겔란 조각공원(Vigeland Park) 등이 유명하며, 1952년 동계올림픽 때 스키점프경기가 열린 홀멘콜른 스키 점프대(Holmenkollen Ski Jump)와 바이킹 박물관(Vikinghuset)은 이 도시만이 지닌 상징이다.

오슬로시청

② 베르겐

베르겐은 오슬로 서쪽 492㎞, 대서양 연안의 작은 만의 깊숙한 곳에 있는 항만도시다. 노르웨이 제2의 도시로서 중요한 항구인데, 1350년 한자동맹 가맹 이래, 200년 이상 무역이 발달해 오늘날 무역항 기반을 구축하였다. 작곡가 에드바다 그리그(Edvard Grieg)가 살던 빅토리아 양식의 아름다운 하얀 색의 집 그리그 생가(Troldhaugen)가 있는며, 트롤하우겐(Troldhaugen)이라고 불린다. 트롤은 보는 사람에 따라 선인과 악인으로 변하는 숲속의 요정이며, '트롤이 살고 있는 언덕' 이란 뜻이다. 브리겐 역사지구(Bryggen)는 베르겐에서 가장 오래된 목조건물들이 부둣가를 따라 위치하고 있으며, 유네스코 지정 세계문화유산에 등재되어 있다. 한자박물관(Hanseatisk Museum)은 어시장 북쪽 브뤼겐 거리에 있는 박물관이며, 당시 한자 상인들의 거주와 생활양식을 살펴 볼 수 있다.

그리그 생가

브릭스달

❸ 브릭스달

브릭스달(Briksdal)은 노르웨이 서부 송노피오라네(Sogn og Fjordane)주의 스트륀(Stryn) 자치구에 있는 유럽대륙에서 가장 큰 빙하 요스테달 빙하(Jostedalsbreen)의 북쪽에 있는 지류빙하이다. 총길이 2.5㎞이며, 접근이 비교적 쉬운 명소이다.

4 문화

❶ 민족과 언어

노르웨이인 대부분은 장신(長身), 장두(長頭), 금발, 벽안(碧眼)이 특징인 게르만계 북유럽인종이다. 북부지방 핀마르크는 역사시대 이전부터 가주한 약 2만명 라프인(Lapp)과 혼혈주민을 확인할 수 있다. 남서부는 단두형(短頭型)에 다갈색 모발과 눈을 가진 알프스계 사람도 거주한다. 국토가 지닌 험준한 자연조건의 영향을 받은 인내심과 모험심은 옛날의 바이킹 기질로 나타나 세계적인 해운국가의 하나가 되었다. 노르웨이어는 인도유럽어족의 게르만어군에 속하며 덴마크어와 스웨덴어와 더불어 북게르만어(노르드어)에 해당한다.

❷ 종교

국민의 85.7%가 복음루터교를 믿는다. 종교의 자유는 인정되며, 유럽 국가 중 가장 늦게 크리스트교를 받아들인 국가에 속한다. 부활절, 성령강림주일, 성탄절 등 크리스트교 행사는 공휴일로 지정되어 있다.

❸ 음식

대표적인 것은 바이킹요리 콜보르(Koldbord)이며, 이것은 북유럽 제국에 공통된 것이다. 퇴르피스크(Torrfisk)라는 말린 대구, 스페케마트(Spekemat)라는 소금에 절인 양고기도 있다. 100% 산양 젖으로 만든 맛이 강한 야이토스트(Geitost)라는 갈색 치즈가 있다.

5 기타

❶ 한자동맹

한자동맹(Hanseatic League)은 중세 중기 북해와 발트 해 연안의 여러 도시가 뤼베크를 중심으로 상업목적으로 결성한 동맹이다. 12, 13세기경 한자(Hansa)라고 불리는 상인들의 단체가 많이 있었고 14세기 중반 들어 '한자동맹'이라는 도시동맹으로 성장하였다. 뤼베크를 맹주로 하여 브레멘, 함부르크, 쾰른 등이 주요도시이며, 영국이나 네덜란드 등 신흥국에 밀려 쇠퇴하였고, 1669년 한자회의를 끝으로 폐쇄되었다.

❷ 피오르(fjord)

피오르는 '내륙 깊이 들어온 만'이란 뜻을 지닌 노르웨이어로, 빙하가 깎아 만든 U자 골짜기에 바닷물이 유입되어 형성된 좁고 기다란 만을 말한다. 알래스카 남부해안, 캐나다 동부해안, 그린란드해안 등의 피오르 또한 빙식곡에 바닷물이 밀려 들어와 형성된 것이다. 요즈음 지구 온난화의 영향으로 해수면이 상승해 피오르가 점차 커지고 있다. 빙하가 빠르게 녹으면서 지반이 큰 하중압력으로부터 벗어나고 있다.

송네 피오르(Sognefjord)는 플롬을 출발해 구드방겐에 이르는 페리여행으로 자연의 아름다움을 즐길 수 있는 협만이다. 총길이 205㎞에 달하며, 빙하의 압력으로 깎여진 세계에서 가장 긴 U자형 협곡이면서 폭포는 북극 오로라를 연상시킬 정도로 웅장하다. 노르웨이는 송네 이외에 에이랑에르피오르, 네뢰위피오르 등 절경을 감상할 수 있다.

❸ 세계유산

노르웨이는 7건의 문화유산과 1건의 자연유산을 보유하고 있다. 문화유산으로 브뤼겐(Bryggen, 1979), 우르네스 목조교회(Urnes Stave Church, 1979), 뢰로스 광산도시(Røros Mining Town and the Circumference, 1980/2010), 알타의 암석화(Rock Art of Alta, 1985), 베가 제도(Vegaøyan–The Vega Archipelago, 2005), 스트루베 측지 아크(Struve Geodetic Arc, 2005), 리우칸-노토덴 산업유산유적(Rjukan-Notodden Industrial Heritage Site, 2015)이 있고, 자연유산 노르웨이 서부 피오르-에이랑에르피오르와 네뢰위피오르(West Norwegian Fjords–Geirangerfjord and Nærøyfjord, 2005)가 있다.

2 스웨덴

- **위치**: 스칸디나비아 반도 동남부
- **면적**: 450,295㎢
- **인구**: 10,099,270명 (2020년)
- **수도**: 스톡홀름(Stockholm)
- **정치**: 입헌군주제
- **언어**: 스웨덴어
- **통화**: SEK(크로나, Krona)
- **환율**: 1SEK = 133.28원 (2021년 2월)
- **민족**: 스웨덴인, 핀란드인, 소수민족
- **종교**: 복음루터교(87%), 기타(13%)
- **1인당 GDP**: 51,610.07달러 (2020년)

스웨덴의 정식 국명은 스웨덴왕국(Kingdom of Sweden)이다. 서쪽은 스칸디나비아 산맥을 국경선으로 하여 노르웨이, 북동쪽은 보트니아 만으로 흘러드는 토르네(Torne) 강을 경계로 핀란드와 접한다. 동쪽은 보트니아 만과 발트 해를 넘어 핀란드와 에스토니아, 라트비아, 리투아니아와 마주하며, 남쪽은 카테가트해협과 외레순 해협을 사이에 두고 덴마크와 마주한다. 덴마크는 북유럽 지역과 유럽 본 대륙을 잇는 가교의 역할을 수행하고 있다.

1 역사배경

스웨덴인은 바이킹시대(800~1050년)에 노르웨이와 덴마크 바이킹과 함께 대규모 해상 원정을 전개하였다. 당시 바이킹의 영역은 영국과 노르망디, 스페인까지 아우르는 거대한 지역이었고, 동쪽은 발트 해를 거쳐 러시아에까지 진출하였고, 남쪽은 콘스탄티노플에 이르는 해로를 확보하였다. 11세기 무렵 크리스트교가 전래되었다. 1389년 덴마크의 마르그레테 여왕이 스웨덴, 덴마크, 노르웨이를 지배함으로써 칼마르(Kalmar) 동맹(1397~1523년)을 결성하였다. 1523년 6월 6일 구스타프 바사(Gustav Vasa)가 스웨덴의 국왕으로 즉위하였고, 구스타프 아돌프 2세 때 오늘날 핀란드, 에스토니아, 폴란드, 동프로이센 및 노르웨이 일부를 포함한 영토를 얻어 17세기 위대한 황금기를 맞이했다. 1813년 반 나폴레옹연합 진영에 가담했고, 1814년 덴마크로부터 노르웨이를 양도 받아 합병하였다. 1905년 노르웨이가 스웨덴으로부터 독립하였다. 스웨덴은 비동맹 중립정책을 취하였고, 제2차 대전 때 중립을 유지하였다. 1995년 EU(유럽연합)에 가입하였다.

2 자연환경

스웨덴 북부는 스칸디나비아산맥에 의한 서고동저형의 완만한 경사지다. 스칸디나비아 산맥은 최고봉 셰브네카이세산(2,111m)을 비롯하여 2,000m 정도의 산이 몇 개 있으나 대체로 기복이 적은 산지로 칼레도니아조산운동이 있은 후 평탄해졌다가 융기하였다. 발트 해에 면한 남북으로 길게 뻗어 있는 해안평야는 농업지대로서 가치가 크다. 스톡홀름 부근은 약 1,200개의 섬들이 미로와 같은 수로를 만들어 스웨덴식 다도해 경관을 형성하였다. 발트 해에 있는 고틀란드 섬은 서해안은 절벽을 이루나 모래사장으로 된 북쪽 해안은 사구가 발달해 있다. 고틀란드 섬과 해안 가까이 욀란드 섬은 농목지로 이용된다. 해양성기후를 보이지만, 위도에 비하여 기온은 높고, 기온 연변화도 적다. 겨울은 길고 일조시간이 짧고 추운 편이고, 여름은 짧고 일조시간이 길며 시원하다. 고위도이기 때문에 여름의 일조시간이 길고, 최북단은 백야가 나타난다.

▲ 스톡홀름

3 지역정보

① 스톡홀름

스톡홀름(Stockholm) 은 스웨덴의 수도이며, 물위에 있기 때문에 '물위의 아름다움'이란 수식어가 붙어있다. 발틱 해와 마라렌(Malaren) 호수가 만나는 곳에 14개 섬으로 이루어져 있다. 스칸센(Skansen)은 역사를 확인할 수 있는 야외박물관이며, 스웨덴의 감라스탄(Gamla Stan)은 구시가지의 중심으로 13~19세기 지어진 건물이 그대로 보존되어 있는 광장이다. 왕궁(Kungliga Slottet)은 구시가 북쪽에 위치한 바로크식 건물이다. 역대 국왕의 거성이었으나 지금은 외국귀빈을 위한 만찬회장으로 사용되고 있다. 시청사(Stadshuset)는 북유럽 최고의 건축미를 자랑한다. 청사내부의 푸른 방(Bla Hallen)은 매년 12월 10일경 열리는 노벨상 수상식 만찬이 열리는 곳이다. 바사박물관(Vasamuseet)은 1628년 8월 10일 항해 때 스톡홀름 항에서 침몰한 스웨덴 왕실의 전함 바사호가 전시된 곳이다.

② 키루나

키루나(Kiruna)는 스웨덴 최북단에 위치한 지역이다. 면적이 20,000㎢에 달하지만 주민은 26,000명에 불과하다. 토르네트라스크 호수를 비롯한 6,000여 개에 달하는 호수가 있으며, 얼음호텔(Jukkasjarvi)은 키루나 만 맛볼 수 있는 자연을 만끽할 수 있다.

4 문화

❶ 민족과 언어

스웨덴인의 기원은 고대 게르만족의 분파 스베아족과 고트족에서 유래되었다. 이들이 오늘날 스웨덴인의 조상이며, 스웨덴 전체 구성에서 95%를 차지한다. 소수민족으로 핀란드국경지역에 거주하는 핀란드계(0.6%)와 북부 라프족(0.2%)이 있다. 스웨덴인은 체형이 마른 편이며, 팔과 다리가 길고 피부가 희다. 또한 금발색 머리에 청록색 눈빛을 지닌 전형적인 백인 모습이다. 스웨덴어는 인도유럽어족의 게르만어군에 속하며 노르웨이어, 덴마크어와 더불어 북게르만어(노르드어)에 해당한다. 3개국 사람은 자신의 나라 언어로 말해도 의사소통이 가능하다. 3국의 말은 동일한 언어였으나 시간이 지남에 따라 조금씩 변하였다.

5 종교

국민의 대다수가 스웨덴국교(복음루터교)를 믿는다. 스웨덴국교회는 조직과 경제면에서 국가와 밀접히 결부되어 있다. 가톨릭 155,000명, 그리스정교 97,000명, 유대교 16,000명, 불교 3,000명 그리고 이슬람교도는 20만 명 이상이다.

6 음식

스웨덴 요리는 노르웨이, 덴마크, 핀란드, 아이슬란드 등 다른 북유럽 국가의 요리와 유사하다. 다양한 조리법의 생선요리를 맛볼 수 있고, 스웨덴인이 즐겨 먹는 청어는 식초나 소금을 이용한 절임, 스튜, 프라이 등으로 요리된다.

7 기타

❶ 노벨상

노벨상(Nobel Prize)은 스웨덴의 과학자 알프레드 노벨의 유산을 기금으로 하여 1901년에 제정된 상이다. 물리학, 화학, 생리의학, 경제학, 문학, 평화의 6개 부문을 선정하여 수여하고 있다. 1969년부터 경제학상이 신설되었고, 이 상은 노벨기금과는 별도로 1968년 스웨덴국립은행의 창립 300주년기념사업의 일환으로서 제정되었다. 노벨이

태어난 스톡홀름에서 물리학상, 화학상, 경제학상, 문학상, 생리의학상이 시상되고, 노벨이 죽은 날 노르웨이 오슬로에서 평화상 시상식이 열린다.

❷ 이케아

이케아(IKEA)는 스웨덴에서 출발한 저가형 가구, 액세서리, 주방용품을 생산, 판매하는 다국적기업이다. 좋은 디자인과 싼 가격, 그리고 손수 조립할 수 있는 가구로 유명해졌다. 1943년 잉바르 캄프라드가 스웨덴에서 만들었고 현재 네덜란드에 등록된 재단이 운영하고 있다. IKEA 명칭은 설립자 이름 잉바르 캄프라드(Ingvar Kamprad), 그가 자란 도시(Elmtaryd), 고향(Agunnaryd)의 약자를 모아 만들었다. 이케아 홀딩 B.V.가 모든 이케아그룹의 모회사이며 여기에 속한 회사가 이케아가구를 만드는 스웨드우드(Swedwood)이다.

이케아 조립 목재 가구

❸ 스칸디나비아 전역을 이동하는 페리 크루즈

실야라인(Silja Line)은 스칸디나비아 전역을 항해할 수 있는 페리이며, 핀란드 헬싱키와 스웨덴 스톡홀름 구간을 운행한다. 객실과 편의시설을 합친 선박 위에 지어진 건물의 높이만 12층에 달하며 승객 2,800명 이상 탑승 가능한 객실, 레스토랑과 카지노, 면세점, 가라오케, 디스코텍, 수영장, 골프연습장, 미용실 등 편의시설이 마련되어 있다. 해질 녘에 뱃 머리에서 바라보는 노을과 바다 모습은 페리 여행의 백미라고 할 수 있다.

❹ 세계유산

스웨덴은 13건의 문화유산, 1건의 자연유산, 1건의 복합유산을 보유하고 있다. 문화유산으로 드로트닝홀름 왕실 영지(Royal Domain of Drottningholm, 1991), 비르카와 호브가르덴(Birka and Hovgarden, 1993), 엥겔스베리 제철소(Engelsberg Ironworks, 1993), 스코그쉬르코고르덴 묘지공원(Skogskyrkogarden, 1994), 타눔암각화(Rock Carvings in Tanum, 1994), 한자동맹 도시 비스뷔(Hanseatic Town of Visby, 1995), 룰레오의 감멜스타드 성당 마을(Church

Town of Gammelstad, Lulea, 1996), 칼스크로나 항구(Naval Port of Karlskrona, 1998), 욀란드 남부 농업 경관(Agricultural Landscape of Southern Oland, 1999), 팔룬 구리 광산지역(Mining Area of the Great Copper Mountain in Falun, 2001), 바르베리 무선 방송국(Grimeton Radio Station, Varberg, 2004), 스트루베 측지 아크(Struve Geodetic Arc, 2005), 헬싱란드의 장식 농장가옥(Decorated Farmhouses of Halsingland, 2012)가 있다. 자연유산은 스웨덴과 핀란드에 걸쳐 있는 빙하지형 하이 코스트/크바르켄 군도(High Coast/Kvarken Archipelago, 2000/2006)와 복합유산은 노르보텐주에 있는 자연보호지역 라포니안 지역(Laponian Area, 1996)이 있다.

3 덴마크

- **위치:** 유럽 북부 유틀란드 반도
- **면적:** 43,094㎢
- **인구:** 5,792,203명 (2020년)
- **수도:** 코펜하겐(Copenhagen)
- **정체:** 입헌군주제
- **언어:** 덴마크어
- **통화:** DKK(덴마크 크로네)
- **환율:** 1(DKK) = 180.49원 (2021년 2월)
- **민족:** 스칸디나비아인, 이뉴잇족, 페로스인, 독일인, 터키인, 이란인, 소말리족
- **종교:** 복음루터교(95%), 가톨릭 및 기독교(3%), 이슬람교(2%)
- **1인당 GDP:** 59,822.09달러 (2020년)

덴마크의 정식 국명은 덴마크왕국(Kingdom of Denmark)이며, 덴마크어로 단마르크(Danmark)라고 한다. 북해와 발트 해를 가르는 곳에 위치하며, 남쪽은 독일과 국경을 접하고, 북쪽은 스카게라크 해협, 동쪽은 카테가트 해협을 끼고 스칸디나비아 반도의 노르웨이와 스웨덴과 마주한다. 해외영토는 페로 제도와 그린란드가 있다.

1 역사배경

덴마크는 6~10세기 때 바이킹이 유틀란드 반도를 중심으로 왕정국가의 기초를 형성하였고, 826년 크리스트교가 전래되었다. 10세기에 북부 유틀란트의 예링에서 일어난 왕조에 의해 통일되며, 예링에 있는 비석에 룬(rune)문자로 새긴 덴마크 왕국의 명칭이 처음으로 등장한다. 통일을 완수한 하랄 왕은 960년경 국민을 크리스트교로 개종시키고, 그의 아들 스벤 1세는 1013년 잉글랜드를 정복하였다. 14세기 올라프 2세 때 노르웨이와 아이슬랜드를 합병하고, 1389년 덴마크의 마르그레테 여왕이 덴마크와 스웨덴, 노르웨이를 지배함으로써 칼마르(Kalmar) 동맹(1397~1523년)을 결성하였다. 1523년 스웨덴이 독립하였고, 1720년대 그린란드의 식민지 합병과 항해술을 기반으로 하는 해외진출을 꾀하였으나, 1814년 킬(Kiel) 조약에 의해 노르웨이를 스웨덴에 할양한다. 1830년 프랑스혁명 직후 왕권이 약화되면서 1849년 절대왕정폐지와 의회구성을 토대로 한 헌법이 채택되었다. 크리스티앙 4세에 의해 글루크스부르크(Gluksburg) 왕조시대(1863~현재)가 열렸고, 20세기 들어 근대 입헌주의 정치를 선택한다. 제1차 대전은 중립원칙에 따라 참여하지 않았고, 제2차 대전 때 독일에 의해 점령당해 희생이 컸으나, 미국의 마샬플랜 혜택으로 파괴된 시설과 산업 복구가 이루어진다. 노르웨이령이었다가 덴마크에 속하게 된 아이슬란드는 전쟁 중 1944년 6월 독립하였다. 전후 중립정책 전통을 깨고 1949년 북대서양조약기구(NATO)에 가입하였다.

2 자연환경

덴마크는 반도부와 도서부로 이루어져 있으며, 모두 빙하기 때 스칸디나비아반도의 빙상(氷床)이 전진하면서 남겨놓은 두꺼운 퇴적물로 덮여 있다. 수많은 섬들이 있고, 피오르 발달이 현저하여 해안선 길이가 약 7,000㎞에 달한다. 유틀란트 반도 서해안은 해안선이 단조롭다. 유틀란트 반도 북부의 림 피오르는 덴마크 최대의 피오르이며, 반도와 섬, 섬과 섬 사이는 대부분 교량이나 철도로 연결되어 있다. 기후는 북대서양해류(멕시코만류)와 대서양으로부터 불어오는 편서풍 영향을 받아 겨울은 위도에 비해 온난하고, 여름은 서늘하여 기온의 연교차가 적다. 최한월(2월)은 평균 −0.4℃정도이며, 최난월(7월)은 평균 16℃이다. 1년 중 8, 9월에 비가 가장 많이 오고, 1년 내내 시원한 바람이 불러 여행에 좋은 기후이다.

3 지역정보

❶ 코펜하겐

코펜하겐은 질랜드 섬(island of Zealand) 동부에 위치해 있고, 덴마크어로 쾨벤하운(København)이라고 한다. 10세기 바이킹어촌에 불과했으나 15세기 들어 덴마크 수도가 되었고, 북유럽의 주요 금융 중심지다. 코펜하겐 중앙역, 시청사(Radhus) 그리고보행자 거리 스트뢰에(Stroget), 프랑스풍인 로코코 양식의 웅장한 건축물 아말리엔보르 궁전(Amalienbourg Slot)과 옛 궁전 크리스티안보르 궁전(Christiansborg Slot)이 있다. 게피온 분수(Gefion Springvandet)는 아말리엔보르 궁전에서 500m 떨어져 있는 덴마크 신화에 나오는 여신 게피온을 묘사하고 있다. 안데르센 인어상은 게피온 분수에서 걸어서 5분 정도 해안을 따라서 걸어가다 보면 만나게 된다. 이 동상은 발레 인어 공주의 무대를 보고 있던 칼스버그 맥주공장 사장의 제안으로 덴마크의 유명 발레리나를 모델로 하여 1913년 조각가 에드바르드 에릭센(Edvard Eriksen)에 의해 제작되었다. 청동상은 높이 80㎝ 정도밖에 안 되는 작은 동상이지만 최고의 명소이다. 이외에 전 세계의 기네스북에 오른 장면들과 당시의 기록 상황을 모델로 하여 만들어 놓은 기네스뮤지엄(Guinness World of Records Museum)과 유럽 최초의 테마파크 티볼리공원도 방문할 가치가 있다.

❷ 옐링의 고분, 비석과 성당

덴마크 유틀란트 반도에 있는 옐링 지역의 2기의 고분, 룬문자가 새겨진 비석 2기, 성당을 포함하며, 1994년 유네스코 세계유산에 등재되었다. 북쪽 분묘는 고름 왕과 티라 왕비, 남쪽 분묘는 하랄 왕의 분묘로 추정된다. 2개의 비석은 고대 북유럽의 문자 룬문자가 새겨져 있다. 비석 중 오래된 것은 고름 왕이 죽기 직전에 아내 티라를 기리기 위하여 세운 것이고, 나머지 하나는 고름 왕의 아들 하랄 왕이 983년 만든 것이다. 노르웨이의 정복과 크리스트교로 개종한 것을 축하하고 부모를 기리기 위한 것이다. 비석에 예수가 바이킹을 상징하는 전통문양에 둘러싸여 있고, 덴마크에 크리스트교와 토착신앙이 함께 존재한 것을 상징한다. 성당은 2개 분묘 사이에 있고, 1100년 경 세워진 덴마크 최초 성당이다.

▲ 크리스티안보르 궁전

4 문화

❶ 민족과 언어

덴마크인은 아리안계 데인족과 고트족이 절대다수 96%를 차지하고, 나머지 4%는 외국계 이민자로 구성되어 있다. 북게르만계의 노르만인 중 한 분파인 데인인이며, 키가 키고 금발머리를 하고 있으며 회색이나 푸른 색 눈을 갖고 있다. 덴마크어는 인도유럽어족의 게르만어군에 속하며 노르웨이어, 스웨덴과 더불어 북게르만어(노르드어)에 해당한다. 덴마크어는 노르웨이와 스웨덴어와 흡사해 3국 언어는 소통이 가능하다.

❷ 종교

덴마크는 9세기 크리스트교를 받아들였고, 1536년 이후 복음루터교가 국교가 되었다. 종교의 자유가 보장되어 있으나 국민의 83%가 복음루터교를 믿고, 이슬람교도는 약 5%를 차지한다.

❸ 음식

덴마크 음식은 노르웨이, 스웨덴, 핀란드, 아이슬란드 등 다른 북유럽 국가의 요리와 남쪽으로 국경에 접한 독일북부의 요리처럼 육중하며, 대부분 고기와 생선으로 구성되어 있다. 바이킹의 후예답게 해산물요리가 풍성하며, 연어와 캐비어는 전 세계적으로도 유명하고 많은 여행자들이 즐겨 찾는 메뉴이다. 또 덴마크는 낙농이 발전하였기 때문에, 육류 돼지고기 베이컨과 우유로 만든 치즈가 신선하고 맛이 좋다.

5 기타

❶ 안데르센과 인어공주

안데르센(Hans Christian Andersen)은 덴마크의 코펜하겐 근처 오덴세 출생의 동화작가다. 〈인어 공주〉, 〈미운 오리새끼〉,〈벌거숭이 임금님〉 등 아동문학의 최고봉으로 꼽히는 수많은 걸작 동화를 남겼다. 〈인어공주〉는 1837년 안데르센의 3번째 작품집에 발표되었다.월트 디즈니 픽처스의 애니메이션 영화 겨울왕국((Frozen)은 안데르센의 동화 〈눈의 여왕〉이 원작이다. 눈사람 올라프와 순록 스벤의 이름은 국왕 올라프와 스벤 1세와 일치한다.

안데르센 동상

❷ 칼스버그와 맥주공장 투어

덴마크는 의외로 맥주가 유명한 나라다. 칼스버그(Carlsberg)와 투보그(Tuborg) 그리고 미켈러(Mikkeller Microbrewery)까지 이름난 덴마크맥주가 많다. 덴마크 근교 맥주공장으로 칼스버그(Carsbeg)와 투보그(Tuborg)가 있다. 공장에 가면 방금 만들어져 나온 맥주에서부터 시원한 맥주를 시음할 수 있다. 칼스버그 맥주 회사는 1847년 창업하였고, 대표적인 맥주회사이다.

❸ 세계유산

덴마크는 7건의 문화유산과 3건의 자연유산을 보유하고 있다.

문화유산

- 옐링의 고분, 비석과 성당(Jelling Mounds, Runic Stones and Church, 1994)
- 로스킬레 성당(Roskilde Cathedral, 1995)
- 크론보르 성(Kronborg Castle, 2000)

- 크리스티안스펠트, 모라비아교회 정착촌(Christiansfeld, a Moravian Church Settlement, 2015)
- 노르셸란 파포스 사냥 경관(The par force hunting landscape in North Zealand, 2015)
- 쿠자타 그린란드 : 고대 노르웨이인과 이누이트빙원 농경경관 (Kujataa Greenland : Norse and Inuit Farming at the Edge of the Ice Cap, 2017)
- 아시비수이트-니피사트. 이누이트 해빙사냥지 (Aasivissuit–Nipisat. Inuit Hunting Ground between Ice and Sea, 2018)

자연유산

- 일룰리사트 얼음 피오르(Ilulissat Icefjord, 2004)
- 바덴해(Wadden Sea, 2009/2014)
- 스테운스 클린트(Stevns Klint, 2014)

4 핀란드

- **위치:** 유럽북부 발트 해 연안
- **면적:** 338,145㎢
- **인구:** 5,540,718명 (2020년)
- **수도:** 헬싱키(Helsinki)
- **정치:** 공화제
- **언어:** 핀란드어, 스웨덴어
- **통화:** 유로(EUR)
- **환율:** 1유로(EUR) = 1,342.35원 (2021년 2월)
- **민족:** 핀란드인(93.4%), 스웨덴인(5.7%), 러시아인(0.4%)
- **종교:** 루터교(82.5%), 그리스정교(1.1%), 기타 기독교(1.1%), 기타(0.1%), 무교(15.1%)
- **1인당 GDP:** 48,685.85달러 (2020년)

핀란드의 정식 국명은 핀란드공화국(Republic of Finland)이며, 핀란드어로는 수오멘 타사발타(Suomen Tasavalta) 혹은 수오미(Suomi, 호수의 나라)라고 한다. 서쪽은 스웨덴, 동쪽은 러시아, 북쪽은 노르웨이, 남쪽은 에스토니아와 국경을 접한다. 남쪽은 핀란드만을 사이에 두고 발트 해에 면하며, 서쪽은 보트니아만에 면한다. 지정학으로 스웨덴과 소련 2대 강국에 끼여 역사적으로 고난을 겪었다.

1 역사배경

핀족은 중앙아시아와 우랄산맥을 근거지로 한 우랄알타이어족에 속하는 민족이며, 오래 전에 우랄 · 볼가 지역을 거쳐 에스토니아에서 바다를 통해 핀란드로 건너와 8세기 무렵 이 지역에 정착한 것으로 추정된다. 12세기 가톨릭이 전파되었고, 1155년 스웨덴 십자군에 정복되어 스웨덴 일부로 병합되었다. 종교개혁 때 루터파의 프로테스탄트가 보급되었다. 1709년 강대국으로서의 스웨덴의 위치가 붕괴되자, 러시아의 핀란드 강점이 시작되었고, 1809년 러시아가 핀란드 전국토를 병합하였다. 'We are no longer Swedes, We cannot become Russians, Let us be the Finns' 의 구호 아래, 민족적 자각운동이 펼쳐지기 시작하였고, 1863년 핀란드어가 스웨덴어와 더불어 공용어로 공인되었다. 그러나 1899년부터 러시아는 자치권을 박탈하고, 러시아화(Russification) 정책을 추구한 바 있다.

1917년 10월 혁명 이후 핀란드는 민족자결을 재선언하였고, 12월 6일 의회 결의로 독립을 선언하였다. 1918년에 공화제를 실시해 독립된 통일국가를 이룩하였고, 1919년 헌법을 제정하였다. 핀란드가 독립 후 평화를 누린 것은 20년이며, 1939년 제2차 대전이 일어나자 다시 소련 위협에 직면하였다. 독립 후 소련과 두 차례 전쟁 결과, 국토의 12%에 해당하는 영토가 소련에 할당된다. 제2차 대전 후 핀란드는 최대과제인 대소 평화유지, 대소배상의 완제(完濟), 경제부흥의 3가지 모두를 완수하였고, 1952년 헬싱키 올림픽경기대회를 성공적으로 개최하고 산업화에 성공하였다. 1955년 UN과 북유럽회의(Nordic Council)에 가입함으로써 북유럽에서 영향력을 확대하게 된다. 1995년 EU에 가입하였다.

2 자연환경

핀란드는 발트 해를 중심으로 페노스칸디아 순상지의 일부를 차지하며, 낮고 평평한 지형을 이루고 있다. 삼림이 국토의 75%를 덮고 있다. 남해안과 서해안에 해안평야가 형성되어 있고, 호수가 국토 면적의 10%에 이른다. 수리적으로 60~70°N에 위치하여 국토 전체가 세계에서 가장 북쪽에 있는 국가이지만 대서양에 가까운 데다 발트해에 맞닿아 있어 기후는 온난하다. 남부의 2월 평균기온 −7℃, 7월 평균기온 17℃이고, 북부는 2월 −14℃, 7월 13℃이다.

▲ 암석교회 외부

3 지역정보

❶ 헬싱키

▲ 암석교회 내부

헬싱키는 핀란드만에 돌출한 작은 곶과 그곳을 중심으로 하는 주변의 섬으로 이루어져 있다. 1550년 스웨덴의 구스타브 1세에 위해 최초 도시가 건설되었고, 3면이 바다로 둘러싸여 있다. 중앙역(Rautatieasema)은 로바니에미로 출발하는 산타클로스 익스프레스 열차가 출발한다. 시벨리우스 공원(Sibeliuksen Puisto)은 핀란드의 조국애가 담긴 〈핀란디아〉를 작곡한 잔 시벨리우스를 기념하기 위해 만든 공원이다. 템플리아우키오 교회(Temppeliaukion Kirkko)는 바위산을 뚫어 만든 교회란 의미에서 '암석교회'라고 알려져 있는 특이한 외형을 갖고 있다. 헬싱키 대성당(Tuomiokirkko)은 핀란드인 대다수가 믿는 루터파 교회의 총본산으로 헬싱키를 대표한다.

❷ 투르크

투르크(Turku)는 1812년까지 핀란드의 수도였고, 헬싱키와 얼마 떨어져 있지 않은 도시다. 작은 항구 도시이지만, 스웨덴 스톡홀름으로 출발하는 유람선인 실자라인이 운항하고 있다. 주변 아름다운 섬과 투르크 대성당, 투르크 성(Turun Linna)을 감상할 수 있다.

❸ 랩 랜드

랩 랜드(Lapland)는 노르웨이, 스웨덴 그리고 핀란드의 북쪽에 나란히 경계하고 있으며, '랩족의 땅' 이란 뜻에서 유래되었다. 이곳은 북유럽의 북극권이 시작되는 시작점이다. 이 지역은 원래 아시아계 사미족이 거주하였고, 북극권을 알리는 하얀 선이 그어져 있다. 산타클로스 할아버지가 살고 있는 로바니에미(Rovaniemi) 산타 마을이 자리한다.

4 문화

❶ 민족과 언어

핀란드 국명은 핀족(Finn)으로부터 유래되었다. 핀족은 우랄산맥지역인 동쪽에서부터 온 것으로 알려져 있다. 얼굴 형상도 다른 유럽인과 다르게 광대뼈가 약간 나오고 얼굴이 전체적으로 둥근 모습이었다. 핀란드의 민족 분포는 언어분포와 상통한다. 핀란드어는 스웨덴이나 독일어와 같은 인도유럽어족과 전혀 다르다. 공용어로 핀란드어(93%), 스웨덴어(6%), 기타 사미(Sami)어 및 러시아어가 사용되며, 민족분포도 비슷하다. 핀란드인이 93% 이상을 차지하고, 스웨덴인이 6% 정도이며, 그 외 러시아인과 사미족이 있다.

❷ 종교

핀란드는 16세기 루터교로 개종하는 종교개혁이 일어났고, 그 영향으로 인해 루터교가 가장 강하다. 분포는 핀란드루터교(82.5%), 그리스정교(1.1%), 기타 기독교(1.1%), 기타(0.1%), 무교(15.1%) 등이다.

❸ 음식

핀란드는 북유럽의 국가와 유사하게 해산물 요리가 유명하고, 민물고기와 돼지고기를 섞어서 호밀 껍

칼라쿠코

질을 이용하여 구워 만든 파이요리 칼라쿠코(Kalakukko)를 즐겨 먹는다. 핀족은 동양의 후손이기 때문에 우리와 비슷한 음식문화를 갖고 있다 순록을 비롯한 고기류와 야채를 섞어 만든 요리가 발달하였고, 북유럽 다른 나라에 비해서 우리 입맛에 잘 맞는다.

5 기타

❶ 핀란드 사우나

핀란드는 세계적으로 많은 사우나 시설을 보유한 나라이다. 핀란드식 사우나의 특징은 사우나장 내부에 돌을 뜨겁게 달구어 놓고 올리브 나무에서 나온 올리브기름과 잎들을 물에 적셔 더워지면 조금씩 물을 뿌려가며 사우나를 즐기는 것이 특징이다. 핀란드는 일반 가옥에도 사우나시설을 구비해 놓은 곳이 많다. 핀란드에는 자연호수에 통나무로 사우나장을 만들어 놓은 곳이 많다.

❷ 핀란드 페리크루즈

북유럽 여행의 초호화 유람선 실야라인(Silja Line)과 바이킹(Viking Line)이 이곳 핀란드의 투르크와 헬싱키에서 스웨덴 스톡홀름으로 운항한다. 스웨덴으로 이동하는 선상유람선에서 백야를 만끽해 보며, 핀란드 전역에서 운행하고 있는 총 60,000여개가 넘는 크고 작은 호수에서 유람선 여행을 할 수 있다.

❸ 세계유산

핀란드는 6건의 문화유산과 1건의 자연유산을 보유하고 있다.

문화유산

- 라우마 옛 시가지(Old Rauma, 1991/2009)
- 수오멘린나 요새(Fortress of Suomenlinna, 1991)
- 페테예베시 옛 교회(Petajavesi Old Church, 1994)
- 벨라의 제재 · 판지공장(Verla Groundwood and Board Mill, 1996)
- 사말라덴마키 청동기 시대 매장지(Bronze Age Burial Site of Sammallahdenmaki, 1999)
- 스트루베 측지 아크(Struve Geodetic Arc, 2005)

자연유산

- 하이 코스트/크바르켄 군도(High Coast/Kvarken Archipelago, 2000/2006)

▲ 레이캬비크

5 아이슬란드

- **면적 :** 10.3만㎢ / **인구 :** 341,250명 (2020년)
- **수도 :** 레이캬비크(Reykjavík)
- **정체 :** 공화제(내각책임제)
- **언어 :** 아이슬란드어
- **1인당 GDP :** 66,944.83달러 (2020년)
- **기후 :** 해양성기후
- **종교 :** 루터교(81%), 레이캬비크자유교(2.1%), 가톨릭(2%)

대서양 북부의 북극권 바로 남쪽에 위치한 섬나라로서 1262년 이후 노르웨이, 1380년부터 덴마크의 지배를 받다가 1944년 6월 17일 덴마크로부터 독립하였다.

▲ 에스토니아 탈린

6 발트 3국(Baltic states)

발트해 남동 해안에 위치한 3개 국가, 에스토니아, 라트비아, 리투아니아를 총칭한다. 18세기 때 러시아의 영토가 되었고, 1918년 독립해 세 공화국이 되었고, 1934년 '발트3국 동맹'을 체결하였다. 1940년 소련에 합병되었고, 그 이후로 독일군의 점령 때(1941~1944)를 제외하면 민족공화국의 명맥을 유지했다. 민족과 언어 구성면에서 에스토니아인은 우랄계, 라트비아인과 리투아니아인은 슬라브계 소수민족에 속한다.

1990년 소련 공산당서기장 고르바초프의 개혁의 영향으로 독립의 움직임이 본격화되었고, 1991년 9월 4일 51년 만에 독립하였다. 이후 러시아연방정부의 지원하에 UN과 유럽안보협력회의에 각각 가입하였다.

■ 표 3.4

국가	국기	개요
에스토니아 (Estonia)		면적 : 45,227㎢ 인구 : 1,326,539명 (2020년) 수도 : 탈린(Tallinn) 정체 : 공화제(의원내각제) 언어 : 에스토니아어 1인당 GDP : 23,659.87달러 (2020년) 기후 : 냉대습윤기후 종교 : 루터교, 러시아정교
라트비아 (Latvia)		면적 : 64,562㎢ 인구 : 1,886,202명 (2020년) 수도 : 리가(Riga) 정체 : 공화제(의원내각제) 언어 : 라트비아어 1인당 GDP : 17,836.36달러 (2020년) 기후 : 냉대습윤기후 종교 : 루터교, 가톨릭교, 러시아정교
리투아니아 (Lithuania)		면적 : 65,300㎢ 인구 : 2,722,291명 (2020년) 수도 : 빌뉴스(Vilnius) 정체 : 공화제(내각책임제) 언어 : 리투아니아어 1인당 GDP : 19,455.45달러 (2020년) 기후 : 냉대습윤기후 종교 : 가톨릭(77%), 러시아정교(4%)

Chapter

04

세계문화와 환경

• 아프리카

WORLD GEOGRAPHY AND CULTURE

01 북아프리카

북아프리카는 이슬람교를 믿는 아랍인과 베르베르인의 세계이다. 이름에 Al(알)이 들어가는 경우가 많다. 흑인, 아랍인, 베르베르인 등 다양하게 거주한다. 동쪽 이집트와 서쪽 모로코를 중심으로 수단(Sudan), 리비아(Libya), 사하라 아랍민주 공화국(Sahara Arab Democratic Republic), 알제리(Algeria), 튀니지(Tunisia) 그리고 에티오피아(Ethiopia)와 모로코 서쪽 약 640㎞의 대서양상에 있는 포르투갈령의 섬 마데이라 제도(Madeira Is.)가 포함되는 경우가 있다.

1 이집트

- **위치:** 아프리카대륙 북동부
- **면적:** 997,690㎢
- **인구:** 102,334,403명(2020년)
- **수도:** 카이로(Cairo)
- **정체:** 공화제(대통령중심제)
- **언어:** 아랍어
- **통화:** EGP(이집트 파운드, £E)
- **환율:** 1EGP = 70.86원 (2021년 2월)
- **민족:** 이집트인(99.6%), 모로코, 리비아, 누비안, 터키계민족(0.4%)
- **종교:** 이슬람교(수니파, 90%), 기독교(10%)
- **1인당 GDP:** 3,020.03달러 (2020년)

이집트의 정식 국명은 이집트아랍공화국(The Arab Republic of Egypt)이며, 사하라 사막 안에 놓여 있다. 북쪽으로 지중해에 접하고, 남쪽으로 수단, 서쪽으로 리비아, 동쪽으로 이스라엘과 아카바 만(the Gulf of Aqaba)과 홍해를 접한다. 이집트는 세계에서 가장 오랜 문명의 역사를 가진 나라 중 하나이다. 이집트를 남북으로 가로지르는 나일 강은 그들의 역사와 문명을 뒷받침하고 있다.

1 역사배경

이집트는 지금부터 6000년 전 나일 삼각주의 하 이집트와 상류지방의 상 이집트로 나누어졌다. 하 이집트는 오늘날 카이로 북부에 부채꼴 모양으로 펼쳐 있는 곳으로 다른 이민족들과 교역이 육지와 바다를 통해 이루어지던 지역이었다. 먼저 이집트 고대역사(파라오들의 시대)는 초기왕조(기원전 3000~기원전 BC 2780년), 고왕국(기원전 2780~기원전 2270년)과 제1 중간기(기원전 2263~기원전 2040년), 중왕국(기원전 2133~기원전 1785년)과 제2 중간기(기원전 1785~기원전 1575년), 신왕국(기원전 1575~기원전 1085년)과 제3 중간기(기원전 1085~기원전 664년), 후기왕조시대(기원전 663~기원전 332년)로 구분된다. 기원전 2800년 고왕국시대 때 제3왕조의 2대 군주 조세르는 역사상 최초로 피라미드(Pyramid)를 건설한 군주로 유명하다. 제4왕조 쿠푸 왕이 완벽한 피라미드를 기자에 세웠다. 신왕국시대의 영화는 1922년 왕들의 계곡에서 발굴된 투탄카문 묘와 황금마스크로 알려져 있다. 19왕조의 3대 군주 람세스 2세는 66년 동안 이집트를 다스린 위대한 왕이었다.

다음은 그리스-로마 치하의 이집트로 이어진다. 마케도니아의 이집트 점령과 프톨레미우스 왕조시대(기원전 332~기원전 30년)와 로마(기원전 30~기원후 395년)와 비잔틴 제국지배(395~641년)로 나뉜다. 639년 아랍군이 침입하자 비잔틴군대 저항이 오래가지 못하였고, 이집트 전역은 아랍-이슬람화의 길을 걷게 된다. 그후 오스만키제국의 속주로 전락했고, 1798년 이집트는 나폴레옹 1세에게 침략 당하였으나 오스만제국을 종주국으로 하는 알바니아 출신 무하마드 알리의 후예의 지배(1805~1952년)에 들어간다. 1822년 영국에 점령당하고 1922년 독립을 얻고 입헌군주국이 된다. 1952년 쿠데타로 군주제가 타도되고 낫세르가 1956년 2000년 만에 다시 이집트인 정부를 수립하였다. 이집트는 1956년, 1967년 대 이스라엘 전쟁에서 패해 시나이반도를 잃었으나 사다트 정부가 1973년 전쟁 후 중동평화회담을 통해 되찾았다. 비동맹주의와 대내적으로 사회주의경제정책을 실시했으나 1970년대에 들어 문호개방과 친서방 접근에 따른 자본주의체제로 전환되었다.

2 자연환경

이집트의 지형은 국토면적에 비해 단순하다. 나일 강 유역의 삼각주평야, 수에즈운하 연안, 이곳을 제외한 넓은 사막지대로 구분할 수 있다. 시나이반도와 본토 사이의 수에즈 지협의 저지대는 호소들이 발달해 있고, 수에즈운하는 호소들을 연결해 굴착하여 만든 것이다. 나일 강 서쪽은 인간이 살기에는 어려운 사막이며, 일부 저지에 분포한 오아시스들을 제외하면 거의 인간의 거주가 불가능하다.

기후는 대부분 건조기후에 속한다. 나일계곡과 지중해연안의 좁은 해안지방을 제외하면 사막기후이며, 내륙으로 갈수록 건조가 심해지고 기온이 높아진다. 서부나 남부는 수년간 비가 내리지 않은 지역도 있다. 지중해연안은 겨울에 약간의 비가 내리는 지중해성기후를 나타내며 기온도 여름과 겨울의 두 계절로 나누어진다. 4~10월(하계)은 고온이며 공기가 건조하며, 11~3월(동계)은 낮에 덥고 야간에 서늘하다.

3 지역정보

❶ 카이로

카이로(Cairo)는 6,000년 이상 역사와 이집트문명의 수도로 오랫동안 역할을 하였다. 이집트 문화 중심권에서 카이로는 미스르(Misr)라고 하는 아랍 이름으로 불린다. 나일 강은 시가중앙을 꿰뚫고 흐르며, 이집트 문명을 꽃피운 원천이며, 변함없이 이집트의 젖줄이다. 타흐리르 광장의 북쪽에 위치한 이집트박물관(The Egyptian Museum)은 투탄카문 왕의 유품과 미이라가 전시되어 있고, 소장품 수는 10만점에 달한다.

❷ 멤피스와 사카라

멤피스(Memphis)는 고대이집트 최초 수도이다. BC 3000년경부터 고대이집트 정치와 행정을 담당했고 오랫동안 번영을 누린 곳이지만 멤피스박물관을 제외하고는 흔적을 찾기 어렵다. 박물관에 누워 있는 람세스2세의 거상과 공원 안 아멘호테프 2세로 알려져 있는 스핑크스상이 유명하다. 사카라(Saqqara)는 멤피스 북쪽 근처에 위치하며 당시 귀족무덤이 많이 남아있다. 이곳의 제3왕조 조세르 왕의 계단식 피라미드는 가장 오래된 것이다.

▲ 기자의 스핑크스(앞)와 피라미드(뒤)

③ 기자

기자(Giza)는 카이로의 남서쪽 지역에 위치하며, 3대 피라미드와 스핑크스로 유명하다. 피라미드는 4각형 토대에 측면은 3각형을 이루도록 돌이나 벽돌을 쌓아 올려 한 정점에서 만나도록 축조한 기념비적 건축을 말하며, 3대 피라미드는 모두 제 4왕조(기원전 2613~기원전 2494년) 때 건축되었다. 쿠푸왕 피라미드(Khufu's Pyramid)는 현존하는 70여 개의 피라미드 중 규모가 가장 커 대피라미드라고도 불린다. 카프레왕 피라미드(Khafre's Pyramid)는 쿠푸왕 피라미드 바로 옆에 있고 중앙에 위치한다. 카프레왕 피라미드 동쪽에 피라미드의 수호신으로 불리는 전체 길이 약 70m, 높이 약 20m에 달하는 거대한 스핑크스(Sphix)가 자리 잡고 있다. 카우레왕 피라미드는 3대 피라미드 중 가장 안쪽에 위치해 있고, 쿠푸왕의 손자 멘카우레 왕의 피라미드이다.

④ 룩소

룩소(Luxor)는 카이로의 남쪽에 위치하며 고대왕국의 수도테베의 일부로 전성기 기원전 1500경 인구가 1천만 명이 넘는 대도시였다. 나일 강 동편과 서편에 많은 유적들이 산재하여 있다. 강 동편에 카르낙신전(Great Karnak Temple)과 룩소신전(The Temple of Luxor)

▲ 람세스 2세 신전

이 있고, 강 서편에 왕가의 계곡(The Valley of Kings)이 있다. 고대 테베 유적은 1979년 유네스코 세계문화유산에 등재되었다.

⑤ 아부심벨(Abu Simbel)

아부심벨(Abu Simbel)은 아스완 남쪽 250㎞ 지점에 위치한 람세스 2세가 건설한 거대한 2개의 암굴신전이다. 람세스 2세는 북쪽 나일강 삼각주에 있는 타니스로 부터 남쪽 누비아의 아부심벨에 이르기까지 거대한 도시과 기념물을 건립하였다. 그는 구역성서에 나오는 히브리인들의 이집트 탈출 당시(기원전 13세기) 모세와 대결한 인물이다. 1960년대 아스완 댐 건설로 수몰위기에 처했을 때 유네스코에서 이전공사를 시행하여 신전을 60m 높은 곳으로 이전시켰다. 아부심벨 신전은 1979년 유네스코 세계문화유산에 등재되었다.

4 문화

❶ 민족과 언어

이집트 주민은 코카서스인종 함족에 속한다. 고대이집트인 혈통을 이어받은 콥트인과 누비아인이 많고, 아라비아반도, 팔레스타인의 아랍혈통을 받은 경우, 투르크나 아르메니아인 등이 이주하였다. 개방된 이슬람국가이지만, 지방도시는 아직까지 많은 여성들이 히잡(Hijab)을 사용하고, 얼굴을 감추고 몸의 노출을 꺼리는 상황이다. 고대이집트는 고유의 문자가 사용되었으나, 9세기경 아라비아가 정복한 이래 아랍어가 전파되어 국어가 되었다. 국민 대다수가 수니파이슬람교도이며, 나머지는 콥트파(크리스트교)나 유대교도가 약간 있다.

❷ 종교

5000년에 걸친 이집트 역사는 시대에 따라 종교의 주류가 바뀐다. 고대이집트 시대는 고대 종교가 꽃을 피우고, 그리스-로마시기 때 원시 크리스트교(콥트교)가 번영한다. 다음으로는 이슬람교가 전파되면서 결국 이집트의 국교로 정해져 오늘날까지 내려오고 있다. 종교를 기반으로 한 가부장 중심 사회이며, 이슬람법에 의해 일부다처제가 허용된다. 경제적 측면 중시하여 대부분 1명과 결혼한다.

5 기타

❶ 이집트문자

고대 이집트는 로마나 아라비아인들에 의해 정복당하여 멸망하였지만, 피라미드나 신전 같은 유적이 남아 있는데, 이것들은 종교와 관계있는 것으로 생각되어 왔다. 유적에 대한 본격적 연구는 프랑스인 J. F. 샹폴리옹이 1822년 고대이집트의 상형문자를 해독한데 이어, 그 후 각문(刻文)이나 파피루스 문서해독과 연구가 급속히 진전되었고, 고대이집트인의 정신생활에 관해 자세한 것을 알게 되었다. 고대이집트 신앙 중 알려져 있는 것은 사후세계에 관한 것인데, 그에 의하면 인간은 죽어도 혼은 죽지 않으며, 사후세계로 가거나 원래 육신으로 돌아오기도 한다고 한다. 죽은 사람의 육체는 미이라로 만들어 묘소에 모셔졌다. 혼이 사후세계로 가는 과정, 사자(死者)의 신 오시리스

앞에서 선악 판정의 저울에 올려진 과정은 〈사자의 서(書)〉라는 문서에 기록되어 전해지고 있다.

❷ 세계유산

이집트는 문명발생지답게 의미 있는 세계유산목록을 보유하고 있다. 6건의 문화유산과 1건의 자연유산을 보유하고 있고, 문화유산 중 1건은 위험에 처한 세계유산으로 분류되었다. 거대한 규모의 멤피스와 네크로폴리스, 기자에서 다슈르까지의 피라미드 지역(Memphis and its Necropolis – the Pyramid Fields from Giza to Dahshur, 1979)을 비롯하여 고대 테베와 네크로폴리스(Ancient Thebes and its necropolis, 1979), 이슬람 도시 카이로(Islamic Cairom 1979), 누비아 유적: 아부심벨에서 필래까지(Nubian Monuments from Abu Simbel to Philae, 1979), 성 캐서린 지구(Saint Catherine Area, 2002) 등이 대표적인 사례이며, 아부 메나 그리스도교 유적(Abu Mena, 1979)는 2001년 위험에 처한 세계문화유산에 등재되어 있다. 와디 알 히탄(고래 계곡(Wadi Al-Hitan(Whale Valley), 2009)은 이집트 서부 사막의 계곡으로 4,000년 전 고래 화석이 발견되어 자연유산에 등재되어 있다.

2 모로코

- **위치:** 아프리카대륙 북서부
- **면적:** 710,850㎢
- **인구:** 36,910,558명 (2020년)
- **수도:** 라바트(Rabat)
- **정체:** 입헌군주제
- **언어:** 아랍어, 베르베르어, 불어(상용)
- **통화:** MAD(모로코 디람, DH)
- **환율:** 1MAD = 124.86원 (2021년 2월)
- **민족:** 아랍인(60%), 아마지그인(36%), 기타(4%)
- **종교:** 이슬람교(수니파, 98.7%), 기독교(1.1%)
- **1인당 GDP:** 3,204.1달러 (2020년)

모로코의 정식명칭은 모로코왕국(Kingdom of Morocco)이다. 수도는 라바트, 공용어로는 아랍어를 사용한다. 모로코는 일몰 혹은 극서(極西)를 뜻하며, 지도상에 아프리카 북서쪽 끝, 지중해 남서쪽 연안에 위치해 있다. 지브롤터 해협을 사이에 두고 유럽의 이베리아반도와 접하고, 북쪽 지중해, 북서쪽 대서양에 면한다. 동쪽과 남동쪽은 알제리와 접경하며, 남서단은 서사하라와 국경을 접한다. 지중해연안은 에스파냐 속령 세우타와 멜리야가 있다.

1 역사배경

모로코 역사는 기원전 2000년대 베르베르족에 의해 시작되었고, 이후 베르베르족이 세운 모리타니아 왕국이 출현했으나 로마황제 칼리굴라(Caligula)에 의해 로마문화권을 형성하였다. 모로코의 이슬람교 도래는 680년 세우타(Ceuta) 점령에 의해 시작되었고, 711년경 무어인은 모로코에 대한 지배력을 확립하고 732년까지 이슬람교로 개종한 베르베르족을 중심으로 이슬람화가 전개되었다. 모로코의 왕조의 변천과정은 첫 번째 통일왕조로서 이슬람 수니파가 세운 이드리스(Idriss) 왕조(8~11세기), 두 번째 알모라비드 왕조(Al Moravids)로서 베르베르족이 마라케시를 수도로 정한 왕조(1062~1145년), 세 번째 알모하드 왕조(1145~1248년)로서 아틀라스(Atlas) 지방의 베르베르족이 라바트(Rabat)를 수도로 정한 왕조, 네 번째 메레니드 왕조와 와타시드 왕조(1248~1554년)로서 메린족이 모하드왕조 쇠퇴와 혼란시기에 페스를 수도로 수립한 왕조, 다섯째 사아드 왕조는 아랍왕조로서 포르투갈로부터 대서양연안의 일부항구도시를 탈환하였다. 여섯째 알라위트(Alaouite) 왕조 때 나폴레옹 전쟁 후 영국, 프랑스, 독일 등 열강이 아프리카 진출 교두보로 모로코를 침공하여 쇠락을 시작했다. 1830년 프랑스가 알제리를 점령하고 스페인이 모로코의 대서양연안 항구 시디 이프니를 점령하였으나, 1907년 스페인이 모로코를 분할, 강점하였다. 스페인은 모로코북부 해안지방과 남부지역을 보호령으로 삼았고, 사하라사막의 식민통치권도 확보하였다.

1912년 모로코는 프랑스와 스페인의 보호령이 되었다. 이 시기에 프랑스인이 대규모로 이민하고 프랑스 식민정부가 유화정책을 펼침에 따라 프랑스문화가 널리 보급되었다. 스페인은 북부 리프(Rif) 산맥 지역에서 광물탐사에 관심을 기울이고 남부지역에서 단순한 지배자로서 주둔하였으나 식민지개발에 무관심하였다. 모하메드 5세 국왕이 1955년 11월 18일 망명지에서 독립을 선언하였고 1956년 프랑스와 스페인은 모로코 독립을 인정하였다. 모로코는 1956년 UN에 가입하였다. 1961년 물레이 핫산 2세(Moulay Hassan II)가 국왕으로 즉위하였고, 근대화를 추진하며 국왕권력은 유지하였다. 1999년 7월 시디 모하메드 6세(Sidi Mohamed VI)가 국왕에 즉위하였고, 입헌군주제와 양원제 틀을 유지하고 있다.

2 자연환경

모로코는 산악국(평균해발고도 800m)이며, 모로코 산지는 북아프리카에서 가장 높고, 국토면적의 1/3 이상을 차지한다. 초승달 모양의 리프산맥이 지중해 해안을 따라 발달해 있고 북동쪽에서 서남쪽으로 뻗은 아틀라스산맥에 높이 4,165m의 투브칼 산(Mt. Jebal Toubkal) 등 4,000m 가 넘는 높은 산이 있다. 하천은 대서양으로 흘러들어가거나, 사하라 사막에서 증발하여 없어진다. 기후는 지중해성기후(북부), 대륙성기후(중부), 사막기후(남부) 등 지역특성이 있다. 강수량을 기준으로 우기와 건기로 구분하며, 우기는 11~4월로 날씨가 따뜻하고 습도가 높고 평균기온이 15℃이다. 건기는 5~10월로 덥고 건조하며 평균기온이 28℃이다. 해안지역 기온은 겨울에 8~21℃이고 여름에 17~27℃이다. 반면 내륙지역은 겨울 4~20℃, 여름 17~38℃로 지역 차와 일교차가 큰 편이다.

3 지역정보

① 라바트

라바트(Rabat)는 대서양 연안에 자리 잡은 수도로서 행정도시이다. 정치의 중심지로서 국왕이 거처하는 왕궁, 의회, 정부기관, 외국공관 등의 공공건물이 많고, 녹음이 짙은 거리는 전원도시 분위기를 띠고 있다. 구시가지의 핫산 타워(Hassan Tower)와 모하메드 5세(Mohammed V)의 능묘가 있다. 또한 왕궁과 대서양이 내려다보이는 절벽에 만들어진 카스바 우디이아(Kasbah des Oudaias) 그리고 신시가지 남동쪽으로 로마유적이 남아 있다.

▲ 쿠투비아 모스크

❷ 마라케시

마라케시(Marrakesh)는 카사블랑카 남쪽으로 234km 떨어져 우뚝 솟아 있는 아틀라스 산맥에 인접해해 자리 잡은 모로코의 제4의 도시이다. 해발고도 545m에 자리 잡은 사하라 사막 외곽의 오아시스이자 흙의 색깔, 건물의 바깥벽이 온통 붉은 색으로 '붉은 도시' 라고 불린다. 마라케시의 메디나는 알모라비드 왕조에 의해 최초 형성되었고, 1520년 사아드 왕조의 도읍으로 정해진 후 비약적으로 발전해 당시 건축과 유적이 남아 있다. 쿠투비아 모스크(Koutoubia Mosque)는 마라케시 메디나의 상징이며, 12세기 말 건립된 첨탑 미너렛은 높이 77m로 도시 어느 곳에서도 볼 수 있다. 사아드 왕가(Saadian)의 묘는 16세기 사아드 왕조의 역대 왕이 잠들어 있는 곳이며, 묘를 장식하고 있는 아라베스크 문양은 스페인 그라나다 알람브라궁전에서 볼 수 있는 장식기법이다. 제마 엘 프나 광장(Jemaa el-Fna Square)은 쿠투비아 모스크 앞의 넓은 공간이며 도시의 생동감이 느껴진다.

❸ 페스

페스(Fes)는 수도 라바트의 동쪽 160km, 리스 산맥의 남쪽 기슭에 있는 도시로서 이드리스 왕조와 메레니드 왕조의 옛 수도 모습을 잘 보존하고 있다. 페스는 1912년 모로코의 행정수도가 페스에서 라바트로 이전되었으나 모로코의 문화와 정신적 중심지다. 페스 알 발리(Fes al-Bali)는 세계 최대의 미로이자 도시의 중심지역 메디나로 잘 알려져 있다. 구시가지 골목 깊은 곳에 있는 천연가죽 염색공장(Tanneries)이 있으며, 1,000년 전통을 지금까지 이어오고 있어 시간이 중세기에서 멈춘 듯 느낌이 드는 곳이다.

④ 카사블랑카

카사블랑카(Casablanca)는 대서양 연안에 있는 모로코의 제1의 도시다. 이곳은 '하얀 집' 이라는 뜻으로 포르투갈인이 이곳에 항구를 건설하면서 급성장하였다. 카사블랑카는 프랑스식과 이슬람식 건물이 한데 어우러져 색다른 매력을 지니며, 모로코의 수도로 착각할 정도다. 핫산 2세 모스크(Hassan Mosque)는 도시의 상징이며, 모하메드 5세 광장은 프랑스 식민지 당시 세워진 주변 상점과 건물, 이슬람 양식으로 지어진 법원, 시청사, 우체국과 같은 관공서가 함께 어우러져 조화를 이룬다.

카사블랑카

4 문화

❶ 민족과 언어

모로코의 베르베르인은 711년부터 이베리아반도를 정복한 아랍계 이슬람교도를 총칭하는 무어인(Moor)에 속하며, 모로코와 알제리를 비롯하여 다소 정도가 낮긴 하지만 튀니지와 모리타니까지 무어인에 포함된다. 아랍권에 속하는 나라지만 동시에 유럽과 아프리카 및 오리엔탈리즘이 혼합된 색채를 갖고 있다. 모로코는 이슬람 세계의 서단에 해당하는 마그레브(Maghreb) 지역에 있으며, 스페인과 프랑스 등 유럽문화 영향을 받아 서구문화에 대해 상대적으로 개방적이다. 모로코인은 아랍-라틴문화의 영향으로 원칙보다 인간관계를 중요시한다. 공용어는 아랍어와 베르베르어이며 상용어는 프랑스어로서 주민 다수가 구사한다. 북부 지중해 연안과 남부 해안지방은 에스파냐어도 보급되어 있다

❷ 종교

모로코는 전 국민의 98.7%가 이슬람교(수니파)를 믿고 있으며, 또한 관습을 초월하여 이슬람의 근본정신인 형제애와 평등사상을 바탕으로 한 종교공동체 모스크를 형성하였고, 종교행사나 금요예배 및 이슬람력 9월 라마단 기간의 금지사항은 철저히 지킨다. 이슬람교사원은 아랍어로 '이마를 땅에 대고 절하는 곳'을 뜻하는 공동의 기도의식을 위한 자유공간예배당 모스크와 모스크의 일부를 이루는 높은 첨탑 미너렛 등 독특한 경관을 나타내고 있다.

5 기타

❶ 영화 카사블랑카의 〈릭스 카페 아메리칸〉을 그대로 재현한 바

카사블랑카는 험프리 보가트와 잉그리드 버그만 주연의 흑백영화 〈카사블랑카〉로 널리 알려져 있다. 이 영화가 최초 개봉된 것이 1942년이고 흑백영화지만, 명화의 대열에 남아 있는 만큼 영화팬들에게 기억 속에 향수어린 추억으로 남아 있다. 오스카상(아카데미)에서 작품, 감독, 각색의 3개 부문을 수상하였다. 모로코의 카사블랑카는 국제도시답게 고층건물이 많아지고 거리는 차와 상점으로 붐빈다. 트렌치코트의 깃을 세운 배우 험프리 보가트의 모습을 추억하는 사람을 위해 무함마드 5세 광장 앞 하얏트호텔 1층에 바 카사블랑카가 영화 속 주요 촬영장소 〈릭스 카페 아메리칸〉을 그대로 재현해 놓았다.

❷ 세계유산

모로코가 보유한 유네스코 세계유산목록은 총 9건이다. 1981년 최초 등재된 페스의 메디나(Medina of Fez, 1981)를 시작으로 마라케시의 메디나(Medina of Marrakesh, 1983), 아이트 벤 하두의 크사르(Ksar of Ait-Ben-Haddou, 1987), 메크네스 역사도시(Historic City of Meknes, 1996), 테투안의 메디나, 옛 티타윈(Medina of Tétouan, formerly known as Titawin, 1997), 볼루빌리스 고고유적(Archaeological Site of Volubilis, 1997/2008), 에사우이라의 메디나, 옛 모가도르(Medina of Essaouira, formerly Mogador, 2001), 마자간 포르투갈요새, 엘자디다(Portuguese City of Mazagan, El Jadida, 2004) 및 라바트, 근대 수도와 역사도시(Rabat, Modern Capital and Historic City, 2011)이다. 모로코의 유산은 이슬람 고대도시 메디나와 같

은 옛 시가지나 역사도시가 전형적이지만, 과거 로마시대 고고유적이나 흙으로 된 전통주거지, 유럽식 민지시대의 요새 등 다양하다.

02 서아프리카

서아프리카는 이슬람교가 다수를 차지하는 지역이지만, 가나(Ghana)와 라이베리아(Liberia)는 예외적으로 크리스트교가 다수를 차지하는 국가이다. 감비아(Gambia), 기니(Guinea), 기니비사우(Guinea Bissau), 나이지리아(Nigeria), 니제르(Niger), 말리(Mali), 모리타니(Mauritania), 베냉(Benin), 부르키나파소(Burkina Faso), 세네갈(Senegal), 시에라리온(Sierra Leone), 카보베르데(Cape Verde), 코트디부아르(Cote d'Ivoire), 토고(Togo)가 지리적으로 포함된다.

03 중앙아프리카

중앙아프리카는 아프리카 중앙부를 부르는 칭하며, 중앙아프리카공화국(Central African Republic), 콩고민주공화국(Democratic Republic of the Congo), 차드(Chad), 가봉(Gabon), 카메룬(Cameroon), 적도 기니(Equatorial Guinea), 상투메 프린시페(Sao Tome and Principe)가 포함된다.

04 동아프리카

동아프리카는 소말리아(Somalia), 케냐(Kenya), 탄자니아(Tanzania)를 포함한 아프리카의 동부지역을 지칭하며, 광범위하게 3국 이외에 부룬디(Burundi), 르완다(Rwanda), 우간다(Uganda), 세이셸(Seychelles), 지부티(Djibouti) 및 동부 인도양 상의 도서국가 코모로(Comoros) 등이 포함된다.

05 남아프리카

남아프리카는 아프리카 남부지역을 부르는 명칭하며, UN(국제연합)에 의한 위치구분은 보츠와나(Botswana), 레소토(Lesotho), 나미비아(Namibia), 남아프리카공화국(Republic of South Africa), 에스와티니왕국(Kingdom of Eswatini) 등 5개 국가이지만, 광범위하게 5국과 앙골라(Angola), 잠비아(Zambia), 짐바브웨(Zimbabwe), 말라위(Malawi), 모잠비크(Mozambique) 그리고 인도양 모잠비크 운하의 북쪽 끝에 있는 섬 마요트(Mayotte, 플랑스령), 낭동부 인도양에 있는 섬나라 마다가스카르(Madagascar)와 모리셔스(Mauritius), 마다가스카르섬 동쪽 해상에 있는 섬 레위니옹(La Réunion, 프랑스령) 등을 포함한다.

그림 4-1 아프리카

© Google Maps

Chapter

05

세계문화와 환경

• 아메리카

WORLD GEOGRAPHY AND CULTURE

01 북아메리카

북아메리카(North America)는 아메리카대륙(남북아메리카)의 북반부를 지칭한다. 지리적으로 지구의 북반구, 서반구에 위치한 대륙으로 북쪽 북극해, 동쪽 북대서양, 남동쪽 카리브 해, 서쪽의 북태평양과 접하며, 남쪽으로 지협을 통해 남아메리카와 연결된다. 이곳은 북아메리카 대륙과 부속 도서로 구성되어 있다. 북아메리카는 멕시코 남부를 가로지르는 테우안테펙 지협(地峽)을 남쪽 한계로 하며, 그 이남을 중앙아메리카로 구별한다. 중앙아메리카와 그 동쪽에 가로 놓인 서인도제도를 북아메리카에 포함한다. 중앙아메리카는 북아메리카 남부에 접하는 좁은 지협으로 멕시코부터 파나마까지를 일컬으며, 남아메리카 서북부에 있는 콜롬비아의 태평양 해안저지로 이어진다.

미국과 캐나다는 영국의 식민지 영향 아래에서 공통의 문화유산을 이어 받은 경향이 강해 앵글로색슨계의 색채가 짙어 앵글로아메리카라고 하며, 멕시코, 중앙아메리카, 서인도제국은 남아메리카 제국과 함께 스페인과 포르투갈을 중심으로 하여 라틴계 문화의 영향과 색채가 짙어 라틴아메리카라고 칭한다.

1 미국

- **위치:** 북아메리카 대륙
- **면적:** 9,831,510㎢
- **인구:** 331,002,647명 (2020년)
- **수도:** 워싱턴 DC(Washington, DC)
- **정치:** 연방공화국(대통령 중심제)
- **언어:** 영어
- **통화:** USD(달러)
- **환율:** 1USD = 1,107.00원 (2021년 2월)
- **민족:** 백인(76.5%), 흑인(13.4%), 아시아계(5.9%), 원주민(1.5%), 기타(2.7%)
- **종교:** 개신교(48.5%), 가톨릭(22.7%), 몰몬(1.8%), 유태교(2.1%), 이슬람(0.8%), 무교/기타(24.1%)
- **1인당 GDP:** 65,280.68달러 (2020년)

미국의 정식 국명은 아메리카합중국(The United States of America)이며, 북아메리카대륙 중앙부를 차지하는 48개 주와 알래스카 · 하와이 2개 주및 콜롬비아 특별구(수도 워싱턴)로 구성된 연방제공화국이다. 이외에도 해외의 준주와 자치령으로 푸에르토리코, 버진제도, 태평양의 여러 섬 및 파나마 운하 지대 등이 있다. 미국은 동쪽 대서양, 서쪽 태평양, 남쪽 멕시코 및 멕시코만, 북쪽 캐나다에 닿아 있고, 북아메리카대륙 북서쪽 끝에 있는 알래스카는 동쪽으로 캐나다, 서쪽으로 러시아연방, 북쪽으로 북극해에 닿아 있다. 1492년 콜럼버스가 신대륙을 발견한 이래, 유럽 강대국들의 식민지였던 미국은 1776년 7월 4일 독립선언을 발표하고 비로소 13개 식민지를 주로 하는 미합중국을 탄생시켰다.

1 역사배경

미국의 근대 역사는 1607년 버지니아 최초의 식민지 제임스 타운(James Town) 이후, 1776년 독립선언까지 약 170년간의 식민시기를 겪었다. 17세기에 영구적인 영국 최초의 식민지 버지니아가 건설되었고, 1620년 청교도가 신앙의 자유를 찾아 메이플라워호를 타고 지금의 매사추세츠 주에 상륙하였다. 1733년까지 영국의 지배 하에서 독립을 하기 위한 독립혁명이 일어나게 되었고, 영국 본토로부터의 독립인 동시에, 식민지 내부에서 부르주아지와 민주주의의 확립을 위한 혁명이었다. 1776년 독립선언 후 1783년 독립을 쟁취하였고, 1787년 연방헌법 제정, 1848년에 이르러 현재 같은 대륙국가가 되었다. 미국의 프런티어 정신은 인디언을 몰아내면서 서부내륙을 개척하기 시작했고, 새로 편입된 영토는 개척자들에 의해 개발되었다. 프런티어 사회는 모두가 평등하다는 원칙을 가지고 있었고, 확실히 유럽이나 동부 지역보다 서부에서 민주적이었다. 서부에서 1848년 캘리포니아에 금광 선풍이 일어났고, 1890년대에 들어 소멸하였다. 미국의 북부와 남부는 종교, 경제, 문화의 차이를 갖고 있었는데 이 결과 남북전쟁이 발발했고, 1865년 북부 합중국의 승리로 노예제도가 폐지되었다.

미국은 다른 오래된 나라들과는 달리 봉건제도의 전통이 없으며, 신흥국가로 공업화를 이룩하여 제 1, 2차 대전으로 인해 막대한 부국, 강국으로 성장하였다. 제2차 대전 후 냉전기간 동안 대 소련정책을 통해 공산주의 세력의 팽창을 저지하였고, 1980년대 말 소련과 동유럽 사회주의 붕괴이후에도 세계 최대국의 지위를 유지하고 있다.

2 자연환경

미국의 지형구분은 크게 3가지로 구분할 수 있다. 태평양 연안의 환태평양 조산대에 속하는 새롭고 험준한 습곡산지로 화산활동이 빈번한 지역이 있다. 대서양연안에 가까운 애팔래치아 산맥은 고생대의 암석으로 이루어진 오랜 습곡산지가 발달하였고, 미국의 공업화에 기여하였다. 미국의 중앙부를 차지하는 광대한 평원지역은 농목업의 중심을 이루었다. 로키산맥 주변은 다양한 지형을 나타내며, 북부 로키는 유명한 옐로스톤 국립공원과 캐나다와의 경계에 글레이셔 국립공원이 있어 자연휴양이 활발하다. 로키산맥과 해안산맥 사이에 전개된 너비 800km를 넘는 고원지대가 발달하며, 애리조나 주의 그랜드 캐니언 국립공원이나 데스밸리(Death Valley) 등 건조기후의 장대한 경관을 볼 수 있다.

미국의 기후는 툰드라와 타이가기후가 나타나는 알래스카와 열대기후인 하와이 섬을 제외하면, 수리적으로 100°W 부근을 경계로 하여 습윤한 동부와 건조한 서부로 구분된다. 북동부는 대륙성기후, 남동부는 온대 및 아열대기후, 그리고 캘리포니아 지역은 지중해성기후 및 사막기후 등으로 다양하게 나타난다.

미국의 지역구분은 일정한 기준은 없으나, 이해를 돕기 위해 간략하게 서부(West), 중서부 (Midwest), 북동부(Northeast) 및 남부(South) 등 4개로 구분할 수 있다. 서부 13개 주(몬타나, 아이다호, 와이오밍, 콜로라도, 뉴멕시코, 애리조나, 유타, 네바다, 워싱턴, 오리건, 캘리포니아, 알래스카, 하와이), 중서부 12개 주(오하이오, 인디아나, 일리노이, 미시간, 위스콘신, 미네소타, 아이오와, 미주리, 노스다코타, 사우스 다코타, 네브래스카, 캔자스), 북동부 9개 주(메인, 뉴햄프셔, 버몬트, 매사추세츠, 로드아일랜드, 코네티컷, 뉴욕, 뉴저지, 펜실베이니아), 남부 16개 주(델라웨어, 메릴랜드, 버지니아, 웨스트버지니아 , 노스캐롤라이나, 사우스캐롤라이나, 조지아, 플로리다, 켄터키, 테네시, 앨라배마, 미시시피, 아칸소, 루이지애나, 오클라호마, 텍사스) 등이다.

3 지역정보

❶ 워싱턴 DC

워싱턴 DC는 미국의 수도이며 국제정치와 외교의 중심지다. 워싱턴 DC는 계획도시로서 동북남쪽은 메릴랜드, 남서쪽은 버지니아와 경계를 이룬다. 그 이전 미국 수도

▲ 워싱턴 D.C.

는 1785년부터 1790년까지는 뉴욕, 1790년부터 1800년까지는 필라델피아였다. 컬럼비아(Columbia)는 콜럼버스의 땅 이라는 뜻의 라틴어이며, America의 별칭으로 쓰인다. District of Columbia는 미국 직속의 특별구역이라는 의미고, 초대 대통령이자 컬럼비아구를 건설한 조지 워싱턴에서 유래한 것이다. 백악관(White House)은 200여 년 동안 대통령과 행정부, 더 나아가 미국의 상징물로 서 있다. 1792년 조지 워싱턴 대통령 임기 때 착공하였으나 그는 이곳에서 살아보지 못했고, 제2대 대통령 존 애덤스가 관저의 첫 주인이 되었다. 국회의사당 건물의 초석은 1793년 조지 워싱턴이 세웠고, 건물이 왕관을 쓰고 있는 것 같은 모습을 하고 있다. 제퍼슨기념관(Jefferson Memorial)과 링컨기념관(Lincoln Memorial)을 비롯하여 초대 대통령 조지 워싱턴의 업적을 기리기 위해 세운 화강암으로 만들어진 오벨리스크 형태의 워싱턴 기념탑(Washington Monument)이 있다.

❷ 뉴욕

뉴욕(New York)은 자유의 여신상에서 타임스퀘어까지, 센트럴 파크에서 메트로폴리탄 미술관에 이르는 명소 뿐 아니라 설명하기 힘든 세계경제, 금융, 패션, 문화의 중심지다. 뉴욕은 맨해튼, 브루클린, 브롱크스, 퀸즈, 리치먼드의 5개 지구로 이루어져 있고, 관광의 중심지인 맨해튼은 동쪽 이스트 강, 서쪽 허드슨 강, 남쪽 어퍼 뉴욕 만에 둘러싸인 긴 섬이다. 자유의 여신상(The Statue of Liberty)은 프랑스가 미국 독립 100년을 축하하여 우호의 표시로서 선물한 것이며, 오른손은 횃불, 왼손은 1776년 7월 4일이라는 날짜가 들어 있는 독립선언서를 들고 있다. 뉴욕 항구 리버티 섬(Liberty Island)에 놓여 있고, 이민자들이 입항할 때 동상을 보며 아메리칸 드림을 상상하며 용기를 얻었다고 한다. 뉴욕은 센트럴 파크(Central Park)와 메트로폴리탄 미술관(Metropolitan Museum Of Art), 엠파이어스테이트 빌딩(Empire State Building), 타임스퀘어와 브로드웨이와 같은 상징이 있고, 세계경제와 비즈니스의 중심지 월스트리트(Wall Street)는 개척시대 맨해튼을 위협하는 적군과 인디언들로부터 맨해튼을 보호하기 위해 세운 벽(Wall)에서 이름이 유래되었다.

❸ 보스턴

보스턴(Boston)은 매사추세츠 주 주도이자 옛 뉴잉글랜드 최대의 중심지다. 미국 건국 200년의 역사를 오래도록 간직하고 있는 문화중심지다. 1630년 800명의 청교도가 이주해 보스턴 항구에 청교도 사회를 형성하였고 독립운동의 터전이 되었고 독립전쟁 후 조선업과 도시 무역의 발전하여 전후 보스턴 경제 기반을 강화했다. 보스턴은 교육의 도시로 불릴 정도로 매사추세츠 공과대학(MIT), 보스턴대학, 웰즐리 대학 등 수많은 명문 대학이 있다.

매사추세츠 공과대학

❹ 피츠버그

피츠버그(Pittsburgh)는 펜실베이니아 주에 있는 상공업도시이자 과거 최고의 철강산업도시이다. 19세기 초반 펜실베이니아 탄전채굴을 등에 업고 미국의 대표항구로 자리매김했으나 철강산업 쇠퇴로 뚜껑 열린 지옥(Hell with the lid off)으로 전락했다. 피츠버그를 되살리고자 하는 시와 시민의 힘으로 철강도시를 첨단산업도시로 바꾸기 위한 도시재생을 실현시켰고, 문화관광도시로 변화했다. 20세기 들어 미국에서 가장 살기 좋은 도시, 포브스가 선정한 청정도시, 2009년 9월 G20 정상회담을 개최해 도시 이미지 변신에 성공했다.

▲ 라스베이거스

❺ 시카고

시카고(Chicago)는 일리노이 주 북동부에 있는 도시로 미시간호로 흘러드는 시카고강 하구에 자리 잡고 있다. 과거부터 마천루의 도시, 바람 많은 '윈디 시티', 재즈의 도시, 마이클 조던의 도시 등등 수식어가 많다. 존 핸콕센터와 윌리스타워(구 시어스타워) 등은 한때 세계에서 가장 높은 빌딩이며, 시카고강과 이어지는 건축물투어 크루즈는 인기가 높다. 시카고는 〈올 댓 재즈〉 등을 히트시키며 영화로 제작된 뮤지컬 〈시카고〉의 배경이 된 곳이다

❻ 네바다와 라스베이거스

라스베이거스(Las Vegas)는 네바다 사막의 한 가운데 오아시스처럼 형성된 도시로 불야성을 이루는 도박활동 중심의 관광도시다. 네바다 주는 시에라 네바다라고 하는 산의 이름으로부터 생겨났으며, 라스베이거스는 테마 호텔들로 가득한 화려함 뿐만이라 가족단위로 휴가를 즐길 수 있는 오락도시다.

❼ 피닉스와 그랜드캐니언

피닉스(Phoenix)는 미국 애리조나 주의 주도이자 에이번데일, 챈들러, 길버트, 글렌데일, 메사, 선시티, 템피 등을 포함하는 대도시권의 중심도시다. 지명은 폐허 위에 재건한다는 뜻으로 불사조 피닉스에서 유래되었고, '태양의 계곡'(Valley of the Sun)' 이라는 말처럼, 연중 태양 볕이 풍부하고, 7월과 8월은 비가 내리지만, 겨울은 강수량

▲ 그랜드 캐니언

이 거의 없다. 그랜드 캐니언(Grand Canyon)은 4억 년이 넘는 세월 동안 콜로라도 강의 하방침식에 의한 급류가 만들어낸 대협곡으로 446㎞에 걸쳐 펼쳐져 있고, 해발고도가 2,133m에 이른다. 세도나(Sedona)는 볼텍스라는 특별한 에너지가 나온다고 하여 전 세계의 기 수련자들이 보러오는 곳으로 유명하다.

⑧ 산타페

산타페(Santa Fe)는 뉴멕시코 주에 위치한 아메리칸 인디언 문화를 기반으로 한 도시다. 1610년 스페인에 속한 권역의 수도로 지정되어 미국 내에서 가장 역사가 오래되었고, 청교도인이 매사추세츠 주 보스턴 부근에 도착한 것보다 10년 빠르다. 산타페는 스페인어로 '거룩한 믿음, 성스러운 신앙(Holy Faith)' 이란 의미이며, 도시의 배후를 형성한 산의 이름 상그래 더 크리스토(Sangre de Christos)는 '크리스트의 피' 란 의미다. 산타페는 해발 2,134m의 고지대에 위치한 도시이면서도 250개 넘는 화랑이 있어 뉴욕과 LA와 함께 3대 미술시장에 꼽힌다.

⑨ 샌프란시스코

샌프란시스코(San Francisco)는 캘리포니아 주 중앙부에 있는 항구도시이자 세계 유수의 항만도시 및 국제도시로서의 면모를 갖추고 있다. 1746년 멕시코독립에 의해서 멕시코령이 되었으나. 1846년 미국해군 점령 후 1847년 샌프란시스코로 개칭되었다. 샌프란시스코는 1848년 시에라네바다 산지에서 금광맥이 발견되어 골드러시 시대를 맞이하면 발전하였다. 여름에 서늘하고 겨울에 따뜻한 지중해성 기후를 보이는 것과 아울러, 골든게이트 브리지(Golden Gate Bridge), 알카트래즈 섬(Alcatraz), 비탈길을 달리는 케이블카, 차이나타운이 있어 많은 방문자가 모여든다.

⑩ 로스앤젤레스

로스앤젤레스(Los Angeles)는 미국을 대표하는 대도시이며, 주변 패서디나, 컬버시티, 잉글우드, 산타 모니카, 롱비치 등의 위성도시를 포함한 인구는 뉴욕에 이어 미국 제2의 거대한 대도시권을 형성한다. 스페인식민지였으나 멕시코와의 전쟁 이후 1848년 고달프피달고 조약을 통해 캘리포니아를 1,500만 달러에 매입한 후 미국령이 되었다. 로스앤젤레스는 비벌리 힐즈(Beverly Hills)와 미국 영화산업의 대명사 할리우드, 디즈니랜드(Disney Land Park)와 유니버설스튜디오(Universal Studios Hollywood) 같은 테마파크, 한국인에게는 코리아타운으로 유명하다.

⑪ 샌디에고

샌디에고(San Diego)는 캘리포니아 주 남부에 있는 도시로 멕시코 국경에서 25㎞ 떨어져 있다. 1542년 포르투갈인이 최초 발견하였고, 프란시스코의 수도사 성 디에고의 이름을 따서 지명을 붙였다. 1834년 멕시코 지배하에 시가지가 건설되었으나, 1848년 미국-멕시코전쟁 결과 미국령이 되었다. 쾌적한 기후 때문에 미국굴지의 관광휴양도시로 알려져 있다.

⑫ 플로리다의 도시

플로리다 주 탬파

플로리다는 남동부의 주이며, 멕시코 만과 대서양 사이에 놓인 플로리다반도에 위치한다. 주요 도시는 마이애미(Miami), 탬파(Tampa), 올랜도(Orlando)이다. 북부와 중부지역은 온난습윤기후, 남부는 열대몬순 기후와 사바나기후가 나타난다. 마이애미는 19~28℃ 정도의 아열대성기후를 보이며 에버글레이즈국립공원과 시쿠어리엄수족관 그리고 마이애미비치로 유명한 미국의 대표적인 관광도시이자 휴양지최남단에 위치하고 있다. 탬파는 플로리다 주 서부 멕시코 만과 연결된 탬파 만에 면한 항구도시다. 올랜도는 플로리다 주 중부 플로리다반도 저지대의 호수가 많은 지역에 위치하며, 환상적인 월트디즈니 월드를 비롯한 헤아릴 수 없는 테마파크로 이루어진 관광도시다.

⑬ 하와이

하와이는 태평양의 동양과 서양이 만나는 20°N 선상에 위치하며, 본토에서 약 4,000㎞ 정도 떨어져 있다. 주민 대부분은 해외에서 온 이민과 그들의 후손으로 유럽인과 일본, 한국, 중국, 필리핀 등 이민들이 많고, 폴리네시아계 원주민도 분포하고 있다. 하와이는 1959년 미국의 50번째 주로 편입되었고, 가장 큰 섬인 하와이 섬(Big Island)과 세계적으로 유명한 관광지인 호놀룰루(Honolulu)와 와이키키가 있는 오아후섬, 마우이 섬을 포함한 24개(오아후, 마우이, 니하우, 카우아이, 몰로카이, 라나이, 카호올라웨 및 하와이 등 8개 섬)의 섬으로 이루어져 있다. 특히 진주만(Pearl Harbor)은 태평양전쟁의 진원지로 1941년 2월 7일 일요일 아침 360대의 일본 전투기가 1시간 55분 동안 진주만에 정박하고 있는 90여척의 군함을 공격했고 침몰한 애리조나 호는 인양하지 않고 그대로 두었다가 1962년 선체 위에 기념관을 세웠다. 빅 아일랜드(Big Island)의 서부 코나지역은 세계 3대 커피로 알려진 코나코피로 알려져 있다.

4 문화

❶ 민족과 언어

콜럼버스가 대륙을 발견할 당시 원주민 인디언은 약 150만 명으로 추정된다. 동부의 영국계, 미시시피강 유역의 프랑스계, 서부의 에스파냐계 이민이 지배적이었고, 그 중 동부의 영국식민지가 독립 이래 오늘까지 국가발전 중심축을 이루었다. 미국 남서부는 19세기이후 영토로 편입되었기 때문에 에스파냐계 영향이 강하다. 미국은 다민족사회이며, 백인(76.5%), 흑인(13.4%), 아시아계(5.9%), 원주민(1.5%), 기타(2.7%)로 이루어져 있고, 특히 히스패닉이 전체의 18.3%에 달한다. 언어는 백인과 흑인 모두 영어로 통일되어 있으나, 히스패닉계 대다수는 스페인어를, 그밖에 프랑스어, 이탈리아어도 사용되고 있다

❷ 종교

유럽에서 이민 온 프로테스탄트는 처음에는 종교의 자유를 인정치 않았지만 건국 후 헌법으로 종교 자유를 인정하게 되었다. 복수민족국가인 만큼 거의 모든 종류의 종교가 있으나 개신교가 압도적이다.

5 기타

❶ 닉네임과 슬로건

미국은 주(State)와 도시의 경우 닉네임이 잘 알려져 있다. 뉴욕의 빅애플(The Big Apple)이나 고담시티(Gotham City)는 대표적인 사례이며, 로스앤젤레스는 스페인어 천사의 도시(City of Angels), 시카고는 미국 5대호 Lake Michigan 에서 불어오는 매서운 바람에서 윈디시티(The Windy City), 피츠버그는 강철도시(The Steel City) 라고 한다.

I♥NY은 가장 잘 알려진 도시슬로건이다. 1976년 뉴욕의 그래픽디자이너 밀턴 그레이저(Milton Graser)가 만든 전 세계에서 가장 널리 알려진 로고이며, 한 줄의 문장과 붉은 색 하트로 이루어진 엠블럼은 최고의 성공을 거두었다. 9.11 테러 이후 재확인되었고, 밀턴 그레이저는 로고를 'I Love NY more than ever' 로 개조하여 테러현장의 구호물품에 이미지가 활용되었다.

❷ 4대 스포츠

미국인은 시즌 마다 프로스포츠(Professional Sports) 경기관전을 즐기며, 야구(MLB, Major League Baseball), 농구(NBA, National Basketball Association), 미식축구(NFL, National Football League), 아이스하키(NHL, National Hockey League)는 4대 스포츠로 대중적 인기가 있다. 4대 스포츠를 중심으로 프로야구의 월드시리즈, 프로미식축구의 슈퍼볼, 프로농구의 플레이오프전, 프로아이스하키의 스탠리컵이 있다.

❸ 세계유산

▲ 요세미티 국립공원

미국은 거대한 국토면적과 자연환경을 갖고 있기 때문에 문화유산 뿐 아니라 이름난 자연유산목록을 갖고 있는 국가이다. 총 24건 유산목록은 12건의 문화유산, 11건 자연유산, 1건 복합유산으로 이루어져 그 특징을 확인할 수 있다.

문화유산은 미국독립기념관(Independence Hall, 1979), 카호키아 역사유적(Cahokia Mounds State Historic Site, 1982), 라포르탈레사 요새와 산후안 역사지구(La Fortaleza and San Juan National Historic Site in Puerto Rico, 1983), 자유의 여신상(Statue of Liberty, 1984), 몬티첼로와 버지니아대학교(Monticello and the University of Virginia in Charlottesville, 1987), 차코문화역사공원(Chaco Cultural National Historical Park, 1987), 파버티 포인트(Monumental Earthworks of Poverty Point, 2014) 등이 있다.

자연유산은 옐로스톤국립공원(Yellowstone National Park, 1978), 그랜드캐니언국립공원(Grand Canyon National Park, 1979), 에버글레이즈 국립공원(Everglades National Park, 1979), 메머드동굴국립공원(Mammoth Cave National Park, 1989), 요세미티국립공원(Yosemite National Park, 1984), 하와이화산국립공원(Hawaii Volcanoes National Park, 1987), 워터턴글래시아국제평화공원(Waterton Glacier International Peace Park, 1995), 칼즈배드동굴국립공원(Carlsbad Caverns National Park, 1995), 하와이 파파하노모쿠아키아 해양국립기념물(Papahanaumokuakea, 2010) 등이 있다.

복합유산 파파하노모쿠아키아(Papahānaumokuākea)는 주변 바다와 함께 작고 낮게 자리 잡은 섬들과 환초들이 일직선을 이루는 거대한 군락이며, 하와이 군도에서 북서쪽으로 약 250㎞ 떨어져 있으며, 총 길이는 1,931㎞가 넘는다.

2 캐나다

- **위치**: 북아메리카 대륙 북부
- **면적**: 9,984,670㎢
- **인구**: 37,742,157명 (2020년)
- **수도**: 오타와(Ottawa)
- **정치**: 입헌군주제
- **통화**: CAD(캐나다 달러)
- **환율**: 1 CAD = 871.86원 (2021년 2월)
- **언어**: 영어(59.3%), 프랑tm어(23.2%), 기타(17.5%)
- **민족**: 영국계(28%), 프랑스계(23%), 독일계(3%), 기타(37%)
- **종교**: 가톨릭(46%), 프로테스탄트(36%), 기타(18%)
- **1인당 GDP**: 46,194.73달러 (2020년)

캐나다는 북아메리카대륙 북부에 있는 연방제 입헌군주국이다. 영국연방 가맹국의 하나로 10개 주와 2개의 준주로 이루어져 있으며, 세계에서 두 번째로 큰 면적을 차지하고 있는 아름다운 자연환경을 자랑하는 국가이다. 캐나다는 북아메리카 면적의 1/3을 차지하고 있는 것에 반해 인구는 우리나라의 1/2 밖에 되지 않는다. 또한 남쪽은 미국 본토 12개 주와 경계를 이루고 있으며, 미국과 러시아 사이에 위치하여 지정학적으로 중요한 역할을 한다.

1 역사배경

근대역사는 15~16세기에 걸쳐 유럽의 탐험가에 의해 시작되었고, 1479년 영국이 파견한 이탈리아인 존 캐벗이 캐나다 동쪽 해안을 발견하였다. 1534년 프랑스의 자크 카르티에가 가 오늘날 퀘벡에 상륙하여 프랑스영토를 선언했고, 1583년 길버트가 뉴펀들랜드에 영국 최초의 식민지를 건설하였다. 1604년 프랑스 샹플랭이 노바스코시아에 프랑스식민지를 건설했고, 1608년 샹플랭은 퀘벡요새를 건설하였다. 프랑스는 캐나다 동부에서 미시시피 강 하구에 이르는 광대한 지역을 지배하에 두었고, 영국은 대서양연안과 북쪽의 허드슨 만 연안을 지배하였다. 1755~1763년의 전쟁에서 영국이 압승하여 뉴프랑스가 함락되었고 1763년 파리조약 때 캐나다는 영국의 지배하에 놓여

졌다. 1775~1776년 미국 독립전쟁이 발발한 후, 미국과 국경이 정해져 캐나다 국토가 확정되었다. 1867년 영국 국회에서 영국령 북아메리카 법이 성립되었고, 어퍼와 로어 캐나다, 노바스코시아, 뉴브런즈윅의 네 식민지가 통합되어 캐나다자치령이 성립되었고, 연방정부가 탄생하고 초대 수상에 맥도널드가 취임했다. 1873년까지 매니토바, 브리티시 컬럼비아, 프린스에드워드 아일랜드가 연방에 가입했고, 1898년 유콘 주가 성립되었다. 1905년 앨버타와 서스캐처원이 연방에 참여하고, 1931년 웨스트민스터 조례로 영국연방으로부터 완전한 자치권을 획득했다. 1949년 10번째 주 뉴펀들랜드가 연방에 참여하여 현재의 캐나다가 성립하였고, 1867년 캐나다자치령으로 독립하였다. 1951년 정식국명을 캐나다로 변경하였다.

2 자연환경

캐나다는 거대한 국토를 가진 나라이지만 사람이 거주할 수 있는 지역은 미국 국경을 따라 약 300㎞에 남북동서에 띠 모양으로 뻗어있는 지역에 한정되어 있다. 북쪽은 한대림과 아름다운 빙하, 툰드라와 극지방이 이어져 있다. 해안선이 복잡한 서쪽 태평양연안 쪽은 캐나디언 로키산맥과 맥켄지산맥이 남북으로 뻗어 있는 고산지대이다. 중앙은 캐나디언 록키의 동쪽기슭에서 대평원이 시작되어 많은 빙하호가 산재하여 있다. 동부는 허드슨 만을 에워싼 넓은 대지가 동쪽의 대서양 연안까지 구릉지를 이루고, 북극해로 이어지는 북부는 변화가 많은 해안선과 크고 작은 여러 섬이 있는 미개척지이다.

넓은 면적으로 인해 지역별 기온 차가 심하다. 위도 40°N 위쪽 위치하여 전체적으로 한랭 대륙성기후이며, 봄, 여름, 가을, 겨울로 구분된 사계절이 있다. 밴쿠버가 있는 브리티시 콜롬비아(British Columbia) 주는 서안해양성 기후로 여름은 강수량이 적고 시원하며, 겨울에는 우기로 비가 많이 오지만 온화하다. 동부 퀘벡 주는 덥고 지루한 여름과 겨울의 폭설이 대조를 이룬다. 수도 오타와와 토론토는 겨울이 길고 추운 날씨가 계속되고, 여름이 길고 20℃ 정도이다.

3 지역정보

❶ 오타와

오타와(Ottawa)는 캐나다의 수도로 온타리오 주 남동쪽에 있다. 봄은 튤립의 도시, 가을은 단풍의 도시로 불린다. 오타와 거리는 국회의사당(Parliament Building)이 있는 팔러먼트 힐(Parliament Hill)을 중심으로 하며, 오타와 강, 리도 강, 리도운하(Rideau)의 세 강으로 둘러싸여 있다. 노트르담 성당(Basilica of Notre Dame)은 2개의 은빛 첨탑이 높이 솟은 모양이 인상적인 오타와에서 가장 오래된 성당이다.

▲ 국회의사당

❷ 토론토

토론토(Toronto)는 남동부 온타리오 주의 주도로 캐나다 제1의 도시이다. 미국과 경계를 이루는 온타리오 호 북쪽 끝에 접해 있는 입지로 인해 세인트로렌스 수로를 통해 대서양과 연결되고, 오대호를 통해 미국의 주요 도시와 연결되어 국제교역 중심화 하였다. 토론토에서 가장 돋보이는 건축의 하나는 2개의 타워로 구성되어 있는 토론토 시청(Toronto New City Hall)이며, 높이 553m의 CN 타워(Canadian National Tower)와 스카이 돔(Skydome)이 있다.

❸ 몬트리올

몬트리올(Montreal)은 남동부 퀘벡 주에 위치하며 1976년 하계올림픽이 개최된 곳이다. 1642년 프랑스의 본격적인 식민지화가 이루어졌으나, 1763년 영국과 프랑스 전쟁에서 프랑스가 패하게 되어 영국식민지로 전락되었다. 1774년 제정된 퀘벡법에 의해 프랑스문화를 보호받을 수 있었다. 네오고딕 건축양식의 결정판 노트르담 성당(Notre Dame Basilica)과 몽 르와얄(Mount Royal)의 꼭대기에 위치한 성요셉 성당(Saint Joseph's Oratory), 구시가지의 중심에 자리 잡은 자끄 까르띠에 광장(Place Jacques cartier)에서 프랑스문화 흔적이 쉽게 확인된다.

퀘벡시티

❹ 퀘벡시티

퀘벡시티(Quebec City)는 퀘벡 주의 주도로서 캐나다에서 가장 오래된 항구도시로 몬트리올 북동쪽 240km 지점, 세인트로렌스 강과 세인트 찰스 강의 합류지점에 위치하다. 퀘벡은 인디언의 말로 '강이 좁아지는 곳' 이라는 의미이다. 프랑스와 영국의 격전지였기 때문에 북미의 지브롤터로 불린다. 시가지는 성벽을 사이에 두고 성벽 안쪽 어퍼타운(Upper Town)과 바깥쪽 로어타운(Lower Town)으로 구분된다. 초기 거주지 로어타운에 위치한 르와얄광장(Place Royal)은 퀘백 시의 발생지로 1608년 샹플랭(Samuel de Chanplain)이 최초 거주지로 정착한 곳이며, 5층 건물 벽에 그려진 실물 크기의 퀘벡의 프레스코화(La fresque des quebécois), 승리의 노트르담교회(Notre Dame des Victoires)와 쁘티 샹플랭 거리가 유명하다. 샤또 프로냑(Château Frontenac)은 19세기 성의 외형의 모습을 하고 있는 호텔로 세인트로렌스 강이 내려다보이는 절벽 위에 자리 잡고 있다. 다름광장(Place d'Armes)은 샤또 프로냑 호텔 앞, 구시가 중심에 자리 잡은 광장이다.

❺ 벤쿠버

벤쿠버(Vancouver)는 브리티시컬럼비아주 남서부에 있는 도시로 이름은 1792년 태평양 연안을 탐험한 조지 밴쿠버 선장의 이름에서 따온 것이다. 태평양과 접해 있는 대륙에서 돌출한 작은 반도지역에 자리 잡고 있으며, 캐나다에서 가장 좋은 기후를 자랑한다. 뉴욕의 센트럴 파크보다 규모가 큰 스탠리공원(Stanley Park), 1867년 잭 데이튼에 의해 형성된 게스타운(Gas Town), 시 전체와 바다, 산의 전경을 감상하기에 가장 좋은 퀸엘리자베스공원(Queen Elizabeth Park), 흰 돛을 펄럭이는 범선 모양의 캐나다 플레이스(Canada Place)가 잘 알려져 있다. 휘슬러스키장은 밴쿠버에서 북쪽 120km 떨어진 곳으로 휘슬러와 블랙콤 2개의 산 사이에 위치하고 있다. 휘슬러 마운틴 스키장(Whistler Mountain Ski Resort)과 블랙콤 마운틴 스키장(Blackcomb Mountain Ski Resort)에 많은 리프트를 보유하고 있는 세계 최고의 스키리조트이다.

❻ 빅토리아

빅토리아(Victoria)는 브리티시 컬럼비아의 주도로 밴쿠버 섬 남단에 위치하고 있다. 1868년 영국 이주민에 의해 개척되었고, 영국의 어느 도시에 와있는 분위기가 연상된다. 빅토리아의 상징 주 의사당(Parliament Buildings), 명소로 둘러싸인 이너하버(Inner Harber)의 산책, 부차드가든(The Butchart Gardens) 등의 유럽 제국의 향기를 간직하고 있다.

❼ 밴프

밴프(Banff)는 앨버타 주의 도시로서 '동화 속에 나오는 도시'라고 말이 어울릴 정도로 자연과 잘 조화되는 도시설계가 인상적이다. 캐나디언 록키(Canadian Rocky)의 시작점으로 설퍼 산에서 유황온천(Upper Hot Springs) 발견으로 주목받기 시작했고, 캐나디언 록키(Canadian Rocky)의 국립공원지정으로 본격적인 관광지로 자리잡았다. 밴프(Banff)는 6,641㎢에 이르는 밴프국립공원의 대자연을 만끽할 수 있고, 보우강(River Bow) 계곡에서부터 루이즈 호수(Lake Louise)와 자스퍼로 이어지는 아이스필드 하이웨이(Icefield Highway)를 볼 수 있다.

캐나디언 록키

4 문화

❶ 민족과 언어

캐나다 국민은 영국계 28%, 프랑스계 23%, 기타 유럽계 15%, 아메리카 원주민 2%, 아시아 · 아프리카 · 아랍계 6%, 기타 26% 등 다양하다. 영국계는 주로 오대호연안 지방과 내륙평원, 태평양연안에 널리 분포하며, 프랑스계는 대부분이 퀘벡 주에 집중하지만 뉴브런즈윅, 온타리오, 매니토바에도 분포하고 있다. 언어는 영어와 프랑스어를 공용어로 병용된다.

❷ 종교

종교는 가톨릭(46%)과 프로테스탄트(36%)가 주종을 이루고 있다.

❸ 음식

캐나다는 역사가 짧기 때문에 전통요리가 많지 않다. 다문화 사회와 이민이 많은 나라답게 지역마다 신선한 해산물, 농산물, 육류를 사용한 여러 나라의 요리를 먹을 수 있다. 태평양연안의 밴쿠버는 매우 맛있는 훈제연어나 연어 스테이크를 맛볼 수 있고, 대서양 연안의 뉴펀들랜드 섬과 프린스에드워드 섬은 바닷가재, 대서양 연어, 홍합, 큰 가리비와 같은 해산물을 맛볼 수 있다. 내륙의 대평원지대는 밀과 목축의 산지이며, 소고기로 만든 바비큐나 스테이크가 발달해 있다. 메이플시럽(Maple syrup)은 단풍나무의 수액으로 만든 감미료이며, 팬케이크나 와플에 주로 발라 먹는다.

5 기타

❶ 나이아가라폭포

나이아가라 폭포(Niagara Falls)는 캐나다와 미국 북동부의 국경에 위치하고 있다. 캐나다 쪽의 폭포는 높이 54m, 폭 610m 의 규모를 자랑하고 있으며, 이 두 폭포의 사이에 고트섬(Goat Island)이 있다. 화려한 조명으로 야간에도 아름다운 나이아가라 폭포의 장관을 감상할 수 있다. 나이아가라 폭포 발생의 기원은 빙하기 이후 나이아가라 폭포 절벽의 하류 11㎞ 지점에 있었던 폭포가 연간 약 30㎝ 씩 침식해 현재의 모습으로 위용을 갖추었다.

❷ 스포츠

가장 인기 있는 스포츠는 아이스하키이며, 국기는 인디언이 즐겼던 놀이 라크로스(Lacrosse)다. 1870년대에 캐나다에서 처음 시작된 아이스하키는 종주국으로서 남녀 국가대표팀 모두 세계 최고 실력을 갖고 있다. 캐나다는 거의 모든 도시에 아이스하키 링크가 있고, 북미하키리그(NHL) 팀의 유명한 선수들 중 캐나다 출신이 많다. 라크로스는 캐나다 원주민이 즐기던 고무공과 '크로스' 혹은 '라크로스 스틱'이라고 불린 긴 손잡이가 달린 라켓으로 즐기는 단체운동이었다. 라크로스는 외형상 그물이 있는 스틱을 이용해 상대편 골에 공을 넣는 경기로 농구, 축구, 하키가 복합된 형태다.

▲ 앨버타주립 공룡공원

❸ 세계유산

캐나다는 광활한 국토면적과 자연환경을 갖고 있기 때문에 문화유산 뿐 아니라 이름 난 자연유산목록을 갖고 있는 국가다. 세계유산목록 중 9건의 문화유산, 10건의 자연유산, 1건의 복합유산을 보유하고 있다.

문화유산은 퀘벡역사지구(Historic District of Old Québec, 1985), 란세오 메도스 국립역사공원(L'Anse aux Meadows National Historic Site, 1978), 헤드스매시드 버펄로 지대 (Head-Smashed-In Buffalo Jump, 1981), 루넌버그 옛 시가지(Old Town Lunenburg, 1995), 리도운하(Rideau Canal, 2007), 앤터니섬(Anthony Islan, 2001), 그랑프레 경관(Landscape of Grand Pre, 2012), 레드베이의 바스크 고래잡이 기지(Red Bay Basque Whaling Station, 2012), 라이팅온스톤/애이시내피(Writing-on-Stone/ Áísínai'pi, 2019) 등이 있다.

자연유산은 캐나디언 록키산맥공원(Canadian Rocky Mountains Parks, 1984/1990), 나하니국립공원(Nahanni National Park, 1978), 앨버타주립 공룡공원(Dinosaur Provincial Park, 1979), 알래스카 캐나다 국경의 산악 공원군(Kluane/Wrangell-St Elias/Glacier Bay/Tatshenshini-Alsek, 1979/1992/1994), 우드 버팔로 국립공원(Wood Buffalo National Park, 1983), 그로스 몬 국립공원(Gros Morne National Park, 1987), 워터튼 레이크 국립공원(Waterton Glacier International Peace Park, 1995), 미구아사공원(Miguasha National Park1,1999), 조긴스 화석절벽(Joggins Fossil Cliffs, 2008) 등이다.

복합유산은 남부의 매니토바와 온타리오에 걸쳐 있는 북방 침엽수림 지역 피마치오윈 아키(Pimachiowin Aki, 2018)가 있다.

3 멕시코

- **위치**: 북아메리카 남서안
- **면적**: 1,972,550㎢
- **인구**: 128,932,753명 (2020년)
- **수도**: 멕시코시티(Mexico City)
- **정체**: 연방공화제(대통령 중심제)
- **언어**: 에스파냐어
- **통화**: MXN(페소, Peso)
- **환율**: 1 MXN = 55.08원 (2021년 2월)
- **민족**: 메스티조(60%), 백인(9%), 원주민(Indio, 30%)
- **종교**: 가톨릭(89%), 개신교(6%), 기타(5%)
- **1인당 국민총생산**: 9,863.07달러 (2020년)

멕시코의 정식 국명은 멕시코합중국((United Mexican States)이다. 멕시코는 17°~33°N 사이에 위치해 있고, 북쪽 미국, 남쪽과테말라와 벨리즈와 국경으로 접해 있고, 서쪽 태평양과 캘리포니아 만, 동쪽으로는 멕시코 만과 카리브 해에 접해 있다. 멕시코는 고원 지대를 중심으로 형성된 마야와 아즈텍문명의 유적지로 유명하며, 기원전 2000년 경부터 농경사회가 형성되었고, 테오티와칸, 마야, 아즈텍 등이 흥망성쇠를 거듭해 왔다. 수준 높은 고대문명을 이룩한 멕시코는 1521년 스페인 침입으로 식민지로 전락해 고유문화가 거의 사라졌고, 독립이후 과거 영토의 일부분을 미국에 넘겨주었다.

1 역사배경

멕시코의 고대문명은 1521년 스페인침입으로 식민지로 전락해 고유문화가 거의 사라졌다. 18세기 초 나폴레옹이 스페인을 점령함에 따라 스페인의 강력한 식민통치는 완화되었으며, 멕시코 태생 백인의 주도로 독립운동이 시작되었다. 1821년 스페인 총독이 멕시코독립을 인정하는 코르도바 협정에 서명함으로써 완전한 독립을 이룩했다. 1835년 멕시코 영토이던 텍사스가 미국에서 이주해온 백인 주도로 독립을 선언하자 군대를 파견하여 평정했으나 미국과 전쟁으로 확대되어 멕시코시티가 점령되고 캘리포니아와 텍사스를 미국에 할양하는 것을 조건으로 하는 강화조약을 체결하였다.

1848년 정치적 혼란 속에 미국에 뉴멕시코와 애리조나를 1천만 달러에 양도하여 현재와 같은 영토로 축소되었다. 1877년 대통령에 취임한 디아즈(Diaz) 장군이 30년 넘게 군부독재를 함에 따라 멕시코혁명이 발생하여 군부독재를 타도하고 1917년 헌법을 제정하였다.

2 자연환경

멕시코는 북부고원과 중앙고원, 해안평야 지대의 3개 지역으로 나누어진다. 북부고원 지대의 대부분은 소노란 사막이 차지하고 있고, 멕시코시티와 과달라하라 등의 도시가 이곳에 위치하고 있다. 멕시코 인구의 절반이상이 거주하는 지역이며, 농목축업이 발달하였다. 대서양 연안은 항구도시들이 발달해 있으며 북쪽은 늪지를 이루고 있다. 태평양 연안은 해안평야 지대를 나타내며, 중앙에는 치아빠스 고원이 자리한다. 화산대가 멕시코시 남쪽 동서로 형성되어 있고 최고봉 삐꼬데오리사바(5,639m)와 뽀뽀까떼뻬뜰(5,452m)이 있다.

멕시코는 다양한 기후가 나타난다. 국토의 1/4인 해안지대는 열대성기후로 기온이 높고 비가 많으며, 중부 고산지대는 6~9월의 우기를 제외하고는 건조하다. 북회귀선이 국토의 중앙을 지나고 있어 그 북쪽은 온대, 남쪽은 열대/아열대로 구분된다.

3 지역정보

❶ 멕시코시티

멕시코시티(Mexico City)의 정식 명칭은 시우다드데메히코(Ciudad de México)이며, 에스파냐어로 메히코라고 한다. 멕시코의 수도이자 정치·경제·문화의 중심지이며, 멕시코고원 중앙부의 해발고도 2,240m에 위치해 있다. 스페인이 이곳에 발을 들여놓기 전까지 고대문명의 수도로 번영하여 아스텍문명 자취와 소깔로(Zocalo) 광장과 대통령궁(Palacio Nacional), 과달루페 사원(Basilica de Guadalupe) 등 에스파냐 식민지시대의 흔적이 남아 있다. 테오티와칸(Teotihuacan Archeological Zone)은 신이 창조한 도시라는 의미로 멕시코 동쪽에 위치한 고대도시다. 기원후 150년 경 세워져 1908년 복원된 70m 높이에 248계단 '해의 피라미드'(Pyramid of The Sun)'와 '달의 피라미드'(Pyramid of The Moon)을 비롯해 많은 피라미드들이 산재해 있다.

▲ 칸쿤

❷ 칸쿤과 치첸이사

칸쿤(Cancun)은 마야유적과 세계적 리조트를 형성하고 있는 최대 휴양지다. 칸쿤은 1970년 이전에는 주민이 100명도 안 되는 모래 해변의 작은 고기잡이 마을이었다. 1960년대 말 개발을 시작하여 세계적 해안리조트로 바뀌었다. 치첸이사(Chichen Itza)는 유카탄반도의 중앙에 있는 마야 최대의 유적지다. 최성기 900~1000년경 유카탄의 광대한 지대를 통괄하는 국제도시로 번영하였고, 칸쿤에서 205㎞ 떨어져 있다. 마야인의 천문학 기술을 보여주는 24m 높이의 피라미드 엘까스띠요(El Castillo, The Castle)와 유적군이 볼거리이다.

4 문화

❶ 민족과 언어

주민은 백인과 인디언의 혼혈족인 메스티소가 60%, 인디언이 30%, 에스파냐계 백인이 9%이고, 그밖에 물라토, 삼보 등 소수민족으로 구성된다. 에스파냐어가 국어이지만 인디언들은 고유의 언어를 사용한다.

❷ 종교

국민의 89%가 가톨릭을 믿고 있으며, 나머지는 개신교와 샤머니즘를 신봉하고 있다. 엄격한 정치와 종교 분리원칙이며, 성직자들은 투표나 정치활동에 참여할 수 없다.

❸ 음식

멕시코음식은 구대륙 유럽과 신대륙 아메리카의 특성이 어우러져 독특한 맛을 지닌다. 멕시코 요리를 말할 때 빼놓을 수 없는 것은 옥수와 고추이며, 고추는 입안이 얼얼할 정도의 작고 빨간 것에서부터 별로 맵지 않은 피망에 이르기까지 약 200여 종이 있다. 현대 멕시코인의 주류는 서양에서 들어온 맥주, 우리나라의 막걸리와 비슷한 10년생 이상의 용설란을 3년이상 발효시켜 만든 멕시코의 국가적인 술 풀케(Pulque)와 이 풀케를 다시 증류해 만든 테킬라(Tequila)가 있다.

5 기타

❶ 멕시코문명

기원전 1500년 멕시코 최초 문명 올메크(Olmec)가 생겨났다. 올메크는 도시 전체에 흙으로 된 피라미드를 건축하고 거대한 현무암 조각상을 만들었으나, 기원전 900년 무렵 사라졌다. 마야문명(Maya)은 고대멕시코 및 과테말라를 중심으로 번성한 인디오 문명을 총칭한다. 기원전 5세기 멕시코 남부에서 마야부락이 거대한 피라미드를 중심으로 문명을 형성하였고, 4세기~9세기에 가장 번성하였고, 수학적, 천문학적 지식을 가지고 있었다. 고대마야의 상형문자는 마야 유적 곳곳에 남아 있다.

마야문명이 지배했던 남부와 달리, 멕시코 중부지대 여러 도시들이 번성과 쇠퇴를 거듭하였고, 기원전 2세기경 테오티우아칸(Teotihuacán)이 만들어졌고, 영역을 남부로 뻗어 나가기도 했지만, 6세기 중반 멸망하였다. 테우티우아칸 멸망 후 중앙 멕시코는 여러 국가가 지역을 분할해 점령하다가 10~12세기경 톨테크(Tolteca)으로 이어진다. 전쟁과 희생을 묘사한 장식 띠, 해골 받침대 등 유물에서 알 수 있듯이 고유문화가 발달했으나, 13세기경 유카탄 반도의 다른 문명에게 정복되고 말았다. 아스텍(Aztec)은 에스파냐 침입 직전에 멕시코 중앙고원에 발달한 인디언의 문명이다. 1521년 멕시코에 상륙한 스페인군이 아스텍에 저항하는 주변 국가과 동맹하여 아스텍을 정복하였다.

❷ 세계유산

멕시코가 보유한 유네스코 세계유산목록은 총 35건이다. 유산목록은 27건의 문화유산, 6건의 자연유산 그리고 2건의 복합유산으로 이루어져 있다.

▲ 테오티우아칸의 선 스페인 도시

문화유산은 오악사카 역사중심지와 몬테알반 고고유적(Historic Centre of Oaxaca and Archaeological Site of Monte Alban, 1987)과 파키메 카사스 그란데스 고고유적(Archaeological Zone of Paquime, Casas Grandes, 1998)같은 고고학 유적을 비롯하여 테오티우아칸의 선 스페인 도시(Pre-Hispanic City of Teotihuacan, 1987), 팔렝케의 선 스페인 도시와 국립공원(Pre-Hispanic City and National Park of Palenque, 1987), 치첸이트사 선 스페인 도시(Pre-Hispanic City of Chichen-Itza, 1988), 엘 타힌 선 스페인 도시(El Tajin, Pre-Hispanic City, 1992), 욱스말 선 스페인 도시(Pre-Hispanic Town of Uxmal, 1996), 멕시코시티와 소치밀코 역사지구(Historic Centre of Mexico City and Xochimilco, 1987), 푸에블라 역사지구(Historic Centre of Puebla, 1987), 모렐리아 역사지구(Historic Centre of Morelia, 1988), 사카테카스 역사지구(Historic Centre of Zacatecas, 1993)와 같은 역사지구, 케레타로 시에라 고르다의 프란치스코 선교회(Franciscan Missions in the Sierra Gorda of Queretaro, 2003)와 산미겔 보호지구와 아토토닐코의 나사렛 예수 교회(Protective town of San Miguel and the Sanctuary of Jesus Nazareno de Atotonilco, 2008)과 같은 크리스트교 유적이 있다. 또한 멕시코 국립자치대학교 중앙 대학 도시 캠퍼스(Central University City Campus of the Universidad Nacional Autonoma de Mexico(UNAM), 2007)와 루이스 바라간의 집과 스튜디오(Luis Barragan House and Studio, 2004)는 교육과 예술의 유산 가치를 인정한 사례이다.

자연유산은 시안카안 생물권 보전지역(Sian Ka'an, 1987), 엘 비스카이노 고래 보호구역(Whale Sanctuary of El Vizcaino, 1993), 캘리포니아만의 섬과 보호지역(Islands and Protected Areas of the Gulf of California, 2005), 왕나비 생물권보전지역(Monarch Butterfly Biosphere Reserve, 2008), 엘 피나카테 및 알타르 대사막 생물권보전지역(El Pinacate and Gran Desierto de Altar Biosphere Reserve, 2013), 레비야히헤도 제도(Archipiélago de Revillagigedo, 2016)가 있으며, 복합유산으로는 캄페체의 고대마야도시 칼라크물과 열대림 보호구역(Ancient Maya City and Protected Tropical Forests of Calakmul, Campeche, 2002/2014)과 테우아칸-쿠이카틀란 계곡 : 메소아메리카의 시원적 정주지(Tehuacán-Cuicatlán Valley : originary habitat of Mesoamerica, 2018)가 포함된다.

4 중앙아메리카

중앙아메리카((Central America)는 지리적으로 테우안테펙 지협(地峽)과 파나마 지협 사이의 지역으로 카리브 해와 태평양 사이에 있다. 일반적으로는 멕시코 남부를 제외한 과테말라(,Guatemala), 온두라스(Honduras), 엘살바도르(El Salvador), 니카라과(Nicaragua), 코스타리카(Costa Rica), 파나마(Panama)의 6개 공화국 및 입헌군주국 벨리즈(Belize)를 가리킨다.

5 서인도제도와 카리브 해

서인도제도(West Indies)는 중앙아메리카 동쪽, 카리브 해를 둘러싼 남북아메리카 대륙 사이에 산재해 있는 크고 작은 섬 무리를 총칭한다. 1492년 콜럼버스가 바하마제도에 있는 산살바도르 섬에 상륙하여 그 곳을 인도의 서쪽으로 오인한 것에서 서인도제도라는 명칭이 유래하였다. 서인도제도는 대(大)앤틸리스제도, 소(小)앤틸리스제도, 바하마제도로 구성된다. 카리브 해(Caribbean Sea)는 남아메리카 대륙 북쪽 해안, 중앙아메리카 동해안과 서인도제도에 둘러싸인 대서양의 내해를 지칭한다. 현재는 쿠바 섬의 쿠바(Cuba), 히스파니올라 섬의 아이티(Haiti)와 도미니카공화국(Dominican Republic), 자메이카 섬의 자메이카(Jamaica), 트리니다드 섬과 토바고 섬으로 구성된 트리니다드토

▲ 트리니다드토바고의 토바고 섬

바고(Trinidad and Tobago), 바베이도스 섬의 바베이도스(Barbados), 바하마제도의 바하마(Bahamas) 등 7개 독립국이 있고, 그 밖에 푸에르토리코(Puerto Rico, 미국령), 버진제도(Virgin Islands, 미국령과 영국령), 아루바(Aruba Island, 네덜란드령), 안틸레스(Netherlands Antilles, 네덜란드령)를 포함한다. 이곳은 17~18세기 카리브 해 연안국들은 에스파냐, 영국, 프랑스, 네덜란드 등의 식민지 쟁탈 대상이 되었으나 1898년 미국과 에스파냐 전쟁에서 에스파냐가 패배한 후 미국의 정치적 · 경제적 영향권에 놓이게 되었다. 현재의 주민은 에스파냐계를 비롯한 백인과 아프리카에서 노예로 잡혀온 흑인자손 및 여러 혼혈족으로 구성되어 있다.

02 남아메리카

남아메리카(South America)는 서반구에 위치한 대륙으로, 대부분 남반구에 위치해 있고 일부분은 북반구에 걸쳐 있다. 북쪽은 파나마지협을 통해 북아메리카와 연결되며, 서쪽은 태평양, 북동은 대서양, 남쪽은 남극해와 접한다. 이곳은 콜롬비아와 파나마의 국경이자 파나마지협을 가르는 파나마운하를 경계로 중앙아메리카와 육지로 연결되어 있어, 남북아메리카를 한개 대륙으로 볼 수 있다.

1 브라질

- **위치 :** 남아메리카
- **면적 :** 8,511,965㎢
- **인구 :** 212,559,409명 (2020년)
- **수도 :** 브라질리아(Brasilia)
- **정체 :** 공화제
- **언어 :** 포르투갈어
- **통화 :** BRL(레알, Real)
- **환율 :** 1 BRL = 205.82원 (2021년 2월)
- **민족 :** 백인(55%), 포르투갈인, 이태리인, 스페인인, 독일인 등 혼혈유럽인(Mulato, 38%)
- **종교 :** 가톨릭
- **1인당 GDP :** 8,717.19달러 (2020년)

브라질의 정식 국명은 브라질연방공화국(Republica Federative do Brasil)이며, 북쪽 베네수엘라, 가이아나, 수리남, 프랑스령 기아나, 서쪽 콜롬비아 · 페루, 남쪽 볼리비아, 파라과이, 아르헨티나, 우루과이와 국경을 접하며, 동쪽은 대서양에 닿아 있다. 브라질은 세계에서 다섯 번째 큰 나라이며 남미전체의 반을 차지하고 있을 만큼 넓은 국토를 가지고 있다.

1 역사배경

브라질은 1500년 포르투갈인 카브랄이 이끄는 함대가 제2차 인도파견 항해 도중에 발견하여 307년 동안 포르투갈에 식민 지배를 받았다. 발견 당시 여러 부족의 인디오가 수렵, 어로, 채집 등 원시생활을 하고 있을 정도의 미개척 지역이었다. 1787년 프랑스의 나폴레옹이 리스본을 공략하자 포르투갈왕실은 영국함대 보호를 받으며 망명함으로써 독립할 수 있는 계기를 마련한다. 1821년 포르투갈국왕이 본국으로 귀환하자, 브라질 황태자 페드루는 본국의 식민지정책에 반발해 독립선언을 하고 브라질 국왕에 즉위하고 페드루 1세가 되었다. 그는 1824년 새 헌법을 공포하며 입헌군주제를 표방하고 절대왕권확립을 위한 노력했으나 1888년 쿠데타가 일어나 브라질은 공화제로 변모하였다. 1930년 세계 대공황(大恐慌)과 1937년 바르가스가 쿠데타를 일으켜 독재제가 수립되었다. 그후 1956~1964년은 민주정권이 통치하였고, 1956년 대통령에 취임한 주셀리노 쿠비체크(Juscelino Kubitschek)는 외국자본을 바탕으로 공업을 확장하는 동시에 신수도 브라질리아 건설을 추진했다. 브라질은 신흥경제대국을 상징하는 브릭스(BRICs)의 일원이면서 높은 경제성장을 기록하고 있는 중국과 인도와 비교되는 국가이다.

2 자연환경

브라질 지형은 고원지대, 구릉지대, 아마존 평야 등으로 나누어진다. 해안선을 따라 발달된 산맥으로부터 내륙지방으로 뻗고 있는 브라질고원, 북서부에 있는 해발 3,015m에 달하는 최고봉 피쿠 데 네브리나(Pico de Neblina) 아래 펼쳐지는 아마존 평원, 마토그로수 주의 판타날을 중심으로 파라과이 분지가 주축이 되고 있다. 브라질 국토의 약 60%는 해발 200m 정도의 저지대이며, 900m이상의 고지대는 3%에 불과하다. 그리고 험준한 산악지대는 많지 않다. 북부은 해발 250m 미만의 아마존 강 유역과 접해있다.

브라질은 11~4월까지 여름, 5~7월의 겨울로 계절변화를 보인다. 북쪽으로 갈수록 더우며, 남쪽으로 갈수록 선선한 기후다. 아마존지역을 포함하는 열대지역은 연평균 기온이 25~27℃ 정도로 연중 기온차가 거의 없고, 연간 3,000㎜ 이상의 풍부한 강수량을 가지고 있다. 아열대지역은 브라질 중앙고원 및 남부고원의 일부가 속하며, 연중 기온은 19~28℃ 정도이고 강수량은 2,000㎜ 이하를 나타낸다. 온대지역은 대부분 남부고원지역에 해당되며, 연평균기온이 17~19℃로 다소 온화한 기후로 강수량은 1,700~2,500㎜이다.

3 지역정보

❶ 브라질리아

브라질리아(Brasilia)는 브라질의 수도로서 과거가 없는 100% 계획도시다. 쿠비체크 대통령이 당선된 후 UN빌딩의 건축가 오스까르 니에마이에르(Oscar Niemeyer)가 1956년 브라질리아 건설 프로젝트를 주도하였고, 신수도 설계공모에 도시계획가 루시우 코스타(Lúcio Costa)의 비행기 모형 설계안이 채택되어 브라질 중부고원에 신도시를 건설하였다. 오스까르 니에마이에르는 독특하고 초현대적 건축물로 도시를 채웠다. 삼권광장(Plaza of Three Powers)을 비롯하여 높은 기둥과 많은 유리창이 특징인 대통령관저, 국회의사당(위로 향한 접시 모양의 하원과 아래로 향한 접시 모양의 상원 건물), 피라미드를 본 뜬 국립극장(National Theatre), 대성당(Catedral Metropolitana Nossa Senhora Aparecida), 주셀리노 쿠비체크(Juscelino Kubitschek) 기념관 그리고 인공호수 파라노아(Paranoá)가 의미 있는 상징이다.

❷ 리우 데 자네이루

리우 데 자네이루(Rio de Janeiro)는 리우데자네이루 주도로서 '리우(Rio)' 라고 약칭한다. 자연미와 인공미가 잘 어우러져 나폴리와 시드니와 함께 세계 3대 미항의 하나로 꼽힌다. 매년 사순절이 시작되기 전인 2월 말에서 3월 초의 4일 동안 열리는 리우 카니발은 전 세계에서 관광객이 몰려드는 지구촌 축제로 잘 알려져 있다. 코르코바두 봉에 있는 신 세계 7대 불가사의 하나인 예수 크리스트상(Cristo Redentor)과 설탕빵 산이라고 불리는 팡지아수카르 산(Pão de Açúcar), 카니발 행렬이 열리는 삼보드로무(Sambódromo), 세계에서 가장 마라카나경기장(Maracanã Stadium)은 도시의 주요 자산이다.

❸ 상파울루

상파울루(Sao Paulo)는 상파울루 주의 주도이자 중남미 최대도시다. 커피산업과 상공업을 중심으로 하여 발전하였고, 브라질의 금융과 문화의 중심지이다. 브라질의 종교사를 그린 스테인드글라스가 볼만한 메트로폴리타나 대성당(Catedral Metropolitana)과 쇼핑의 거리로 유명한 오스카르 프레이레 거리(Rua Oscar Freire)가 있다.

상파울루

❹ 꾸리치바

꾸리치바(Curitiba)는 중남부 파라나 주의 주도로서 '꿈 의 도시', '대중교통의 천국', '생태환경 도시의 모델' 과 같은 수식어를 갖는 도시다. 꾸리치바 지역에 처음 포르투갈이 온 것은 1600년대 중엽이며, 도시개척의 역사가 길지 않아, 상파울루나 리우 데 자네이루와 같은 대도시는 아니지만, 주민들의 소득수준이 높고, 도시계획이 잘 돼있다. 꾸리치바는 와이어 오페라하우스, 땅구아공원(Parque Tangua), 꾸리치바식물원(Jardim Botanico), 지혜의 등대, 빠이올연극관 같은 버려진 공간의 도시재생과 친환경적인 도시조성으로 유명하고, 땅 위를 달리는 지하철 같은 버스와 이중굴절버스시스템, 이색적인 버스의 정류장 뚜보(Tube)와 환승 등 교통량을 줄이기 위한 도시정책이 잘 알려져 있다.

4 문화

❶ 민족과 언어

브라질인은 가톨릭을 믿고 있어 낙천적인 사고방식을 가지고 있다. 국민 대부분이 축구를 좋아하고, 지역이나 출신지를 구분하여 자신이 좋아하는 팀을 가지고 있다. 뮬라토(Mulato)는 백인과 노예로 끌려 온 아프리카계 흑인 사이에서 태어난 혼혈인이며, 브라질과 카리브해 주변에 많이 분포한다. 메스티조(Mestizo)는 백인과 중남미의 원주민 인디오 사이에서 태어난 혼혈인이다. 삼보(Sambo)는 원주민 인디오과 흑인 사이에서 태어난 혼혈로 중남미의 소수인종이다.

❷ 종교

브라질은 세계에서 가톨릭 신자가 가장 많은 국가이며, 인디언과 아프리카인 일부는 전통신앙을 버리지 않고 숭배하고 있다.

❸ 식사습관 및 식사예절

브라질에서 음식을 먹을 때 입을 벌리면서 먹는 행동, 음식물이 입안에 있을 때 말을 하거나 급하게 식사를 하는 행동이 있다. 우리나라의 식사습관과 비슷하다. 술을 권하거나 술잔을 돌리지 않으며 만취하지 않을 정도의 적당량을 마신다.

5 기타

❶ 삼바카니발

삼바는 브라질 흑인계 주민의 4분의 2박자 리듬을 지닌 춤 혹은 음악을 말한다. 카니발은 유럽이나 남북아메리카, 가톨릭권의 도시에서 매년 경축되는 사순절 전의 마지막 요란스런 의식을 행하는 것이다. 카니발은 곧 다가올 사순절이라는 금욕기간에 앞서 영양을 보충하기 위해 마음껏 먹고 마시고자 하는 취지에서 시작된 축제이다. 카니발은 브라질의 대도시에서 열리는데, 특히 리우데자네이루에서 가장 성대하게 개최되고 있기 때문에 리우카니발이 대표적이다. 1930년대 초반까지 일반적 거리축제에 지나지 않았으나, 후에 삼바학교들이 설립되고, 학교별 퍼레이드가 시작되며 대규모 축제로 발전하였다. 삼바 퍼레이드는 리우 카니발 축제의 진면목이며, 삼보드로무는 공연장이다.

❷ 이과수 국립공원

이과수라는 이름은 원주민인 인디오들이 폭포를 부르던 호칭에서 유래했다. 이과수는 우르릉대며 웅장하게 터져 나오는 힘찬 물소리, 빛에 따라 색채가 변하는 폭포의 표정, 그리고 끊임없는 진동, 크고 작은 300여 개의 폭포가 무지개를 이루며 흐른다. 브라질과 아르헨티나의 2개국에 걸쳐 있으며, 이과수 국립공원(Iguacu National Park)은 1986년 유네스코 세계자연유산에 등재되었다.

▲ 상루이스 역사지구

③ 세계유산

브라질이 보유한 유네스코 세계유산목록은 총 22건이다. 유산목록은 14건의 문화유산, 7건의 자연유산 그리고 1건의 복합유산으로 이루어져 있다.

문화유산

- 오루 프레투 역사도시(Historic Town of Ouro Preto, 1980)
- 올린다 역사지구(Historic Centre of the Town of Olinda, 1982)
- 과라니족 예수회 선교단 시설(Jesuit Missions of the Guaranis, 1983/1984)
- 살바도르 데 바이아 역사지구(Historic Centre of Salvador de Bahia, 1985)
- 콩고냐스의 봉 제수스 성역(Sanctuary of Bom Jesus do Congonhas, 1985)
- 브라질리아(Brasilia, 1987)
- 세라 다 카피바라 국립공원(Serra da Capivara National Park, 1991)
- 상루이스 역사지구(Historic Centre of Sao Luis, 1997)
- 지아만치나 역사지구(Historic Centre of the Town of Diamantina, 1999)
- 고이아스 역사지구(Historic Centre of the Town of Goias, 2004)
- 상크리스토바웅의 상프란시스쿠 광장
(São Francisco Square in the Town of São Cristóvão, 2010)

- 리우데자네이루 : 산과 바다 사이의 카리오카 경관
  (Rio de Janeiro : Carioca Landscapes between the Mountain and the Sea, 2012)
- 팜풀랴 모던 앙상블(Pampulha Modern Ensemble, 2016)
- 발롱구 부두의 고고유적(Valongo Wharf Archaeological Site, 2017)

자연유산

- 이과수 국립공원(Iguacu National Park, 1986)
- 남동부 대서양림 보호지역(Atlantic Forest South-East Reserves, 1999)
- 디스커버리 해안 대서양림 보호지역(Discovery Coast Atlantic Forest Reserves, 1999)
- 중앙 아마존 보전지역(Central Amazon Conservation Complex, 2000)
- 판타나우 보존지구(Pantanal Conservation Area, 2000)
- 브라질 대서양 제도 : 페르난두 데 노로냐와 아톨 다스 로카스 보호지역
  (Brazilian Atlantic Islands : Fernando de Noronha and Atol das Rocas Reserves, 2001)
- 셰하도 열대우림 보호지역
  (Cerrado Protected Areas : Chapada dos Veadeiros and Emas National Parks, 2001)

복합유산

파라치와 일랴 그란지-문화와 생물다양성
(Paraty and Ilha Grande - Culture and Biodiversity, 2019)

2 기타 국가

남아메리카는 브라질을 비롯하여 가이아나, 베네수엘라, 볼리비아, 수리남, 아르헨티나, 에콰도르, 우루과이, 칠레, 콜롬비아, 파라과이, 페루, 프랑스령 기아나가 포함된다.

■ 표 5.1

국가	국기	개요
가이아나 (Guyana)	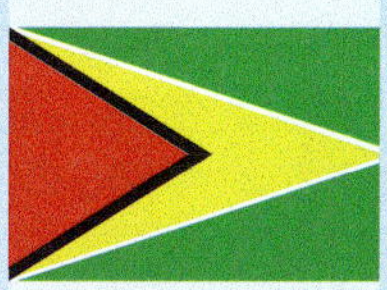	면적 : 214,970㎢ / 인구 : 786,559명 (2020년) 수도 : 조지타운(Georgetown) 정체 : 공화국(영연방국) 언어 : 영어 기후 : 열대기후 종교 : 크리스트교(57%), 힌두교(33%), 이슬람교(9%), 기타

국가	국기	개요
베네주엘라 (Venezuela)		면적 : 912,050㎢ / 인구 : 28,435,943명 (2020년) 수도 : 카라카스(Caracas) 정체 : 공화제(대통령중심제) 언어 : 에스파냐어 기후 : 열대기후 종교 : 가톨릭(전 인구의 96%), 개신교(2%), 기타(2%)
볼리비아 (Bolivia)		면적 : 1,098,581㎢ / 인구 : 11,673,029명 (2020년) 수도 : 라파스(La Paz, 행정), 수크레(Santa Cruz, 사법) 정체 : 공화제(대통령제) 언어 : 에스파냐어, 케추아어, 아이마라어 기후 : 열대기후 종교 : 가톨릭(76.8%), 개신교(16%)
수리남 (Suriname)		면적 : 163,820㎢ / 인구 : 586,634명 (2020년) 수도 : 파라마리보(Paramaribo) 정체 : 공화제(대통령중심제) 언어 : 네덜란드어(공용어), 영어, 토착어 기후 : 열대우림기후 종교 : 힌두교(27%), 기독교(25%), 가톨릭(23%), 이슬람(20%)
아르헨티나 (Argentina)		면적 : 2,791,810㎢ / 인구 : 45,195,777명 (2020년) 수도 : 부에노스아이레스(Buenos Aires) 정체 : 공화제(대통령중심제) 언어 : 에스파냐어 기후 : 아열대(북부), 온대(중부), 한대(남부) 종교 : 가톨릭(92%), 개신교(2%)
에콰도르 (Ecuador)		면적 : 283,560㎢ / 인구 : 17,643,060명 (2020년) 수도 : 키토(Quito) 정체 : 공화제(대통령중심제) 언어 : 에스파냐어, 케추아어 기후 : 온대(안데스고지), 열대(아마존분지) 종교 : 가톨릭(90%)
우루과이 (Uruguay)		면적 : 17.6만㎢ / 인구 : 3,473,727명 (2020년) 수도 : 몬테비데오(Montevideo) 정체 : 공화제(대통령중심제) 언어 : 에스파냐어 기후 : 온대습윤기후 종교 : 가톨릭(47%), 개신교(11%), 무교(40%)

국가	국기	개요
칠레 (Chile)		면적 : 757,000㎢ / 인구 : 19,116,209명 (2020년) 수도 : 산티아고(Santiago) 정체 : 공화제(대통령중심제) 언어 : 에스파냐어 기후 : 사막기후(북부), 지중해성사막(중부), 온대성한랭기후(남부) 종교 : 가톨릭(59%), 개신교(14%)
콜롬비아 (Colombia)		면적 : 1,141,748㎢ / 인구 : 50,882,884명 (2020년) 수도 : 보고타(Bogota) 정체 : 공화제(대통령중심제) 언어 : 에스파냐어 기후 : 열대우림기후(해안), 아열대기후(산지) 종교 : 가톨릭(79%), 개신교(13%), 무교(6%), 기타(2%)
파라과이 (Paraguay)		면적 : 406,752㎦ / 인구 : 7,132,530명 (2020년) 수도 : 아순시온(Asunción) 정체 : 공화제(대통령중심제) 언어 : 에스파냐어, 과라니어 기후 : 대륙성 아열대기후 종교 : 가톨릭(90%), 개신교(6%), 기타(4%)
페루(Peru)		면적 : 1,285,215.6㎦ / 인구 : 32,971,846명 (2020년) 수도 : 리마(Lima) 정체 : 공화제(대통령중심제) 언어 : 에스파냐어, 케추아어, 아이마라어 기후 : 사막기후(해안), 한랭기후(산악), 열대기후(아마존) 종교 : 가톨릭(76%), 개신교(14.1%), 무교(5.1%), 기타(4.8%)

Chapter

06

세계문화와 환경

• 오세아니아

WORLD GEOGRAPHY AND CULTURE

오세아니아(Oceania)는 오스트레일리아를 중심으로 하고, 파푸아 섬과 뉴질랜드 섬, 미국 하와이 주를 비롯한 태평양의 크고 작은 섬들을 포함한다. 오스트랄라시아와 멜라네시아, 미크로네시아, 폴리네시아로 세분된다.

첫째, 오스트랄라시아(Australasia)는 오스트레일리아, 뉴질랜드 및 오스트레일리아의 해외영토(코코스 섬, 노 퍽 섬, 크리스마스 섬)로 구성된다.

둘째, 멜라네시아(Melanesia)는 '검은 섬들'이라는 의미로 서태평양으로부터 아라푸라해, 오스트레일리아의 북쪽 및 북서쪽까지에 이르는 지역이다. 파푸아뉴기니, 파푸아섬(인도네시아), 뉴칼레도니아(프랑스), 바누아투, 솔로몬제도, 피지가 속한다.

셋째, 미크로네시아(Micronesia)는 서쪽 필리핀, 남서쪽 인도네시아와 파푸아뉴기니 그리고 남쪽 멜라네시아, 남서쪽과 동쪽에 폴리네시아가 위치한다. 정치적으로 미크로네시아는 8개 지역(괌, 나우루, 마셜 제도, 미크로네시아 연방, 북마리아나 제도〈사이판, 티니언, 로타〉 웨이크 섬, 키리바시, 팔라우)으로 나눈다.

넷째, 폴리네시아(Polynesia)는 태평양에 흩어져 있는 1000개 이상 섬들의 집단이며, 지리적으로 하와이제도, 뉴질랜드, 이스터 섬을 잇는 삼각형 안의 섬들이다. 하와이(미국)를 비롯하여 니우에(뉴질랜드), 사모아, 아메리칸사모아, 왈리스 퓌튀나, 프랑스령 폴리네시아, 이스터 섬(칠레), 쿡제도(뉴질랜드), 토켈라우(뉴질랜드), 통가, 투발루, 핏케언 제도(영국)를 포함한다.

1 오스트레일리아

- **위치 :** 오세아니아 대륙 태평양과 인도양 사이에 위치
- **면적 :** 7,741,220㎢ ▪ **인구 :** 25,499,881명 (2020년)
- **수도 :** 캔버라(Canberra)
- **정체 :** 영연방 입헌군주제, 의원내각제(양원제)
- **언어 :** 영어 ▪ **화폐 :** AUD(오스트레일리아달러)
- **통화 :** 1 AUD = 856.10원 (2021년 2월)
- **민족 :** 유럽계(85%), 아시아계(9%), 원주민(3%), 아랍계(1.4%)
- **종교 :** 가톨릭(26%), 영국성공회(23.9%), 장로교(3.6%), 정교회(2.7%), 침례교(1.3%), 루터교(1.3%)
- **1인당 GDP :** 54,907.1달러 (2020년)

오스트레일리아의 정식 국명은 오스트레일리아연방(Commonwealth of Australia)이다. 북쪽 티모르해(海), 동쪽 산호해 · 태즈먼 해, 남쪽과 서쪽은 인도양으로 둘러싸여 있고, 오스트레일리아 섬은 세계에서 제일 작은 대륙이다. 오스트레일리아는 대륙 전체가 영토에 가까운 유일한 국가이다. 본 대륙과 타스마니아는 수 천 개의 크고 작은 섬들로 둘러 쌓여 있다. 오스트레일리아는 러시아, 캐나다, 미국, 중국, 브라질 다음으로 넓은 국가이다.

1 역사배경

1788년 1월 26일 영국이 최초로 유럽인 정착지를 세운 이래 영국의 식민상태였다가 1901년 1월 1일 오스트레일리아 연방을 발족하였다. 연방헌법에 따라 연방수도가 잠정적으로 멜버른으로 정해졌으나, 1911년 오스트레일리아 수도주(首都地域 : Australia Capital Territory)가 결정되었고, 그 중심에 해당하는 지역을 1913년 캔버라로 명명하였다. 1922년에 최초의 연방의회가 열렸다. 오스트레일리아는 본 대륙과 태즈메이니아 섬 등을 국토로 하며, 6개자치주와 2개 특별구로 이루어져 있고, 각각의 주는 하나의 독립된 국가와 같은 강력한 자치권을 갖고 있다. 오스트레일리아는 영국연방의 일원이면서 정치는 영국식 내각 책임제에 미국식 연방 제도를 도입한 형태이다. 영국 황실을 수장으로 하고 있지만 실질적으로는 연방정부는 연방총독이, 주 정부 6개는 총독이 대표한다.

2 자연환경

오스트레일리아는 수리적으로 남반구 113°9'–153°39' E, 10°41'–43°39' S에 위치하고 있다. 평균 해발고도가 330m 밖에 되지 않아 세계에서 가장 낮은 대륙이며, 최북단에서 최남단까지 약 3,700㎞, 동쪽 끝에서 서쪽 끝까지 약 4,000㎞의 길이를 갖고 있다. 전체 해안선의 길이는 36,735㎞에 달한다. 국토가 광범위하여 지역에 따라 다양한 기후를 나타내며, 연평균 강수량이 적어 세계에서 가장 건조한 대륙이다. 대륙 중앙을 비롯한 대부분의 지역이 건조 기후의 사막으로 낮에는 뜨겁고 밤에는 춥지만, 국토의 1/3은 열대성 기후에 속해 건기와 우기로 나누어진다. 동부, 남부, 남서부는 연중 따뜻하고 맑은 날이 많은 기후로 비옥한 곡창 지대이며 인구 대부분은 대륙 동쪽의 해안선을 따라 거주하고 있다. 오스트레일리아는 수리적으로 남반구에 위치하고 있어 계절이 우리나라와 정반대이다. 오스트레일리아의 여름은 12월에서 3월 사이이며, 크리스마스에도 더운 날씨가 계속된다.

3 지역정보

오스트레일리아 영토는 6개의 자치주(뉴사우스웨일스주, 빅토리아주, 사우스오스트레일리아주, 웨스턴오스트레일리아주, 퀸즐랜드주, 태즈메이니아), 오스트레일리아 수도주(캔버라)와 노던준주(準州)를 비롯하여 노퍽섬, 매쿼리섬, 로드하우스섬, 크리스마스섬, 허드섬 · 맥도널드 군도, 코코스(킬링) 제도, 산호해(珊瑚海)군도, 오스트레일리아 남극령 등으로 구성되어 있다. 각주와 특별구역은 722개의 작은 지방자치구역으로 구분된다.

❶ 캔버라

캔버라(Canberra)는 행정구역상 수도특별구(ACT : Australian Capital Territory)이며, 정치와 행정의 중심지로 빈틈없는 방사 · 직교형 계획도시로 유명하다. 캔버라라는 말은 원주민 애버리진(Aborigine)의 언어로 '만남의 장소'라는 의미인데, 연방정부의 수도를 놓고 시드니와 멜버른이 경쟁을 보이자 두 도시의 중간지역 캔버라가 뜻하지 않게 1909년 수도로 지정되는 행운을 얻었다.

❷ 멜버른

멜버른(Melbourne)는 남동부 빅토리아 주의 주도다. 빅토리아 주의 정치, 경제, 문화의 중심지답게 로열파크와 야라파크를 비롯하여 의사당, 관공서, 대형빌딩이 바둑판 모양의 도심부에 집중되어 있다. 19세기 이후 오스트레일리아 최대도시로 군림해 왔으나, 20세기에 들어 그 지위를 시드니에 빼앗겼다. 1956년 제16회 하계올림픽경기대회가 개최도시이다.

❸ 시드니

시드니(Sydney)는 1770년 제임스 쿡 선장이 최초 발견된 가장 오랜 역사를 가진 도시이자 오스트레일리아 개척의 출발점이 된 뉴사우스웨일스(New South Wales) 주도이다.

▲ 오페라하우스

세계 3대 미항의 하나이며, 2000년 하계 올림픽 개최지인 동시에 오스트레일리아 방문의 거점이라고 할 수 있다. 수리적으로 34°S에 위치하며, 남쪽 수도 캔버라, 북쪽 포트스테판과 이어진다. 기후는 온대성 기후에 속하나 해양성 기후의 영향으로 동계최저기온이 −5℃ 이하로 내려가는 경우가 거의 없어 1년 내내 좋은 날씨이다. 계절은 봄 9~11월, 겨울 6~8월로 우리나라와 정반대다. 시드니 하버 크루즈(Sydney Harbor Cruises)는 아름다운 시드니 항을 보다 더 즐겁게 만끽할 수 있는 수단이며, 세계유산에 등재된 시드니 오페라하우스(Sydney Opera House)와 옷걸이 모양의 다리로 알려진 하버 브리지(Harbor Bridge), 시드니 항만의 전경을 선상에서 여유롭게 즐기며 식사할 수 있다. 서큘러 부두(Circular Quay)는 카페와 상점들이 즐비하게 늘어선 쇼핑거리이며, 록스(The Rocks)서큘러 부두역 근처로 오스트레일리아의 현대사가 시작된 곳이다. 본다이 비치(Bondi Beach)는 시드니의 해변 가운데 가장 유명한 비치로 원주민 언어로 '바위에 부서지는 흰 파도'라는 의미다.

블루마운틴(Blue Mountains)은 시드니에서 서쪽으로 약 100㎞ 떨어진 곳에 위치한 국립공원이며, 에코 포인트(Echo Point)는 블루마운틴 일대에 형성된 산악지대를 일컫는 말로 세 자매봉(The Three Sisters)으로 잘 알려진 작은 그랜드 캐니언이다.

❹ 브리스번과 골드코스트

브리스번(Brisbane)은 '선샤인 캐피털'이라고 불리는 퀸즈랜드 주의 주도다. 오스트레일리아의 제3도시이며, 풍부한 자원과 관광산업 활성화로 주목받고 있다. 골드코스트(Gold Coast)는 브리스번 남쪽으로 1시간 거리에 위치한 해변 휴양도시이며, 바둑판과 같은 구획으로 정리가 잘 되어 있다. 42km에 이르는 사빈과 테마파크가 잘 개발되어 있는 최적의 휴양지로서 조건을 갖추었다. 북쪽 사우스포트(Southport)부터 남쪽 쿠란가타(Coolangata)까지 아름다운 해변이 이어지고, 서퍼스 파라다이스(Surfer's Paradise)가 가장 잘 알려져 있다.

울루루-카타 튜타 국립공원

❺ 앨리스 스프링스

앨리스 스프링스(Alice Springs)는 노던 준주 중부내륙의 중심지이다. 아웃백(Outback)이라고 불리고 있는 중부의 건조지역에 둘러싸여 있는 앨리스 스프링스에서 남서쪽으로 460km 떨어진 곳에 거대한 울루루-카타 튜타 국립공원(Uluru-Kata Tjuta National Park)있으며 이곳 중심부에 세계 최대 단일바위 에어즈 록(Ayers Rock)이 위치한다. 돔형 바위산은 애버리진의 성지로 그들의 조상의 영혼이 머무는 곳으로 신성히 여기는 곳이다. 킹스 캐니언(Kings Canyon)은 앨리스 스프링스에서 약 300km 떨어진 워터루커 국립공원(Watarrka National Park)에 위치해 있고, 오스트레일리아의 그랜드 캐니언으로 불린다.

4 문화

❶ 민족과 언어

애버리진(Australian Aborigine)은 백인이 들어오기 전 오스트레일리아의 주인이었던 원주민이며, 스리랑카, 말레이반도, 뉴기니를 거쳐 건너왔을 것이라고 추정된다. 유럽인이 이주하면서 함께 들어온 질병과 백인과의 전쟁 등으로 인구가 격감하였고, 지금은 약 20여 만 명이 정부보호구역 내에서 노동에 종사하거나 보조금을 받으면서 살고 있다. 18세기 말 250여 개가 넘는 원주민 집단과 이와 비슷한 수의 언어 및 방언들이 존재했으나, 원주민 언어는 13개 언어를 제외하면 사멸위기에 처해 있다. 오스트레일리아는 유럽인의 이민에 의한 백호주의가 존재했으나, 다민족과 함께 공동생활을 함으로써 백호주의는 폐지되었다. 영어는 오스트레일리아 영어(Australian English)라고 하며, A를 아이로 발음하고 단어를 축약해 말하는 특징이 있다. 발음과 표기에서 영국영어와 유사하다(예 : Color – Colour, Center – Centre).

❷ 종교

총인구의 73%가 크리스트교이며, 가톨릭 26%, 영국성공회 23.9%, 장로교 3.6%, 정교회 2.7%, 침례교 1.3%, 루터교 1.3%로 세분화되어 있다.

❸ 음식

오스트레일리아는 역사가 길지 않기 때문에 대표할 만한 전통음식이 많지 않다. 다양한 이민들로 구성된 복합사회인 만큼 파스타, 스테이크, 바비큐와 같은 유럽음식을 맛볼 수 있으며, 아랍과 아시아계 이민의 음식도 즐길 수 있다. 부시터커(Bush tucker)는 '미개한 원주민의 음식'이라는 의미로 약초, 과일, 씨앗, 고기 등을 재료로 하는 오스트레일리아 원주민의 전통음식이다.

부시터커

5 기타

❶ 국기

오스트레일리아의 국기는 3가지 부분으로 나눌 수 있다. 왼쪽 위쪽의 유니온 잭(Union Jack), 유니온 잭 밑에 6개 주와 1개의 특별주(NT)를 나타내는 큰 별 그리고 남십자성을 상징하는 작은 별로 구성되었다. 다시 말해, 첫째, 영국의 국기(유니온 잭)는 영국과의 역사적인 관계를 포함한다. 둘째, 서던 크로스(Southern Cross : 오직 남반구에서만 볼 수 있는 별자리)는 세계 지도에서 오스트레일리아의 지리적 위치를 뜻한다. 셋째, 연방을 상징하는 별(Commonwealth Star)는 오스트레일리아의 연방정부를 포함한다. 역사적으로

1770년부터 영국국기를 사용했으나 1901년 새로운 국기 공모에 32,835개가 출품되어 현재의 국기가 채택되어 1908년 최초로 사용되었다.

❷ 세계유산

오스트레일리아가 보유한 유네스코 세계유산목록은 총 20건(문화유산 4건, 자연유산 12건, 복합유산 4건)이다.

문화유산은 시드니 오페라 하우스(Sydney Opera House, 2007)을 비롯하여 왕립 전시관과 칼턴 정원(Royal Exhibition Building and Carlton Gardens, 2004), 오스트레일리아 교도소 지역(Australian Convict Sites, 2010), 버즈 빔 문화경관(Budj Bim Cultural Landscape, 2019)이 있다.

자연유산은 그레이트 배리어 리프(Great Barrier Reef, 1981)를 비롯하여 로드 하우 제도(Lord Howe Island Group, 1982), 곤드와나 열대우림(Gondwana Rainforests of Australia, 1986/]1994), 퀸즈랜드 열대습윤지역(Wet Tropics of Queensland, 1988), 샤크만(Shark Bay, Western Australia, 1991), 프레이저섬(Fraser Island, 1992), 오스트레일리아 포유류 화석 보존지구(Australian Fossil Mammal Sites, 1994), 매쿼리섬(Macquarie Island, 1997), 허드 맥도널드 제도(Heard and McDonald Islands, 1997), 블루마운틴 산악지대(Greater Blue Mountains Area, 2000), 푸눌룰루 국립공원(Purnululu National Park, 2003), 닝갈루 해안(Ningaloo Coast, 2011)이 있다.

복합유산은 윌랜드라 호수 지역(Willandra Lakes Region, 1981), 카카두 국립공원(Kakadu National Park, 1981/1987/1992), 태즈메이니아 야생지대(Tasmanian Wilderness, 1982/1989), 울루루–카타 추타 국립공원(Uluru–Kata Tjuta National Park, 1987/1994)이 있다.

2 뉴질랜드

- **위치:** 오세아니아 주 남단 태평양 섬
- **면적:** 267,710㎢
- **인구:** 4,822,233명 (2020년)
- **수도:** 웰링턴(Wellington)
- **정체:** 영연방, 의원내각제
- **언어:** 영어, 마오리어(원주민어)
- **화폐:** NZD(뉴질랜드달러)
- **통화:** 1 NZD = 799.25원 (2021년 2월)
- **민족:** 유럽인(61.2%), 마오리(13.3%), 아시안(8.3%), 남태평양 도서국(6.2%), 기타(10.9%)
- **종교:** 개신교(38.6%), 가톨릭(12.6%), 기타(16.6%), 무교(32.2%)
- **1인당 GDP:** 42,084.35달러 (2020년)

뉴질랜드의 정식 국명은 뉴질랜드왕국(Realm of New Zealand)이다. 뉴질랜드는 남서 태평양에 있는 섬나라이며, 두 개의 큰 섬(남섬과 북섬) 그리고 수많은 작은 섬들로 이루어져 있다. 뉴질랜드는 오스트레일리아와 태즈먼 해를 사이에 두고 동쪽으로부터 1,500km 떨어져 있고, 피지, 뉴칼레도니아, 통가 같은 태평양의 섬으로부터 대략 1,000km 떨어져 있다.

1 역사배경

뉴질랜드는 기원후 1250~1300년 사이 폴리네시아인이 정착하면서 독특한 마오리족 문화가 발전되었다. 1642년 공식적으로 뉴질랜드에 처음 상륙한 유럽인은 인도네시아 자카르타 총독 에이벨 태즈먼(Abel Tasman)으로 알려져 있다. 국가 명칭은 경치가 너무도 아름다워 모국 네덜란드의 해안지방 젤란드 주의 이름을 따 '새로운 젤란드=New Zealand' 로 명명되었다. 1840년 마오리족과 영국정부가 와이탕기(Treat of Waittangi)를 맺었고, 조약에 따라 마오리족은 문서상으로 영국인이 되었고, 모든 주권은 영국인에 넘어갔다. 뉴질랜드는 1840년 와이탕기조약이 체결이후 오랜 기간 영국령이었으나, 1907년 오스트레일리아가 영국으로부터 독립하면서 뉴질랜드도 영국자치령이 되었다. 제1차 대전 이후 다른 자치령들과 함께 베르사유조약에 서명함으로써 뉴질랜드도 독립국가가 되었다. 1931년 영국의회가 뉴질랜드 통치권을 포기하였고, 1947년 웨스트민스터 법령을 수락해 완전한 자치국이 되었다. 현재 뉴질랜드는 유럽과 마오리문화를 조화시킨 독특한 문화를 형성하였다. 뉴질랜드 한국전쟁 때 200여명이 참전(마오리족 포함)한 국가이며, 포카레카레아나는 당시 전해진 뉴질랜드 노래다.

2 자연환경

뉴질랜드는 마오리어로 아오테아로아'(Aotearoa)라는 말로 불리기도 하며, '길고 흰 구름의 나라'라는 뜻이다. 뉴질랜드는 태고적 아름다움을 간직한 국가로 빙하에 의해 형성된 산과 강, 깊고 맑은 호수, 그리고 문명에 때 묻지 않은 넓은 휴양림과 길게 뻗은 해변, 키위와 다양한 여러 동물이 어우러져 있다. 뉴질랜드는 환태평양 조산대에 속해 지형이 험준하고 화산과 지진이 많다. 북섬은 면적의 63%가 산지와 구릉으로 되어 있으며, 특히 화산이 많다. 화산성 온천지역 로토루아의 와카레와레와는 북섬 최대의 관광휴양지다. 뉴질랜드의 최고봉 쿡산(3,764m)은 남알프스산맥에 있고, 태즈먼산(3,497m) 등 해발고도 3,000m를 넘는 고봉이 연속되어 있다. 남알프스 고산지는 빙하지형이 발달해 빙하기에 형성된 U자곡과 빙식호가 장관을 이루며, 피오르 지형이 발달했다.

기후는 지리적 위치와 지형을 잘 반영한다. 적정한 위도 상에 위치하고 바다에 인접해 있기 때문에 너무 덥지도, 춥지도 않다. 계절은 북반구와 정반대이다. 1, 2월이 가장 따뜻한 시기이고, 7월이 가장 춥다. 1월의 평균 최고기온은 남섬 최남단 19℃, 북섬 최북단 26℃ 정도이며, 7월 평균 낮 기온은 10~15℃ 사이이다. 거대한 산맥들은 뉴질랜드의 남북으로 걸쳐 있으며, 서쪽으로부터 밀려오는 찬 기온을 막아주는 역할을 한다. 이것은 동쪽과 서쪽이 매우 상이한 기후를 갖게 하는 요인이기도 하다. 최대 도시 오클랜드는 아열대성 기후를 갖고 있다.

3 지역정보

❶ 북섬

웰링턴

웰링턴(Wellington)은 1865년 이후부터 뉴질랜드의 수도다. 뉴질랜드의 두 번째 큰 도시이자 금융과 예술의 주요 중심지이다. 또한 북섬의 최남단의 항구도시로 쿡 해협(Cook Strait)을 사이에 두고 남섬과 마주보고 있다. 세인트 폴 성당(Old St. Paul's Church)과 옛 정부청사 등의 오래된 목조건축이 많고, 시가지와 언덕지대를 운행하는 케이블카는 도시의 명물로 꼽힌다. Windy Wellington이란 애칭을 가질 정도로 매서운 바람이 과장되어 있다.

오클랜드

오클랜드(Auckland)는 뉴질랜드 최대의 도시이자 경제와 문화의 중심지다. 1840년부터 1865년까지 영국식민시대의 수도였고, 전 세계의 선박과 크루즈 그리고 요트로 붐비는 도시(City of Sails)다. 오클랜드 시내를 전망할 수 있는 전망대 스카이타워(Sky Tower)와 오클랜드에서 가장 높은 화산 분화구 에덴동산(Mt. Eden)이 도시의 상징이며, 북섬 북서쪽 해안에 있는 카레카레 비치는 영화 〈피아노(The Piano)〉의 촬영지로 유명하다.

▲ 와카레와레와

로토루아

로토루아(Rotorua)는 뉴질랜드 북섬의 중앙, 로토루아호수와 타라웨라산을 끼고 발달한 도시다. 약 5,000명의 마오리인들이 전통을 이어가고 있는 마오리의 역사와 문화적인 중심지이며, 지열지대 와카레와레와(Whakarewarewa)의 간헐천, 폴리네시안 스파(Polynesian Spa) 같은 온천, 머드 풀과 지열로 끓어오르고 도시 전체가 유황 냄새로 진동하며 화산으로 형성된 도시다.

❷ 남섬

크라이스처치

크라이스트처치(Christchurch)는 뉴질랜드의 세 번째로 큰 도시로 남섬 최대의 도시이다. '정원의 도시'라는 별칭으로 불리울만큼 도시 구석구석이 깔끔하게 정돈되어 있다. 크라이스트처치는 우아하고 고풍스런 영국식, 고딕식, 식민지식 등의 다양한 건축양식을 접할 수 있고, 웅장한 건축물과 우아한 공원들로 아름답게 꾸며진 고전적이고 매력적인 도시이다.

마운트 쿡

마운트 쿡(Mount Cook)은 남섬의 상하를 가로지르는 서든 알프스산맥의 최고봉이다. 마오리어로는 아오라키(AORAKI)라고 하며, '눈을 뚫고 나온 산'이라는 의미다. 해발

▲ 밀포드 사운드

3753m로 하얗게 만년설이 쌓여있는 것을 표현한 것이며, 1억 5천만년 전 바다였던 산맥이 조산활동, 융기, 빙하침식을 거쳐 현재 모습이 되었다.

퀸스타운

퀸스타운(Queenstown)은 와카티푸 호수를 품안에 안고 있는 관광도시다. 길이 77㎞에 이르는 와카티푸 호수는 그 주위를 둘러싸고 있는 높은 산과 호수 주변의 그림 같은 마을의 풍경과 절묘한 조화를 이루며, 코로넷산의 스키리조트와 밀포드사운드를 연결하는 관광지로 유명하다.

밀포드 사운드

밀포드 사운드(Milford Sound)는 뉴질랜드 남섬의 남서부 피오르랜드 국립공원에 위치한 피오르다. '마오리어로 피오피오타히(Piopiotahi)라고 하는데, '한 마리의 피오피오 새'라는 의미다. 1812년 물개사냥꾼 존 그로노(John Grono)가 최초 발견했고, 고향 웨일스의 밀포드 헤이븐(Milford Haven)이리고 불렀으나, 존 로트 스토록스(John Lort Stokes) 선장이 밀포드 헤이븐을 밀포드 사운드로 고쳤다. 밀포드 사운드는 피오르의 입구 데일 포인트의 태즈먼 해에서 내륙으로 15㎞ 뻗어있고, 양쪽으로 1200m를 솟아 있는 기괴한 바위 면에 둘러 쌓여 있다. 약 1만 2천년 전 빙하에 의해 주위의 산들이 1,000m이상에 걸쳐서 거의 수직으로 깎여 바다로 밀려들었다는 장대한 전망이며, 레이디 보웬 폭포(Lady Bowen Falls)와 스털링 폭포(Stirling Falls) 2개의 폭포가 연중 흘러내린다.

4 문화

❶ 민족과 언어

뉴질랜드 인구의 대부분은 유럽계 서양인이며, 원주민은 마오리족이다. 마오리족은 엷은 갈색의 피부와 곱슬머리가 특징이다. 하카춤은 전쟁 전에 사기 진작으로 마오리족이 추었던 춤에서 유래하였고, 럭비 대표팀 올블랙스가 경기 전에 펼치는 의식 마오리 하카(Haka)로 유명하다. 영어와 함께 뉴질랜드 공식어로 사용되는 마오리어는 폴리네시아어의 하나다. 원래 문자가 없었으나, 19세기에 선교사들이 알파벳을 이용해 말을 기록하였고, 현재는 5개 모음과 8개의 자음, 2개의 별개 자음이 포함된 15개의 글자로 표기되고 있다. 19세기 초 영국 식민지 정부가 학교에서 마오리어 사용을 금지하여 한때 위기를 맞았으나, 1960년 이후 마오리어 회복운동이 시작되었고 1987년 뉴질랜드의 공식어로 지정되었다.

❷ 종교

종교는 개신교(38.6%), 가톨릭(12.6%), 기타(16.6%), 무교(32.2%) 등으로 구성되어 있다. 총인구의 15%나 되는 마오리족의 약 20%는 종교를 갖고 있지 않다.

❸ 음식

목축왕국 뉴질랜드의 음식은 육류요리이며, 양고기인 램을 비롯하여 돼지고기와 소고기를 재료로 하는 요리가 발달하였다. 뉴질랜드 특산요리는 랍스터 일종인 대형새우 크레이피시(Crayfish)와 북섬 로토루아 지역의 항이(Hangi) 요리가 있다. 항이는 지열을 이용한 전통요리법으로 각종 고기와 야채, 해산물, 감자 등을 땅속에 넣어 찐 것이다.

5 기타

❶ 국기

국기에서 진한 파랑 바탕의 왼쪽 위에 있는 유니언 잭은 영국연방 일원임을 나타낸다. 흰색 테두리의 빨강 5각별 4개는 남십자성이며, 진한 파랑은 남태평양을 나타내고 별들의 위치는 남태평양에서의 이 나라 위치를 나타낸다. 1834년 마오리족 추장 25명이 모여 뉴사우스웨일스 총독이 제시한 3개 안 중 하나를 선택한 것이 국기의 시초이다. 지금 국기와는 달리 흰색 바탕이 붉은색 십자가에 의해 네 부분으로 나뉘며 왼쪽 윗부분에 다시 붉은색 십자가가 있었다. 작은 십자가로 나뉜 네 부분에는 흰색의 8각별이 하나씩 들어 있다. 뉴질랜드를 영국 식민지로 만든 와이탕기 조약이 이루어진 1840년부터 1901년까지는 유니언 잭을 국기로서 사용하였다. 현재의 기는 영국의 상선에 게양하는 기를 기본으로 하였으며, 1865년부터 뉴질랜드의 상선에 사용하기 시작하였고 1902년 6월 12일 국기로 제정하였다. 1981년 '국기 · 엠블렘 · 명칭에 관한 보호법'에 의하여 다시 제정하였다.

❷ 번지점프

번지점프(Bungee Jump)는 탄력이 좋은 로프 한쪽을 몸에 묶고 높은 곳에서 뛰어내려 지상에 부딪히기 전에 되 튀기어 올라가며 즐기는 레포츠다. 번지게임(bungee game)이라고도 하며, 'Bungee'는 'Bungy'로 표기하기도 한다. 번지점프 역사는 남태평양 바누아투(Vanuatu)의 펜테코스트 섬의 원주민이 매년 봄에 행한 성인축제에서 유래하였다. 그들은 성인이 되는 자격 요건으로 체력과 담력을 최우선으로 여겼고, 이를 시험하기 위하여 발목에 나무줄기 등을 감고 30m 정도 높이의 대나무로 된 탑에서 맨 땅을 향하여 뛰어내려 지상에서 1m 정도의 높이에서 멈춰야 하는 도전을 의미했다.

뉴질랜드의 모험가 에이제이 해킷(A. J. Hackett)이 에펠탑에서 점핑한 것이 세계 매스컴을 장식했고, 1988년 11월 에이제이 해킷과 헨리 밴 아시(Henry van Asch)가 퀸스타운 근처 47m 높이의 유서 깊은 카와라우 다리(Kawarau Bridge)에서 뛰어 내리면서 상업적인 번지 점프가 시작되었다. 뉴질랜드 번지점프는 역사와 규모에서 세계 수준을 자랑하며, 남섬 퀸스타운 근처 카와라우 강 번지와 레지번지(Ledge Bungy), 북섬 타우포 번지(Taupo Bungy)는 대표적인 명소다.

❸ 세계유산

뉴질랜드가 보유한 유네스코 세계유산목록은 총 3건(자연유산 2건, 복합유산 1건)이다. 자연유산은 테 와히포우나무 공원(Te Wahipounamu– South West New Zealand], 1990)과 뉴질랜드 남극 연안의 섬(New Zealand Sub–Antarctic Islands, 1998)dlaui, 복합유산은 통가리로 국립공원(Tongariro National Park, 1990/1993)이다.

참고문헌

- 곽정란 · 김연지 · 박성아(2003). 자신만만 유럽 여행 : 영국 · 네덜란드 · 벨기에. 삼성출판사.
- 권동희(2005). 서부 러시아 지역지리 수업용 멀티미디어 콘텐츠 개발. 한국사진지리학회지, 15(1), 29–38.
- 권삼윤(1997). 세계문화유산 베스트 25. 조선일보사 월간조선.
- 권삼윤(2002). 유네스코 지정 세계문화유산 (1)(2). 청아출판.
- 권혁재(2005). 한국지리. 법문사.
- 김경님 · 이혁진(2016). 체코 프라하의 문화관광과 도시브랜딩에 관한 연구. 한국사진지리학회지, 26(3), 1–12.
- 김경님 · 이혁진(2018). 오스트리아 빈의 도시관광과 도시브랜딩에 관한 연구. 한국사진지리학회지, 28(3), 27–40.
- 김민주(2014). 북유럽 이야기 : 바이킹에서 이케아까지. 미래의 창.
- 김선겸(2001). Europe In My Pocket. 열린세상.
- 김선희 · 김영성 · 노봉옥 · 이혁진(1999). 관광과 세계의 이해. 백산출판사.
- 김진웅 · 손영호 · 정성화(1994). 서양사의 이해, 학지사.
- 김용재 · 이광윤(2000). 포르투갈 브라질의 역사 문화기행. 부산외국어대학교 출판부.
- 김원(1999). 독일 문화의 이해. 부산외국어대학교 출판부.
- 김재일(2003). 캐나다 미국으로 떠나는 공짜여행, 공짜 어학연수. 성하.
- 김창환(2013). 포르투갈 아조레스 제도의 지리경관. 한국사진지리학회지, 23(2), 175–187.
- 김창환 · 정성훈(2007). 스위스의 지리경관. 한국사진지리학회지, 17(3), 67–77.
- 김현식(1991). 스페인 포르투갈(동아월드투어가이드 18). 동아출판사.
- 남정난(역) · 이문칠(편)(2003). 유럽 INSIGHT GUIDES. 영진닷컴.
- 리영호 · 장경화 (2007), 캐나다 퀘벡과 중국 연변조선족자치주 언어정책 및 이중언어현상 비교. 북미주학연구, 16, 27–43.
- 박광섭(2008). 세계화 시대의 해외지역연구의 이해. 대경.
- 박복재 · 우진경(2012). 도시브랜드마케팅. 전남대학교출판부.
- 박석기(1998). 헝가리 · 폴란드 · 동유럽. 동아출판사.
- 박현숙(2014). (프렌즈) 스페인 · 포르투갈. 중앙북스.
- 박희두(2007). 스페인, 포르투갈, 모로코, 바르셀로나 관광을 통하여 얻은 지리적 내용. 한국사진지리학회지, 17(2), 13–24.
- 박희두(2010). 이집트, 그리스, 터키 답사지역의 지리적 이해. 한국사진지리학회지, 20(3), 13–25.
- 볼커 포에즐(저) · 김미영(역) (2005). 포르투갈 PORTUGAL. 도서출판 휘슬러.
- 성운용(2005). 루마니아의 지리지. 한국사진지리학회지, 15(1), 51–61.
- 신애경 · 이혁진(2017). 모로코의 문화와 종교경관의 이해. 한국사진지리학회지, 27(1), 27–40.
- 신애경 · 이혁진(2020). 세계유산으로서 스페인 세비야의 역사문화경관 고찰. 한국사진지리학회지, 30(1), 19–30.
- 안민기 · 홍원겸 · 이현숙(2000). 태국북부 캄보디아 라오스=Northern Thailand Laos · Cambodia. 김영사.
- 어니홍(2003). JUST GO 10 오스트리아 · 부다페스트 · 프라하. 시공사.
- 왕선애 · 임은숙(1998). 포르투갈 – 국가, 역사, 문화. 주한포르투갈문화원.
- 윤병국 · 이승곤 · 박상환 · 이혁진(2012). 관광세계지리. 새로미.
- 이문원(2010). 옛 해양대국의 자취가 남아 있는 리스본(Lisbon). 국토, 340, 70–75.
- 이상환 · 김웅진(2002). 지역연구 : 영역, 대상, 전략. 형설출판사.
- 이성기(2003). 벨기에 이야기(유럽의 눈 유럽의 심장). 학민사.
- 이순용 외(1998). 지도로 배우는 한국지리. 문창출판사.
- 이승용(2003). 포르투갈의 마누엘 양식과 그 상징에 대한 이해. 국제지역연구, 6(4), 241–274.
- 이원복(2003). 먼나라 이웃나라. 김영사.

- 이혁진(1997). 사진을 이용한 캄보디아 앙코르 관광지의 이해. 한국사진지리학회지, 5, 97-112.
- 이혁진(2005). 사진을 이용한 일본 히로시마의 관광지리적 이해. 한국사진지리학회지, 15(1), 1-12.
- 이혁진(2013). 관광아웃도어를 위한 자연과 지리자원. 대왕사.
- 이혁진(2015). 유럽의 문화와 관광. 도서출판 새로미.
- 이혁진(2015). 세계의 도시. 도서출판 새로미.
- 이혁진(2019). 세계지역의 이해. 도서출판 새로미.
- 이혁진(2020). 세계문화유산의 이해. 도서출판 새로미.
- 이혁진 · 김경님(2019). 슬로베니아의 관광지리 경관에 대한 고찰. 한국사진지리학회지, 29(3), 45-56.
- 이혁진 · 김경님(2020). 오스트리아 잘츠부르크의 문화유산관광과 도시브랜딩에 관한 연구. 한국사진지리학회지, 30(2), 68-77.
- 이혁진 · 신애경(2015). 포르투갈 리스본의 역사문화경관 고찰. 한국사진지리학회지, 25(1), 87-98.
- 이혁진 · 채진석(2016). 스포츠관광자원론. 도서출판 새로미.
- 이혁진 · 최성환(2013). 일본 돗토리현의 지역관광에 관한 연구. 한국사진지리학회지, 23(1), 107-119.
- 이혁진 · 최화열(2014). 일본 가가와현의 지역관광 특색 고찰. 한국사진지리학회지, 24(1), 95-105.
- 이혁진 · 최화열(2019). 인도차이나 라오스의 관광지리적 이해. 한국사진지리학회지, 29(2), 29-40.
- 이혁진 · 최화열(2019). 일본 규슈 사가현의 문화관광에 관한 연구. 한국사진지리학회지, 29(1), 23-34.
- 이혁진 · 홍영택 · 신애경(2012). 하와이 빅 아일랜드 코나커피의 형성과 지역관광에 관한 연구. 한국사진지리학회지, 22(2), 175-185.
- 임근욱 · 양승탁 · 이혁진(2011). 중국 하이난의 관광자원 콘텐츠에 관한 연구. 한국사진지리학회지, 21(4), 1-11.
- 임근욱 · 이혁진(2011). 유네스코 세계유산으로서 바르셀로나 가우디 건축의 이해. 한국사진지리학회지, 21(1), 1-10.
- 임근욱 · 이혁진(2013). 헝가리 부다페스트의 문화와 도시관광에 관한 연구. 한국사진지리학회지, 23(1), 141-150.
- 임재열(2016). 세계화시대의 세계경제. 강원대학교출판부.
- 정승일 · 박태화 · 임영대(1999). 아시아 ASIA. 교학연구사.
- 조태남(2014). 컬처노믹스 시대의 문화도시 브랜드. 신아사.
- 조찬수(2005). 퀘벡 분리주의와 신자유주의. 국제정치논집, 45(4), 379-401.
- 중앙M&B(2003). 세계를 간다-미국편.
- 테리 조든 외 저 · 류제헌 역(2002). 세계문화지리. 살림출판사.
- 황윤섭 · 오윤조 · 김철(2015). 지역연구개론. 도서출판 청람.
- 최영환 · 이혁진(2010). 다크투어리즘을 활용한 역사교훈 관광지의 이해. 한국사진지리학회지, 20(3), 101-113.
- 최화열 · 석경임 · 이혁진(2008). 사이판의 관광자원 정보 콘텐츠에 관한 연구. 한국사진지리학회지, 18(2), 111-121.
- Hong Sung Ryong(2012). Geographical Environment and the Relics of Tuareg and Berber tribes in Southwest Asia. 한국사진지리학회지, 22(3), 21-30.
- NAVER 지식백과. 아세안 개황. 아세안 개관.
- 네이버 지식백과. 학생백과. 문화권. https://terms.naver.com/entry.nhn?docId=944518&cid=47334&categoryId=47334
- 네이버 지식백과. Basic 고교생을 위한 세계사 용어사전. 고대문명의 발생지. https://terms.naver.com/entry.nhn?docId=941899&cid=47323&categoryId=47323
- https://terms.naver.com/entry.nhn?docId=5775793&cid=43155&categoryId=43155&expCategoryId=43155
- WIKIMEDIA. Administrative divisions of India.
- https://en.wikipedia.org/wiki/Administrative_divisions_of_India
- 38 UNESCO World Heritage Sites in India.
- https://www.holidify.com/pages/world-heritage-sites-in-india-1629.html

저자 이력 및 경력

이혁진

경희대학교 대학원 관광지리학 박사
을지대학교 교양학부 교수

을지인력개발원장
한국사진지리학회 회장/편집위원
한국관광연구학회 부회장/편집위원
경기도 성남시 양성평등위원회 자문위원
경기도 성남시 관광진흥위원회 위원
경기도 성남시 비전추진협의체 분과위원
경기도 성남시 삶의 질 지표선정위원회 위원
경기도 성남문화재단 대표축제 자문위원

● **연구 분야**
관광지리자원, 아웃도어관광, 문화관광

● **주요 저서**
세계문화유산의 이해
문화명소 길라잡이
세계지역의 이해
유럽문화와 관광
세계의 도시
스포츠관광자원론(이상 도서출판 새로미)
관광아웃도어를 위한 자연과 지리자원(대왕사) 등.

● **주요 논문**
Tourism Behavior in Seoul(Tourism Geographies)
오스트리아 잘츠부르크의 문화유산관광과 도시브랜딩에 관한 연구
자연휴양림의 여가특성에 관한 연구(학위논문) 외 다수

지구촌 한바퀴

세계지리와 문화

발행일 2021년 3월 5일

저 자 이혁진
발행인 모홍숙

발행처 도서출판 새로미
주 소 서울 용산구 한강대로 104 라길 3
전 화 TEL : (02)523-5903~4
팩 스 FAX : (02)2693-2437

E-mail seromi@seromi.kr
Homepage www.seromi.kr

ISBN 978-89-6476-756-6 (93320)
정가 25,000원